回转支承先进制造技术与智能监测

陈 捷 王 华 洪荣晶 著

机械工业出版社
CHINA MACHINE PRESS

本书总结了自2008年以来，南京工业大学在回转支承领域的研究成果，旨在促进回转支承行业技术的发展，填补国内空白。本书共包括七章，主要内容有：回转支承概述、回转支承强度计算方法、回转支承加工工艺与装备、回转支承试验装备设计及试验研究、回转支承故障诊断原理与方法、回转支承寿命预测方法、回转支承发展趋势展望。

本书中涉及回转支承的强度计算理论、有限元分析和动力学分析等方法，汇聚了最新的科学技术前沿思想。作者所在团队在加工装备中开发了系列化的数控铣齿机床、数控磨齿机床、数控滚道车床、数控滚道磨床等，在国内大型回转支承制造企业得到了广泛的应用，极大地提高了回转支承的加工效率，受到了企业好评。因此，本书总结了近20年来国内外回转支承试验装备特点和设计经验，并对回转支承的试验方法和对回转支承的试验数据处理方法进行了深入研究。在回转支承智能化、网络化健康监测、大数据远程智能运维等方面做了相关的讨论。

本书读者对象主要是轴承专业研究人员，以及相关企业的设计、制造人员。

图书在版编目（CIP）数据

回转支承先进制造技术与智能监测/陈捷，王华，洪荣晶著．—北京：机械工业出版社，2023.5（2024.6重印）
ISBN 978-7-111-72802-3

Ⅰ．①回…　Ⅱ．①陈…②王…③洪…　Ⅲ．①回转支承-制造　Ⅳ．①TH133

中国国家版本馆 CIP 数据核字（2023）第 047724 号

机械工业出版社（北京市百万庄大街 22 号　邮政编码 100037）
策划编辑：韩景春　　　　　责任编辑：韩景春
责任校对：樊钟英　李　杉　责任印制：单爱军
北京中科印刷有限公司印刷
2024 年 6 月第 1 版第 2 次印刷
184mm×260mm·17.25 印张·427 千字
标准书号：ISBN 978-7-111-72802-3
定价：138.00 元

前　言

回转支承是广泛应用于工程机械、风力发电机、海洋平台、军用装备等大型机械结构中需要作相对回转运动的基础核心部件，一旦失效将造成整机失效，由于尺寸大、负载大、维修难度大、停机时间长，将造成巨大的经济损失，甚至造成重大人员伤亡事故，因此研究回转支承的设计理论、制造技术及智能监测，提升回转支承的综合性能具有重要的应用价值。

南京工业大学数字制造及测控技术团队（以下简称本团队）20 余年来一直专注于回转支承先进制造及智能监测技术的研究。至 2010 年，研发的极坐标数控高效成形铣齿机，解决了强力切削颤振问题，铣齿工艺替代传统滚齿和插齿工艺，效率提高 3～6 倍，实现了进口代替；研发的数控滚道车、磨再制造机床，实现车磨复合功能，充分利用企业存量资源，提升了加工数字化水平；研发的综合性能试验装备，实现了复杂工况动态载荷的模拟，打破了国外的技术封锁，增强了企业自主研发能力。三类新装备在大部分回转支承企业得到应用，服务于占全国产量 80% 以上的产品，同时在大重型齿轮加工行业得到推广，成果获 2011 年江苏省科学技术一等奖、2012 年中国发明专利金奖。

从 2008 年开始，随着风电行业的快速发展，风电回转支承的高可靠性要求与我国薄弱的设计、制造、运维等理论基础形成巨大的反差，虽然在国外厂家产能受限形势下，国内风电回转支承厂家大规模发展起来，并且陆续装机运用，但是运行的不确定性风险让企业寝食难安。基于现实企业的需求，本团队成员将研究重点由制造环节转移到回转支承动静态特性分析、损伤机理、试验方法及数据分析的研究，希望弥补设计理论和测试方法的空白，提升回转支承整体性能。历时 10 年，基于非线性弹簧的回转支承静动态特性分析方法、基于小样本的可靠性分析方法、基于人工智能故障诊断与寿命预测方法等逐渐在回转支承行业中推广。同时理论联系实际，从轴承相关理论中寻找支撑，在实践中提升理论，培养了一批又一批具有丰富理论知识和实践能力的优秀学生，他们扎根在我国风电行业，成为风机主机厂或者是配套部件厂核心岗位的研发人员，甚至是行业资深专家或企业技术高管。2017 年，我国宣布 3.6MW 以下风电回转支承全部替代进口，南京工业大学成为重要贡献单位之一，获中国机械工业科学技术一等奖。

随着 2020 年"双碳"战略的提出，大型化风电设备需求迅猛，同时大盾构等大国重器的核心零部件的进口替代需求迫切，一众主机与部件企业加紧布局核心技术研发领域，本团队成为他们的同行者，加工直径 10m 盾构机回转支承制造装备于 2022 年实现应用，20MW 级风电回转支承测试平台呼之欲出。

本书是 20 余年来本团队全体科研工作者的成果凝练，以及三一索特传动设备有限公司、洛阳 LYC 轴承有限公司、马鞍山方圆精密机械有限公司等合作企业工程实践的经验总结，希望为回转支承性能的提升奠定基础，提供思路。由陈捷完成了第一、四、五章的撰写工作和全书的校稿，王华完成了第二、六章的撰写工作，洪荣晶完成了第三章的撰写工作。同时，王赛赛、张典震、金晟、包伟刚、乾钦荣、温竹鹏等研究生参与了资料整理。

本书涉及的研究工作得到了国家自然科学基金、国家重点研发计划和苏州市重点研发计划，江苏省高校优势学科建设项目的支持与资助。同时本书在撰写和出版过程中，得到了机械工业出版社责任编辑给予的热情帮助和支持，在此一并表示感谢！

书籍是社会进步的阶梯，也许本书不够完美，但希望通过我们的努力，能够为提升我国的回转支承技术及应用水平做出贡献。

由于回转支承制造行业专业性较强，研究的人员较少，可以借鉴的资料不多，书中有的内容，可能存在不成熟的部分，难免有不足之处，请大家批评斧正，不辞指教，作者们感激不尽。

陈　捷　王　华　洪荣晶
2023 年 5 月于南京

目　　录

前　言
第一章　回转支承概述 ……………………………………………………………… 1
　第一节　回转支承的概念及应用领域 …………………………………………… 1
　第二节　回转支承的结构形式 …………………………………………………… 2
　　一、单排球式回转支承 ………………………………………………………… 3
　　二、双排四点接触球式回转支承 ……………………………………………… 3
　　三、三排柱式回转支承 ………………………………………………………… 4
　　四、交叉滚柱式回转支承 ……………………………………………………… 4
　　五、双排异径球式回转支承 …………………………………………………… 4
　第三节　回转支承常规的故障形式及原因 ……………………………………… 5
　　一、连接螺栓断裂 ……………………………………………………………… 5
　　二、滚道破坏 …………………………………………………………………… 5
　　三、驱动齿圈轮齿破坏 ………………………………………………………… 6
　　四、滚动体破坏 ………………………………………………………………… 6
　第四节　回转支承设计方法进展 ………………………………………………… 7
　　一、回转支承滚道接触载荷分布与静承载能力 ……………………………… 7
　　二、回转支承滚道疲劳损伤机理与疲劳承载能力 …………………………… 8
　　三、连接结构对风电回转支承滚道承载能力的影响 ………………………… 9
　第五节　回转支承在国内外的试验研究进展 …………………………………… 10
　　一、国外试验研究进展 ………………………………………………………… 10
　　二、国内试验研究进展 ………………………………………………………… 13
　参考文献 …………………………………………………………………………… 15
第二章　回转支承强度计算方法 ………………………………………………… 18
　第一节　回转支承静态承载能力计算 …………………………………………… 18
　　一、滚道载荷分布解析法 ……………………………………………………… 18
　　二、滚道载荷分布数值法 ……………………………………………………… 22
　　三、滚动体与滚道局部接触分析 ……………………………………………… 27
　　四、影响回转支承承载能力的因素 …………………………………………… 28
　第二节　回转支承疲劳寿命校核 ………………………………………………… 31
　　一、基础寿命理论计算 ………………………………………………………… 32
　　二、滚道硬化对接触强度及寿命影响 ………………………………………… 34
　　三、滚道接触疲劳寿命理论修正 ……………………………………………… 42
　　四、回转支承疲劳寿命数值仿真 ……………………………………………… 48
　第三节　本章总结 ………………………………………………………………… 50
　参考文献 …………………………………………………………………………… 50
第三章　回转支承加工工艺与装备 ……………………………………………… 53
　第一节　加工工艺 ………………………………………………………………… 53

一、坯件准备 ……………………………………………………………………… 53

二、机加工工艺 …………………………………………………………………… 54

第二节 主要加工装备及工艺技术 ……………………………………………… 57

一、磁粉检测 ……………………………………………………………………… 57

二、数控立式车床 ………………………………………………………………… 58

三、孔加工机床 …………………………………………………………………… 59

四、齿轮加工机床 ………………………………………………………………… 62

五、数控淬火机床 ………………………………………………………………… 68

六、滚道磨床 ……………………………………………………………………… 70

七、装配测试台 …………………………………………………………………… 71

第三节 齿轮加工创新方法 ……………………………………………………… 71

一、高效率的强力车齿技术 ……………………………………………………… 73

二、高精度的齿轮磨削技术 ……………………………………………………… 74

三、高柔性的包络铣齿技术 ……………………………………………………… 77

参考文献 …………………………………………………………………………… 79

第四章 回转支承试验装备设计及试验研究 …………………………………… 83

第一节 回转支承性能检测项目及参数 ………………………………………… 83

一、回转支承性能表征参数 ……………………………………………………… 83

二、回转支承试验标准 …………………………………………………………… 84

三、回转支承试验大纲及监测参数 ……………………………………………… 89

四、试验项目及操作步骤 ………………………………………………………… 91

五、试验记录表 …………………………………………………………………… 94

第二节 国外回转支承试验台现状 ……………………………………………… 94

一、斯洛文尼亚卢布尔雅那大学试验台 ………………………………………… 94

二、德国 Rothe Erde 回转支承试验台 ………………………………………… 95

三、德国 FAG 大型风电机组轴承试验机 ……………………………………… 95

四、德国弗劳恩霍夫 BEAT6.1 试验台 ………………………………………… 96

五、SKF 风机主轴轴承试验台 ………………………………………………… 96

六、日本 NTN 风电机组轴承试验机 …………………………………………… 97

七、日本 KOYO（NSK）盾构机回转支承试验台 …………………………… 97

八、韩国首尔国立大学偏航轴承的性能测试试验台 …………………………… 97

九、澳大利亚卧龙岗大学试验台 ………………………………………………… 98

十、法国 LGMT 实验室回转支承试验系统 …………………………………… 98

第三节 国内回转支承试验台现状 ……………………………………………… 99

一、三一集团索特传动设备有限公司 3MW 风电回转支承试验台 …………… 99

二、马鞍山方圆精密机械有限公司回转支承试验台 ……………………………100

三、上海欧际柯特回转支承有限公司 3~5 MW 风电回转支承试验台 …………103

四、洛阳 LYC 轴承有限公司和洛阳新能轴承制造有限公司回转支承试验台 …104

五、大连冶金轴承股份有限公司轴偏航、变桨、主轴轴承试验台 ……………107

六、瓦房店轴承集团有限责任公司直径 3.6m 回转支承试验台 ………………108

七、南京工业大学回转支承试验台 ………………………………………………109

第四节 国内外回转支承试验台比较 ……………………………………………110

一、试验台机械结构工作原理 ……………………………………………………110

二、加载与驱动方式对比 ………………………………………………… 112

三、测控功能对比 ……………………………………………………… 113

四、国内外各种试验台比较 …………………………………………… 116

第五节 加速寿命试验及分析 ……………………………………………… 117

一、加速寿命研究现状 ………………………………………………… 117

二、大型回转支承加速寿命试验方法 ………………………………… 119

三、风电回转支承加速寿命试验及分析 ……………………………… 121

四、工程机械回转支承加速寿命试验及分析 ………………………… 125

参考文献 …………………………………………………………………… 132

第五章 回转支承故障诊断原理与方法 ……………………………… 135

第一节 回转支承故障诊断研究现状 …………………………………… 135

一、回转支承信号降噪处理方法 ……………………………………… 136

二、振动信号特征信息提取 …………………………………………… 137

三、高维特征信息压缩、降维处理方法 ……………………………… 137

四、智能故障诊断研究方法 …………………………………………… 138

第二节 基于信号处理技术的故障诊断方法 …………………………… 138

一、时域统计分析 ……………………………………………………… 138

二、频域诊断方法 ……………………………………………………… 139

三、振动信号降噪方法 ………………………………………………… 140

四、其他分析方法 ……………………………………………………… 166

第三节 基于人工智能的故障诊断方法 ………………………………… 178

一、基于统计学模型的故障诊断方法 ………………………………… 178

二、基于机器学习模型的故障诊断方法 ……………………………… 190

参考文献 …………………………………………………………………… 204

第六章 回转支承寿命预测方法 ……………………………………… 210

第一节 寿命预测的研究概况 …………………………………………… 210

一、机械部件寿命预测方法进展 ……………………………………… 210

二、回转支承寿命预测概况 …………………………………………… 211

第二节 基于小样本统计规律的寿命预测可靠性模型 ………………… 212

一、威布尔分布理论及参数估计 ……………………………………… 212

二、大型回转支承小样本加速寿命试验方法 ………………………… 216

三、大型回转支承全寿命试验 ………………………………………… 222

第三节 基于人工智能算法的回转支承在线寿命预测 ………………… 225

一、大型回转支承性能退化评估方法 ………………………………… 225

二、基于状态数据的剩余寿命在线预测模型 ………………………… 232

第四节 基于信息融合的在线剩余寿命预测模型 ……………………… 240

一、RUL 预测模型 ……………………………………………………… 240

二、修正的威布尔剩余寿命预测模型 ………………………………… 241

三、失效率在线评估模型 ……………………………………………… 242

四、试验验证与对比研究 ……………………………………………… 244

参考文献 …………………………………………………………………… 246

第七章 回转支承发展趋势展望 ……………………………………………… 250

第一节 智能回转支承研究现状 ……………………………………………… 250

一、智能轴承及研究现状 …………………………………………………… 250

二、智能回转支承及其研究现状 …………………………………………… 253

三、未来智能轴承的发展方向 ……………………………………………… 255

第二节 大型回转支承在线健康监测系统（HMS） ………………………… 256

一、状态监测系统的意义及现状 …………………………………………… 256

二、在线健康监测系统总体设计 …………………………………………… 257

第三节 风机 PHM 及远程智能运维 ………………………………………… 261

一、风电机组传动链 PHM 系统硬件组成 ………………………………… 262

二、风电机组传动链 PHM 系统软件组成 ………………………………… 263

三、大数据远程监测与智能运维系统组成 ………………………………… 264

四、大数据远程监测与智能运维系统软件架构 …………………………… 265

参考文献 ……………………………………………………………………… 267

第一章

回转支承概述

第一节　回转支承的概念及应用领域

回转支承又称转盘轴承，是一种特大型轴承，通常内圈或者外圈带有传动齿或无齿，如图 1-1 所示，与驱动齿轮相啮合以传递转矩和动力，但是在某些场合下也可以不需要轮齿，而仅仅用于实现机械部件之间的相对旋转运动。回转支承是一种转速低、负载重的特殊关键基础部件，其运行速度一般在 10r/min 以下，回转支承结构尺寸大，一般为 0.6~10m。

a) 有齿回转支承

b) 无齿回转支承

图 1-1　回转支承

回转支承目前已经被广泛地应用于工程机械、矿山机械、医疗机械以及其他需要实现相对回转运动的机械中，如挖掘机、起重机、挖泥船、隧道掘进机等，并且逐渐延伸发展到运输机械、军事装备（坦克、雷达）、风机、旋转娱乐设施等相关领域，如图 1-2 所示。回转支承起到连接上下回转体的作用，类似于机械整机的"腰"，若发生失效或卡死现象，必然带来巨大的安全隐患。对于某些大型海洋平台、盾构机而言，由于所使用的回转支承规格巨大，造价昂贵，需要专门定制，所以一旦产生故障，将会带来停机风险，造成巨大经济损失。

图 1-2　回转支承的应用领域

　　《工程机械行业"十四五"发展规划》中提出："十三五"期间，工程机械行业企业经济效益、劳动生产率、研发投入强度、数字化智能化成果、绿色发展各项指标得到提升，行业规模得到快速增长，2020 年全行业完成营业收入达到 7751 亿元，同比增长 16%，达到历史最高水平，完成了计划的总量规模预期目标；2025 年全行业营业收入将达到 9000 亿元。一方面，工程机械行业规模的持续扩大将促进社会生产的高速提升，但另一方面也存在很大的安全隐患，增大了安全危险系数。近年来机械安全隐患更是屡见不鲜，这些机械事故造成了大量的人员伤亡、恶劣的社会影响以及重大的经济损失，因此防范重大机械安全事故发生是公共安全领域的一项重要组成部分。

　　回转支承作为此类重大型机械设备完成相互旋转运动的关键基础部件，其生产质量及其工作运转状态良好与否直接关系重大装备和主机产品的工作性能与可靠性。回转支承工作环境通常比较恶劣，工作频率较高，具有重载低速的特点，可以同时承受较大的轴向负载、径向负载以及倾覆力矩，有时其运行过程还会受到较大冲击载荷的作用。此外制造毛坯材料本身也会存在难以避免的初始缺陷，因此极易造成回转支承的损伤，并且在机械设计阶段如果没有全面考虑回转支承的承载问题，就会出现超载现象，引发滚动体碎裂、滚道产生裂纹甚至剥落损伤，影响回转支承的正常工作，导致重大的安全事故；另外由于回转支承的更换或维修耗时较长，维护不便，拆装较难，且拆装费用高，一旦发生故障损伤，造成设备停机，必然影响工程实施，造成巨大的损失。因此，掌握回转支承在工作过程中的损伤发展机制对降低事故发生率、减小人员伤亡以及经济损失有很大帮助。此外，区别于普通小轴承，回转支承在结构尺寸、安装方式以及外部承载等方面与之有较大不同，普通小轴承的研究理论和分析方法不能直接用于回转支承故障机理和损伤分析。目前这一研究领域暂处于空白阶段，亟需进一步完善，这也是回转支承故障诊断和损伤发展成为研究热点的原因之一。

第二节　回转支承的结构形式

　　回转支承包括外圈、内圈、滚动体、隔离块、密封圈等部件，其结构如图 1-3 所示。

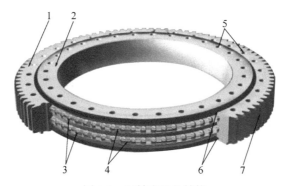

图 1-3　回转支承的结构

1—外圈　2—内圈　3—滚动体　4—隔离块　5—连接螺栓孔　6—密封圈　7—轮齿

回转支承因使用要求及结构的不同，主要分为单排球、双排球和三排柱等几种类型。

一、单排球式回转支承

单排球式回转支承结构包括动圈、定圈、保持架以及滚动体等结构，如图 1-4 所示。滚动体为一排滚球，分布在动圈和定圈之间，滚球之间由保持架隔离。此类回转支承通过滚球四点接触实现运动，因此一般应用于承受轴向力和倾覆力矩较大的场合，如风机的偏航系统。

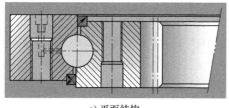

a) 平面结构　　　　　　　　　　　b) 三维结构

图 1-4　单排球式回转支承的结构

二、双排四点接触球式回转支承

双排四点接触球式回转支承与单排球式回转支承结构相似，不同之处在于前者采用两排直径相同的滚球作为滚动体，滚球间通过隔离块分离，其结构如图 1-5 所示。相比于单排球式回转支承，双排球式回转支承一般应用于重载工况下，能够承受更大的轴向力、径向力和倾覆力矩，主要应用于径向力较大的工作环境中，如风电变桨机构等。

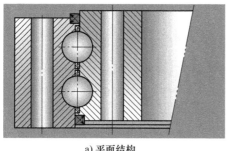
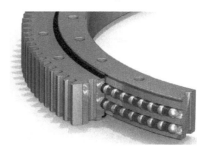

a) 平面结构　　　　　　　　　　　b) 三维结构

图 1-5　双排四点接触球式回转支承的结构

三、三排柱式回转支承

三排柱式回转支承由三个相互独立的上滚道、下滚道、径向滚道，内圈，外圈，以及三个圆柱滚子等结构组成，其结构如图1-6所示。三个圆柱滚子能分别承受各自的轴向力、径向力以及倾覆力矩。因此，三排柱式回转支承具有承受高载荷的能力，主要应用于轴向力及倾覆力较大的工作环境中，如盾构机、港口机械。

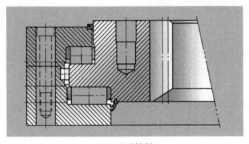 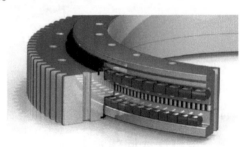

a) 平面结构   b) 三维结构

图 1-6 三排柱式回转支承的结构

四、交叉滚柱式回转支承

交叉滚柱式回转支承与单排球式回转支承比较相似，只有一排滚动体，不同之处在于前者的滚动体为圆柱形滚子，且相邻滚柱的轴线成90°交叉排列，其结构如图1-7所示。圆柱滚子中一半滚柱承受向下的轴向力，另一半滚柱主要承受向上的轴向力。相对而言，此类回转支承对加工制造精度以及安装要求较高，主要应用于起重运输和工程机械等回转机械设备中。

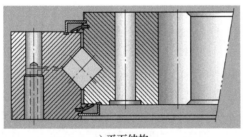 

a) 平面结构   b) 三维结构

图 1-7 交叉滚柱式回转支承的结构

五、双排异径球式回转支承

双排异径球式回转支承主要由上、下两排直径不同的钢球滚子、隔离块、内圈、外圈以及润滑密封装置等结构组成，其结构如图1-8所示。双排异径球式回转支承由于其结构特点，故能承受较大的轴向力和倾覆力矩。由于双排异径球式回转支承的轴向、径向尺寸较大，结构紧固，因此这类回转支承比较适用于中等直径以上的塔式起重机和汽车起重机等装卸机械设备。

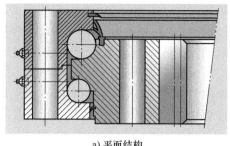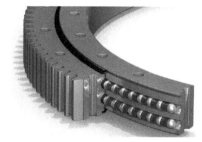

a) 平面结构　　　　　　　　　　　　　　b) 三维结构

图 1-8　双排异径球式回转支承的结构

第三节　回转支承常规的故障形式及原因

回转支承工作环境及结构尺寸相对轴承而言差距很大，但在机械结构方面属于轴承类别，不同之处在于回转支承由于尺寸较大，所以一般采用螺栓连接的形式将内圈和外圈滚道固定在安装面上。因此，回转支承的主要失效形式与普通轴承相似，回转支承常见的故障主要是连接螺栓断裂、滚道破坏、驱动齿圈轮齿破坏以及滚动体破坏等。

一、连接螺栓断裂

回转支承上存在两组连接螺栓孔，通过连接螺栓可实现回转支承内圈、外圈与整机上下各部件的连接、固定。连接螺栓在安装时需要施加一定的预紧力，以确保连接设备的可靠性和紧密性。连接螺栓型号的选择需要根据回转支承工作时的受力情况确定，一般连接螺栓的强度等级≥8.8级（公称抗拉强度800MPa，材料屈强比为0.8）。连接螺栓预紧力一般为螺栓屈服极限的70%。

在回转支承实际工作中，虽然螺栓连接强度完全满足要求，但由于早期制造加工工艺（螺栓头与螺杆过渡处处理不当，导致应力集中较大；螺纹部分存在原始加工缺陷，导致产生氧化反应）以及后期螺栓安装操作方法不当等原因导致回转支承在运行的过程中出现连接螺栓断裂故障，如图1-9所示。

图 1-9　连接螺栓断裂

二、滚道破坏

滚道的破坏很大程度上取决于润滑方式以及是否润滑充分。正确的润滑方式能保证回转支承工作时得以充分润滑，由于回转支承结构的特殊性，故润滑方式为润滑脂润滑。

对于加工制造良好并且润滑充分的回转支承，其主要失效形式是滚道的疲劳剥落。回转支承工作时，滚动体与滚道之间存在相对运动。由于滚动体长期反复挤压滚道，导致滚道表面产生一定深度的压痕和裂纹，继而扩展形成金属表层的麻点或剥落，最终导致回转支承无法正常运行。点蚀出现在疲劳剥落的早期阶段，当润滑剂中存在金属颗粒或者其他杂质时，滚动体和滚道在挤压接触的过程中就会产生点蚀现象，主要表现为滚道和滚动体表面出现的麻点状凹坑。当润滑形式出现破坏时，滚动体与滚道间的摩擦、挤压接触导致滚道中产生大量金属碎屑，最终造成滚道出现大面积凹坑。随着金属碎屑的堆积，最终导致回转支承停止运行，严重时甚至造成驱动电动机烧毁。图 1-10 所示为滚道破坏的回转支承。

三、驱动齿圈轮齿破坏

回转支承的驱动齿圈是直接加工在外圈或内圈上的，回转支承通过齿圈与驱动设备联系以实现相对旋转运动。在相对旋转运动过程中，齿圈上的轮齿主要承受周期性线接触载荷。在实际工作过程中，因为制造加工过程中锻件存在缩孔、气泡及裂纹等缺陷，导致轮齿抗弯强度削弱以及恶劣的工作环境造成轮齿局部弯曲应力增大，最终导致齿圈经常出现齿面剥落或断齿等故障问题。同时，回转支承齿圈相对一般齿轮所传递的转矩更大，在设备起动或停止时易产生巨大的瞬态冲击载荷，造成回转支承齿圈产生冲击磨损。驱动齿圈在啮合过程中产生的金属颗粒以及外来颗粒物也会造成齿轮面出现点蚀现象，继而加剧齿面磨损，最终导致轮齿变形甚至断齿的问题，如图 1-11 所示。轮齿破坏常见于承受瞬态冲击载荷的工况，如承受巨大冲击的盾构机、挖掘机。

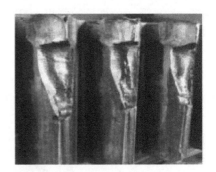

图 1-10　滚道破坏　　　　　　　　　　图 1-11　轮齿破坏

四、滚动体破坏

当回转支承处于超载的工作条件下，并且金属材料存在某些缺陷时，都会导致滚动体出现裂纹甚至破裂的问题。通常情况下，润滑效果不佳、转速太高，并且在装配时过盈量过大也会导致滚动体裂纹的产生。当滚道润滑形式发生破坏时，滚动体与滚道发生摩擦生热现象，导致温度上升，从而引起滚动体和滚道出现退火从而导致其硬度下降，承载能力下降，最终出现滚动体破坏现象，如图 1-12 所示。

图 1-12　滚动体破坏

第四节　回转支承设计方法进展

一、回转支承滚道接触载荷分布与静承载能力

作用于回转支承的载荷都可以看作轴向力 F_a、径向力 F_r、倾覆力矩 M 的复合作用，作用于滚道的滚球-滚道接触载荷也是由这些外部载荷引起的。实际上，求解滚道上的接触载荷分布也就是求解回转支承中每个滚球作用于滚道的接触载荷，这是对回转支承滚道静承载能力、运行性能、疲劳寿命、优化结构设计等深入分析和研究的基础。

由于存在初始间隙和接触变形，回转支承内部每个滚球在受载后的实际接触角是不同的，因而在一些工程经验公式中，通常假设每个滚球的接触角相同且等于未受载时的初始载荷。Antoine、Liao、Harris 等人基于各几何参数之间的关系，推导出了单排四点接触球回转支承的接触载荷分布求解方法，这种方法在计算时考虑了受载后每个滚球的实际接触角。与普通轴承不同，回转支承通常工作于低速重载的场合，因此滚球运动的惯性力通常可以忽略，滚球-滚道接触载荷矢量方向通过滚球球心，假设滚球和内、外滚道接触的接触角也相等。随着计算机数值计算技术的发展，滚道载荷分布计算过程可以由计算机完成，在计算过程中同时考虑滚道各几何参数、滚球实际接触角，甚至轴承圈和安装基础的刚性，而这些在以前传统的计算中是无法详尽考虑的。Zupan、高学海等人开发了在滚道各几何参数之间的关系和赫兹接触理论的基础上开发了单排四点接触球回转支承滚道接触压力分布求解的模型。为了便于终端用户使用，Amasorrain 等人建立了一个 Excel 宏，专门用于单排四点接触球回转支承滚道接触压力分布模型的。对于迭代求解，南京工业大学课题组开发了一套可以求解回转支承滚道接触载荷分布、静承载能力、疲劳承载能力、摩擦力矩的 CAD 软件。

前述的各种求解回转支承滚道接触压力分布模型都假设变形只发生于滚球-滚道的接触区域，而将整个轴承圈看作是一个刚性体。为将轴承圈的变形纳入考虑，许多研究者采用有限元法（FEM）求解回转支承滚道接触压力的分布。有限元建模的主要困难在于接触区域和整个回转支承的尺寸相差太大，无法划分合理的网格，为解决这个困难，Smolnicki、Daidié 等人用非线性弹簧模拟滚球-滚道的接触行为，从而省略了接触区域的网格划分，同时提高了计算效率。

工程上通常认定回转支承静载荷下的失效准则为：滚道塑性压深不超过滚动体直径的万分之三，然而这在工程实践中很难判定（赫兹理论基于弹性接触的假设），虽然有限元方法可以实现滚球-滚道弹塑性接触分析，但是如果所有的设计和校核都依赖有限元方法显然是不实际的。也有研究者提出在设计中用最大许用赫兹压力（应力）来描述滚道的承载能力，比如美国可再生能源研究中心（NREL）定义风电回转支承球滚道静载许用赫兹接触压力为4200MPa，柱滚道静载许用赫兹接触压力为4000MPa，这为用赫兹理论设计和校核回转支承滚道静承载能力提供了可能，运用赫兹理论的前提是：已知滚球-滚道接触副的最大接触载荷。回转支承滚道接触载荷分布提供了回转支承滚道上每个滚球-滚道接触位置的接触载荷信息，可以明确滚道上最大接触载荷的位置和数值，为分析回转支承滚道静承载能力提供了依据。

二、回转支承滚道疲劳损伤机理与疲劳承载能力

回转支承本质上是一种低速、重载轴承，因此在研究回转支承滚道疲劳承载能力时，应先了解普通轴承滚道疲劳失效机理和疲劳承载能力相关理论发展历程，轴承的疲劳承载能力通常用载荷-疲劳寿命-可靠度关系来描述。Palmgren 等人最早对轴承疲劳失效行为和寿命进行统计研究，认为滚动接触损伤源于次表层的最大正交切应力，定义轴承寿命为裂纹萌生寿命，建立了滚动接触疲劳（RCF）寿命-可靠度联系模型，并提出了工程上实用的轴承寿命设计方法，最终发展成为轴承寿命设计的国际标准，实践证明该方法偏于保守；Chiu 等人认为滚动接触疲劳损伤源于材料内部的缺陷，定义轴承寿命为裂纹发展寿命，建立了轴承滚动接触疲劳寿命-可靠度的关系函数；Ioannides 和 Harris 在 Palmgren 等人的研究基础上，将轴承材料体积离散，引入了接触疲劳应力极限的概念，建立了轴承滚动接触疲劳寿命-可靠度模型；Schlicht 等人认为轴承滚动疲劳失效源于表面点蚀，塑性流动和残余应力是影响寿命的决定因素，设计时以米泽斯应力为疲劳寿命计算的特征应力；Tallian 认为轴承寿命为裂纹萌生寿命，以正交切应力为寿命设计特征应力，建立的寿命模型考虑了材料疲劳敏感性、疲劳机械、材料内部缺陷分布等；Zaretsky 在 Palmgren 等人的研究成果基础上做了些修正，忽略了应力深度对寿命的影响，设计采用最大切应力为特征应力；Kudish 等人认为轴承寿命为裂纹发展寿命，建立了类似 Tallian 轴承设计方法的模型，考虑了摩擦系数、残余应力、材料硬度、缺陷尺寸等；Leng 等人通过试验研究发现裂纹萌生、裂纹稳态发展、裂纹失稳发展寿命在轴承寿命周期中所占的权重分别约为13%、56%、31%；Shimizu 研究发现与一般结构钢疲劳问题不同，轴承钢不存在接触疲劳极限，相应地他在模型中引入了轴承失效前最小寿命的概念。

前述各研究者对轴承寿命研究成果基本都是建立在对大量试验和工程数据统计分析的基础上，不能准确反映轴承的失效机理和失效过程中的各种力学行为。也还有许多学者试图通过接触力学和断裂力学等分析研究轴承的失效机理，建立确定的轴承寿命计算模型，并依此解释轴承滚动接触疲劳失效过程中的各种力学现象。最早用力学解析的方法研究轴承滚动接触疲劳的是 Keer 等人，但是他们的研究结果比正常工程应用模型结果小几个数量级；Zhou 等人在断裂力学的基础上建立了综合考虑裂纹萌生和发展周期的轴承寿命模型；Bhargava 等人建立的轴承寿命模型以材料接触循环应力作用下的塑性应变累积为基础；Cheng 等人假设微观裂纹形成于晶粒滑移边界，提出了基于位错堆积理论的轴承寿命模型；Vincent 等人在位错堆积理论的基础上修正建立了考虑应力分量、残余应力等影响的轴承寿命模型；Xu 等人研究认为轴承滚动疲劳失效源于塑性应变的累积而不是裂纹顶点的应力强度因子；

Lormand 等人发展了文森特模型，假设裂纹为 II 型裂纹，考虑了裂纹发展寿命；Harris 等人根据其研究成果建议轴承寿命设计特征应力选用米泽斯应力；Jiang 等人运用弹塑性有限元理论建立了综合考虑疲劳破坏和棘轮效应破坏的轴承寿命计算模型，认为轴承疲劳失效源于正交切应力；Ringsberg 用弹塑性有限元的方法研究多轴疲劳裂纹形成，引入了临界面的概念，用损伤累积的方法解决滚动接触疲劳问题。

三、连接结构对风电回转支承滚道承载能力的影响

回转支承直径大，截面尺寸相对很小，造成了回转支承的刚性不足的缺陷，安装法兰刚性、安装螺栓预紧力、安装端面平面度都将严重影响回转支承滚道承载能力，从目前国内风机装机运行情况来看许多卡桨、回转支承过早失效问题都源于风电回转支承的不良安装或安装基础刚性不足。参照相关文献建立风电回转支承的安装结构的有限元模型，可以分析各种安装因素对回转支承滚道承载能力的影响，为回转支承的合理安装和加工提供优化建议。

Chaib、Vadean、陈龙等人都对大型回转支承上的螺栓连接特性做了相应的研究，涉及螺栓的预紧力、套圈刚性、垫圈高度和螺栓位置等因素。这些因素还会影响回转支承滚道的接触载荷分布，例如螺栓连接处可以看作是安装基础的刚性点，而有研究表明安装基础上的刚性点会引起回转支承该位置滚球-滚道接触载荷的突变。Marciniec 等研究了在柔性安装基础上三排滚柱式回转支承的载荷分布情况，他指出，与刚性安装基础相比，柔性安装基础不利于回转支承的载荷均匀分布，特别是在刚性点处会有很大的应力集中，刚性越好的安装基础回转支承的载荷分布会越好（分布越均匀），滚道承载能力也越大。他还分析了回转支承的轴向间隙对载荷分布的影响和上下安装基础的刚度比对载荷分布带来的不同影响。Zupan 等人的研究表明：由于安装基础并非理想刚性体，回转支承载荷分布并非呈完全余弦分布，而是呈一种双驼峰分布形式。从文献报道来看，在螺栓预紧、安装基础刚性等方面有少量研究，至今还未见有安装端面平面度对回转支承运行性能影响的报道。

目前回转支承的设计和校核主要考虑回转支承滚道静态承载能力和滚动接触疲劳承载能力，即在极限工况下回转支承滚道最大接触应力不应大于许用接触应力，回转支承计算滚动接触疲劳寿命不应低于设计要求的寿命。相关的计算方法或设计理论都由普通轴承设计理论发展而来，用于大型、低速、复杂重载、安装与运行方式不同的风电回转支承究竟有多大误差、还需做哪些修正等都还没有确定的结论。另外，影响风电回转支承滚道承载能力的因素很多，如润滑、安装方式、运行环境等，目前的回转支承设计理论对这些因素考虑明显不足。综合考虑风电回转支承的特殊工况及各种影响因素，建立完善的风电回转支承设计方法或理论需要以大量的实践和试验数据为支撑。

现行风电回转支承的设计理论和方法很难对风电回转支承滚道承载能力或质量做出准确定量的描述，不能满足风电回转支承高承载能力和可靠性的设计要求，试验作为保障回转支承滚道承载能力的重要手段则具有相对可信的说服力，许多风机整机厂家在采购回转支承时要求供应商提供详细的承载能力试验数据。研发功能完善的试验装备、拟定合理可行的试验方案是摆在每个企业面前的两大难题。回转支承通常尺寸大、规格多样、载荷复杂，导致回转支承试验台开发的技术难度大、成本高，这也使得许多中小企业望而却步。从收集的资料来看，世界上已有部分科研院所和国际著名的大型回转支承研发制造企业建立了各种类型的回转支承试验台（详细介绍见第四章），并在试验台上进行了各种试验。

第五节　回转支承在国内外的试验研究进展

国外各回转支承的生产厂家，对回转支承展开了广泛的研究，如出厂试验、环境试验等，而研究机构则注重研究性试验，如加速疲劳寿命试验、全寿命试验等。国内研究回转支承的主要是各高等学校和回转支承厂，如南京工业大学、大连理工大学、洛阳 LYC 轴承有限公司、马鞍山方圆精密机械有限公司、上海欧际柯特回转支承有限公司和成都天马铁路轴承有限公司等。试验装备的详细讨论见第四章，本节仅介绍国内外试验研究的进展情况。

一、国外试验研究进展

（一）德国 Rothe Erde 公司

国外在回转支承的试验研究起步较早。德国 Rothe Erde 公司是全球最大的回转支承制造生产商之一，该公司在回转支承的研究中展开了滚道磨损监测、齿根应力测试、常规监测试验和全寿命试验等，为不同工况的回转支承制定了不同的寿命规范。图 1-13 和图 1-14 所示分别是齿根应力试验和回转支承滚道磨损试验。

图 1-13　齿根应力试验　　　　　　　　　图 1-14　回转支承滚道磨损试验

（二）德国 IMO 公司

德国 IMO 公司是世界上最大的风电回转支承生产商，多年来从事回转支承的制造开发研究工作，在其产品宣传手册中介绍了风电回转支承的质量检测，做了以下方面的测试：如采用超声波对动圈进行无损检测、采用磁性离子检测滚道硬度、采用超声波检测淬硬层深度和采用预载荷滚道系统测量无载荷摩擦力矩等。图 1-15 所示为采用超声波对动圈进行无损检测。IMO 公司的风电回转支承产品有面向北欧近北极地带的市场，回转支承常年在非常恶劣的气候环境下工作，因此常在极限气候（如-40℃）下检测回转支承的运行状况（图 1-16）。从资料看，该试验系统对回转支承的加载和疲劳试验设计并不完善。

（三）斯洛文尼亚卢布尔雅那大学

斯洛文尼亚卢布尔雅那大学自 2001 年以来，长期从事回转支承的研究工作，主要探讨对回转支承进行结构分析及回转支承状态监测和故障诊断的方法。卢布尔雅那大学研制的试验台可以进行回转支承的承载能力以及服役寿命的试验验证，图 1-17 所示为该回转支承的力学模型，加载力包括轴向力 F_a、径向力 F_r 和倾覆力矩 T。该团队通过做滚道压力角对滚道承载能力的影响试验，指导设计；通过回转支承的寿命试验，进行滚道磨损量与寿命关系的研究（图 1-18）、摩擦阻力矩与寿命关系的研究（图 1-19）；在人为植入缺陷与振动信号的关系的研究中，研究振动信号与故障程度的关系。

图 1-15 采用超声波对动圈进行无损检测

图 1-16 −40℃ 的润滑脂的润滑效果试验

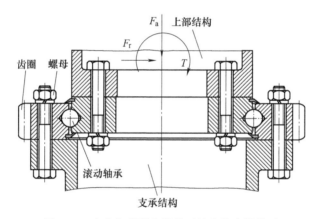

图 1-17 卢布尔雅那大学的回转支承力学模型

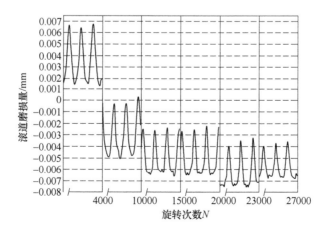

图 1-18 滚道磨损量与寿命关系的研究

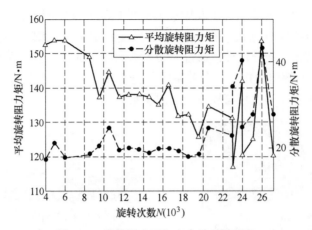

图 1-19　摩擦阻力矩与寿命关系的研究

（四）其他研究机构

日本 KOYO 公司为研究盾构机回转支承进行了不同工况的疲劳试验，试验台结构如图 1-20 所示，试验方案见表 1-1。

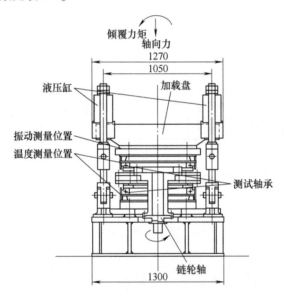

图 1-20　日本 KOYO 公司盾构机回转支承试验台结构

表 1-1　日本 KOYO 公司盾构机回转支承试验方案

试 验 参 数		工况 1	工况 2	工况 3
加载	轴向载荷/kN	147	216	
	转动惯量/kN·m	44	20	
当量动载荷/kN		355	311	
转速/(r/min)		7.5	12	20
时间比		5	27	68
平均当量动载荷		314		

（续）

试验参数		工况1	工况2	工况3
平均转速/(r/min)		17.2		
试验过程中转数/r		$10.8×10^4$	$55.3×10^4$	$142.3×10^4$
试验时间/h		240	768	1857
三种工况下试验的寿命 [(总转数/r)/(总时间/h)]		$208.4×10^4$/2865		
计算寿命[(总转数/r)/ (总时间/h)]	分体式	$6.82×10^4$/661		
	整体式	$79.4×10^4$/769		

　　法国图卢兹 LGMT 实验室主要对回转支承的螺栓强度进行了相关研究，通过螺栓的强度试验与仿真结果相对比，讨论了螺栓预紧力、支承件的高度、底板位置以及摩擦系数对螺栓强度的影响。澳大利亚的 Wollongong 大学使用 EMD 和 EEMD、圆域特征以及最大李雅普诺夫指数算法提取低速回转支承的特征，通过试验证明比传统的方法效果好，所采用的回转支承装置如图1-21和图1-22所示。

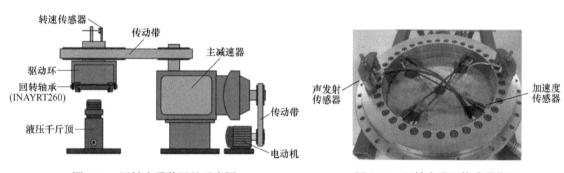

图1-21　回转支承装置的示意图　　　　　　图1-22　回转支承和传感器位置

　　国外近年来在回转支承试验台方面取得了突破的是德国的弗劳恩霍夫风能系统研究所，该机构所研发的 BEAT6.1 试验台可对 10MW 风机的回转支承开展耐久性试验，已于2018年完成调试，并对直径 5m 的双排球回转支承开展了高加速寿命试验，计划通过6个月试验模拟其20年的使用寿命。

二、国内试验研究进展

　　回转支承在20世纪80年代引入我国，在理论研究方面与国外存在一定的差距，在试验研究方面尚处于起步阶段。近年来随着国内工业技术的迅速发展，国家逐渐加大对风电事业的支持力度和资金扶持，国内许多企业和高校开始对回转支承试验台进行开发研究。近年来国内洛阳 LYC 轴承有限公司、马鞍山方圆精密机械有限公司、成都天马铁路轴承有限公司、大连冶金轴承股份有限公司、上海欧际柯特回转支承有限公司、三一集团索特传动设备有限公司等都开始了回转支承设计、制造及试验研究。

　　南京工业大学机电研究所研究团队自2008年开始到目前，深入研究回转支承设计、计算、加工设备、试验装备的制造，目前为国内马鞍山方圆精密机械有限公司、洛阳 LYC 轴承有限公司、上海欧际科特回转支承有限公司等开发了 2~5m 的系列回转支承试验台，与国内的回转支承行业共同成长。同时，在回转支承的试验研究中，进行了静态承载试验、动态承载试验、疲劳试验、加速疲劳全寿命试验和人为故障试验等，获得了大量珍贵的试验数据；同时在单排球、双排四点球、三排柱回转支承的承载能力、疲劳分析、故障诊断方法、寿命预测方法等方面进行了长达十多年的研究，获得了大量成果，相关试验图片如图 1-23 和图 1-24 所示。

图 1-23　四点球回转支承的承载能力试验　　　　图 1-24　滚道人为故障试验

随着港口机械的崛起，部分企业和高校加大了对港口机械回转支承的研究；武汉理工大学肖汉斌、王兴东提出了基于位移量和加速度信号的港口机械回转支承运行状态监测方法。

大连理工大学王奉涛团队针对回转支承特征信息难以提取的特点，首先利用最大相关峭度去卷积法对振动信号预处理，然后通过互补聚类经验模态分解法对信号进行分解以获取有效分量的近似熵值，并以此作为回转支承特征指标，最后结合支持向量机实现回转支承不同故障信息的识别分类。

江苏省特种设备安全监督检验研究院无锡分院苏文胜针对门座起重机回转支承检测手段及现场测试经验不足的问题，提出了以回转支承振动信号振动烈度为判断依据的故障诊断方法，并通过实际检测结果证实了方法的可行性。

表 1-2 是近二十年来国内外研究机构对回转支承的研究情况。

表 1-2　近二十年来国内外研究机构对回转支承的研究情况

时　　间	研究机构	研究人员	研究内容
2001—2011 年	斯诺文尼亚卢布尔雅那大学	Zupan、Pribel	大型回转支承的承载角和承载能力研究，滚道硬化的回转支承承载能力研究，使用 EEMD-MSPCA、EEMD-KPCA 对低速回转支承进行故障诊断方法的研究
2005 年	日本 KOYO 公司	Y. KURASHITA	研究在不同的工况下，分体式回转支承和整体式回转支承的使用性能
2006—2007 年	武汉理工大学	肖汉斌 王兴东	开发了基于加速度信号、转角信号、电动机电压和电流信号的港口机械回转支承监测系统
2007 年	法国图卢兹 LGMT 实验室	Zouhair Chaib、Alain Daidie、Dimitri Leray	研究了回转支承的螺栓强度，讨论了螺栓预紧力、支承件的高度、底板的位置以及摩擦系数对螺栓强度的影响
2009 年	德国 IMO 公司		采用磁性离子检测回转支承的滚道硬度，采用超声波技术检测淬硬层的深度，进行了预载荷滚道系统测量、无载荷摩擦力矩的试验检测等多项对回转支承的试验

（续）

时　间	研 究 机 构	研 究 人 员	研 究 内 容
2010 年	德国 Rothe Erde 公司		回转支承齿根应力试验、全寿命试验、滚道磨损监测、常规检测试验
2008—2021 年	南京工业大学	洪荣晶、陈捷、王华、高学海等	对回转支承进行了加速疲劳寿命试验，对回转支承试验台液压加载系统进行了仿真研究，对安装基础对回转支承载荷分布的影响等进行了相关研究，对回转支承故障诊断、寿命预测方法进行了研究
2009—2020 年	上海欧际柯特回转支承有限公司	高学海等	进行了大型回转支承疲劳寿命试验及承载能力试验
2009—2020 年	马鞍山方圆精密机械有限公司	戴永奋等	进行了工程机械新产品设计及大型风电产品进行疲劳寿命试验
2010—2020 年	洛阳 LYC 轴承有限公司	练松伟、黄伟等	进行了大型风电、盾构回转支承设计及研究性试验
2013—2021 年	成都天马铁路轴承有限公司		进行了大型回转支承疲劳寿命试验
2013—2014 年	澳大利亚卧龙岗大学	Wahyu Caesarendra Prabuono Buyung Kosasih、Anh Kie Tieu 等	使用 EMD 和 EEMD 对低速回转支承人为制造故障进行诊断；计算低速回转支承的圆域特征来对其进行故障诊断；使用最大李雅普诺夫指数算法提取低速回转支承的特征等
2015—2018 年	大连理工大学	王奉涛团队	对数据通过互补聚类经验模态分解法分解，获取有效分量的近似熵值作为回转支承特征指标，采用支持向量机实现回转支承不同故障信息的识别分类
2015—2018 年	江苏省特种设备安全监督检验研究院无锡分院	苏文胜等	对实际服役门机回转支承进行研究，提出了以回转支承振动信号振动烈度为判断依据的故障诊断方法，并通过实际检测结果证实了方法的可行性

参 考 文 献

[1] CHAIB Z, DAIDIE A, LERAY D. Screw behaivor in large diameter slewing bearing assemblies: numerical and experimental analyses [J]. International Journal on Interactive Design and Manufacturing, 2007, 1 (1): 21-31.

[2] KUNC R, ZEROVNIK A, PREBIL I. Verification of numerical determination of carrying capacity of large rolling bearings with hardened raceway [J]. International Journal of Fatigue, 2007, 29 (9/11): 1913-1919.

[3] ZUPAN S, KUNC R, PREBIL I. Experimental determination of damage to bearing raceways in rolling rotational connections [J]. Experimental Techniques, 2006, 30 (2): 31-36.

[4] KUNCR, PREBIL I. Numerical determination of carrying capacity of large rolling bearings [J]. Journal of Materials Processing Technology, 2004, 155-156: 1696-1703.

[5] 杜睿，吴志军. 单排球式回转支承的承载能力分析 [J]. 机械设计与制造，2006 (9): 56-58.

[6] 洪昌银. 滚动轴承式回转支承计算公式的理论推导 [J]. 重庆建筑大学学报，1980，2 (1): 82-108.

[7] ANTOINE J F, ABBA G, MOLINARI J. A new proposal for explicit angle calculation in angular contact ball bearing [J]. ASME Journal of Mechanical Design, 2006, 128: 468-478.

[8] LIAO N T, LIN J F. A new method for the analysis of deformation and load in a ball bearing with variable contact angle [J]. ASME Journal of Mechanical Design, 2001, 123: 304-312.

[9] HARRIS T A, KOTZALAS M N. Rolling bearing analysis [M]. 5th ed. New York: Taylor & Francis

Group，2006.

[10] AGUIRREBEITIA J，AVILÉS R，DE BUSTOS I F，et al. Calculation of general static load-carrying capacity for the design of four-contact-point slewing bearings ［J］. Journal of Mechanical Design，2010，132（6）：064501.

[11] AGUIRREBEITIA J，AVILÉS R，DE BUSTOS I F，et al. General static load capacity in four contact point slewing bearings ［C］. ［s. l.：s. n.］，2010.

[12] 李云峰. 风电转盘轴承设计参数对承载能力的影响 ［J］. 轴承，2011（12）：7-11.

[13] 李云峰，吴宗彦，卢秉恒，等. 游隙对单排四点接触球转盘轴承载荷分布的影响 ［J］. 机械传动，2010，34（3）：56-58.

[14] ZUPAN S，PREBIL I. Carrying angle and carrying capacity of a large single row ball bearing as a function of geometry parameters of the rolling contact and supporting structure stiffness ［J］. Mechanism and Machine Theory，2001，36（10）：1087-1103.

[15] GAO X H，HUANG X D，WANG H，et al. Effect of raceway geometry parameters on the carrying capability and the service life of a four-point-contact slewing bearing ［J］. Journal of Mechanical Science and Technology，2010，24（10）：2083-2089.

[16] AMASORRAIN J I，SAGARTZAZU X，DAMIÁN J. Load distribution in a four contact-point slewing bearing ［J］. Mechanism and Machine Theory，2003，38（6）：479-496.

[17] GAO X H，HUANG X D，WANG H，et al. Load distribution over raceways of an 8-point-contact slewing bearing ［J］. Applied Mechanics and Materials，2010，29-32：10-15.

[18] 高学海，黄筱调，王华，等. 双排四点接触球转盘轴承滚道接触压力分布 ［J］. 南京工业大学学报（自然科学版），2011，33（1）：80-83.

[19] SMOLNICKI T，RUSIŃSKI E. Superelement-based modeling of load distribution in large-size slewing bearings ［J］. ASME Journal of Mechanical Design，2007，129：459-463.

[20] DAIDIÉ A，CHAIB Z，GHOSN A. 3D simplified finite elements analysis of load and contact angle in a slewing ball bearing ［J］. ASME Journal of Mechanical Design，2008，130：082601.

[21] GAO X H，HUANG X D，WANG H，et al. Modeling of ball-raceway contacts in a slewing bearing with non-linear springs ［J］. Proceedings of the Institution of Mechanical Engineers，Part C：Journal of Mechanical Engineering Science，2011，225：827-831.

[22] 苏立樾，苏健. 转盘轴承静载荷承载曲线的创建 ［J］. 轴承，2004（6）：1-3.

[23] 李云峰，吴宗彦，卢秉恒，等. 转盘轴承静载荷承载曲线的精确计算 ［J］. 机械设计与制造，2010（5）：29-30.

[24] GÖNCZ P，POTOFINIK R，GLODEŽ S. Load capacity of a three-row roller slewing bearing raceway ［J］. Procedia Engineering，2011，10：1196-1201.

[25] HARRIS T A，BARNSBY R M. Life ratings for ball and roller bearings ［J］. Proceedings of the Institution of Mechanical Engineers，Part J：Journal of Engineering Tribology，2001，215：577-595.

[26] IOANNIDES E，HARRIS T A. A new fatigue life model for rolling bearings ［J］. ASME Journal of Tribology，1985，107：367-377.

[27] ZARETSKY E V，POPLAWSKI J V，MILLER C R. Rolling bearing life prediction：past，present，and future ［C］. ［s. l.：s. n.］. 2000.

[28] SADEGHI F，JALALAHMADI B，SLACK T，et al. A review of rolling contact fatigue ［J］. ASME Journal of Tribology，2009，131（4）：220.

[29] SMOLNICKI T，DERLUKIEWICZ D，STAŃCO M. Evaluation of load distribution in the superstructure rotation joint of single-bucket caterpillar excavators ［J］. Automation in Construction，2008，17（3）：218-223.

［30］ VADEAN A. Bolted joints for very large bearings：numerical model development ［J］. Finite Elements in Analysis and Design，2006，42（4）：298-313.

［31］ 陈龙，张慧. 转盘轴承螺栓连接特性分析 ［J］. 轴承，2009（8）：10-13.

［32］ MARCINIEC A，TORSTENFELT B. Load distribution in flexibly supported three-row roller slew bearings ［J］. Tribology Transactions，1994，37（4）：757-762.

［33］ KURASHITA Y. Development of split type slewing rim bearing ［J］. Koyo English Journal，2005，167：45-53.

［34］ 封杨. 大型回转支承在线健康监测方法及应用研究 ［D］. 南京：南京工业大学，2016.

［35］ 刘志军，陈捷. 回转支承的故障监测诊断技术研究 ［J］. 现代制造工程，2011（11）：127-131.

［36］ 徐新庭，陈捷，王华，等. 风电转盘轴承故障特征参数的确定 ［J］. 轴承，2013（11）：42-45.

［37］ 高学海，王华. 风电机组转盘轴承的加速疲劳寿命试验 ［J］. 风能，2012（11）：76-80.

［38］ 王华，洪荣晶，高学海. 安装基础对回转支承载荷分布的影响 ［J］. 哈尔滨工程大学学报，2013（12）：1593-1599.

［39］ 杨春，洪荣晶，陈捷，等. 基于 AMESim-Simulink 联合仿真的风电回转支承实验台液压加载系统研究 ［J］. 液压与气动，2013（8）：16-19.

［40］ 王兴东，孔建益，刘源洞，等. 回转支承运行状态的监测方法 ［J］. 轴承，2006（3）：34-36.

［41］ 肖汉斌，叶燚玺，陈光，等. 门机回转支承故障实时检测与诊断系统 ［J］. 港口装卸，2007（1）：1-6.

［42］ 柳晨曦. 大型低速重载回转支承复合故障特征提取与模式识别 ［D］. 大连：大连理工大学，2018.

［43］ 苏文胜，薛志钢，李云飞. 门座起重机回转支承故障诊断研究 ［J］. 起重运输机械，2017（6）：82-86.

第二章
回转支承强度计算方法

    本章第一节从回转支承静态承载能力计算入手，研究其内部每个滚动体与滚道之间的接触载荷，从解析法和数值法两个方面求解回转支承滚道载荷分布。解析法分别对轴向力、径向力和倾覆力矩的单独和联合作用进行求解，数值法运用非线性弹簧代替滚动体，对滚球式和滚柱式回转支承进行载荷分布计算，根据获得的滚道最大接触载荷进行滚动体与滚道局部接触区域校核，依据滚道静承载能力对比不同材料和不同类型滚动体的许用接触应力，最后，从回转支承自身结构参数、回转支承材料和连接螺栓等方面分析对承载能力的影响。

    本章第二节从修正的疲劳寿命公式和疲劳数值仿真两部分入手，介绍了回转支承疲劳寿命校核方法，并分析了滚道硬化对疲劳寿命的影响。从疲劳寿命基础理论、寿命理论计算和寿命修正展开对滚道接触疲劳损伤进行研究；接着基于回转支承常用材料特性和加工工艺，对滚道硬化层进行理论计算，获得滚道硬化层理论深度，建立滚动体与滚道接触有限元模型，将滚道分为硬化层、过渡层和中心层，分析不同硬化层深度和接触载荷对滚道接触强度和疲劳寿命的影响；最后，基于 ABAQUS 和 FE-SAFE 软件做了回转支承的疲劳寿命仿真，将理论寿命、数值仿真寿命和疲劳试验寿命进行对比验证，提高回转支承疲劳寿命计算精度。

第一节　回转支承静态承载能力计算

    滚道载荷由回转支承内部每个滚动体与滚道之间的接触载荷组成，是研究回转支承滚道损伤机理的基础。滚道最大接触载荷影响滚道磨损、滚道塑性变形和滚道疲劳损伤，最大接触载荷位置通常也是滚道发生损伤的位置。分析回转支承滚动体与滚道局部接触状态时，滚道载荷分布提供最大接触载荷及其位置；在对回转支承滚道进行疲劳寿命研究时，滚道载荷分布提供任意位置的接触载荷，为分析滚道各区域的疲劳寿命提供基础。本节通过解析法和数值法进行滚道静态载荷分布计算。

一、滚道载荷分布解析法

    回转支承滚道载荷分布解析法采用载荷叠加法进行简化计算，计算前做以下假设：滚动体与滚道没有轴向和径向间隙；套圈为刚性，不发生弯曲和扭转变形，接触变形仅在滚动体与滚道接触区域；滚道和滚动体的形状不考虑加工误差等因素影响；滚动体直径完全相同；回转支承材料各向同性。

（一）轴向力单独作用

滚动体与滚道接触示意图如图 2-1 所示。轴向力 F_a 单独作用时，各滚球受载相同，滚道上载荷分布均匀，因此每个滚球与滚道的接触载荷 P_a 为

$$P_a = \frac{F_a}{Z\sin\alpha} \tag{2-1}$$

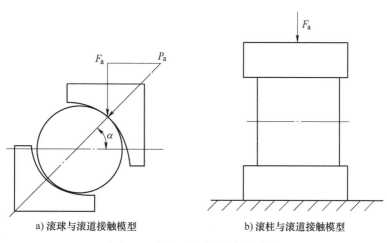

a) 滚球与滚道接触模型　　　　b) 滚柱与滚道接触模型

图 2-1　滚动体与滚道接触示意图

式中，P_a 是滚球与滚道的接触载荷（kN）；F_a 是回转支承所受的轴向力（kN）；Z 是回转支承滚球数；α 是滚动体与滚道接触角（°）。

每个滚柱与滚道的接触载荷 Q_a 为

$$Q_a = \frac{F_a}{n_u} \tag{2-2}$$

式中，Q_a 是滚柱与滚道的接触载荷（kN）；n_u 是上排滚子个数。

（二）径向力单独作用

在圆周上径向力对滚动体产生最大接触载荷 Q_0 的角度位置设为 $\varphi_0 = 0$，径向载荷分布如图 2-2 所示。处于 φ 角度位置滚球承受的径向接触载荷 F_r 为

$$F_r = [Q_0 + 2\sum(P_\varphi\cos\varphi)]\cos\alpha, \ \varphi \leqslant \pi/2 \tag{2-3}$$

式中，F_r 是回转支承所受的径向力（kN）；P_φ 是具体角度 φ 下的力（kN）；Q_0 是最大接触载荷（kN）。

处于 φ 角度位置滚柱承受的径向接触载荷 F_r 为

$$F_r = Q_0 + 2\sum(Q_\varphi\cos\varphi), \ \varphi \leqslant \pi/2 \tag{2-4}$$

式中，Q_φ 是具体角度 φ 下的滚柱接触载荷（kN）；Q_0 是最大接触载荷（kN）。

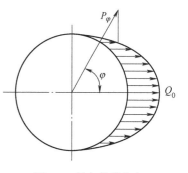

图 2-2　径向载荷分布

$$P_\varphi = Q_0 \left[1 - \frac{1}{2\varepsilon}(1-\cos\varphi) \right]^t \tag{2-5}$$

式中，ε 是回转支承的负荷参数，$\varepsilon = \frac{1}{2}\left[1 - \frac{u_r}{2\delta_{max}+u_r} \right]$，其中 u_r 为滚柱的径向游隙（本文可忽略不计，$u_r = 0$），δ_{max} 为滚柱沿径向的最大变形。t 是常数，在圆柱滚子回转支承中，$t = 1.1$。

$$Q_\varphi = Q_0 \left[1 - \frac{1}{2\varepsilon}(1-\cos\varphi) \right]^t \tag{2-6}$$

滚球径向载荷 F_r 表示为

$$F_r = \frac{ZQ_0 J_r(\varepsilon)}{\cos\alpha} \tag{2-7}$$

式中，$J_r(\varepsilon)$ 为径向载荷积分，计算见式（2-9）。

滚柱径向载荷 F_r 表示为

$$F_r = n_m Q_0 J_r(\varepsilon) \tag{2-8}$$

式中，n_m 是中排滚柱个数。

$$J_r(\varepsilon) = \frac{1}{2\pi} \int_{-\varphi_i}^{\varphi_i} \left[1 - \frac{1}{2\varepsilon}(1-\cos\varphi) \right]^t \cos\varphi\, d\varphi \tag{2-9}$$

当径向游隙 $u_r = 0$ 时，可计算得 $\varepsilon = 0.5$，根据《滚动轴承的分析方法》查表可知：对于滚球，$J_r(0.5) = 0.2288$；对于滚柱，$J_r(0.5) = 0.2453$。

承载最大载荷滚球径向位置对称分布的接触载荷 P_r 为

$$P_r = Q_0 \cos^{1.5}\varphi = \frac{4.37 F_r}{Z\cos\alpha} \cos^{1.5}\varphi \qquad \left(0 \leqslant \alpha \leqslant \frac{\pi}{2} \right) \tag{2-10}$$

承载最大载荷滚柱径向位置对称分布的接触载荷 Q_r 为

$$Q_r = Q_0 \cos^{1.1}\varphi = \frac{4.08 F_r}{n_m} \cos^{1.1}\varphi \qquad \left(0 \leqslant \alpha \leqslant \frac{\pi}{2} \right) \tag{2-11}$$

径向力对滚球产生最大接触载荷 Q_0 为

$$Q_0 = \frac{F_r}{0.2288 Z\cos\alpha} = \frac{4.37 F_r}{Z\cos\alpha} \tag{2-12}$$

径向力对滚柱产生最大接触载荷 Q_0 为

$$Q_0 = \frac{F_r}{0.2453 n_m} = \frac{4.08 F_r}{n_m} \tag{2-13}$$

（三）倾覆力矩单独作用

图 2-3 所示为回转支承只受倾覆力矩作用示意图，在分析单排球式回转支承时一般忽略接触角影响，假定接触变形只发生在滚球的竖直方向。倾覆力矩单独作用下滚动体竖直方向最大变形量为 δ_{max}，则 $\delta_\varphi = \delta\cos\varphi_{max}$，如图 2-4 所示。对于滚球式回转支承，正压力的竖直分量对 Y 轴方向产生的力矩为

$$dM = q_\varphi \sin\alpha\, ds \frac{D_{wp}}{2} \cos\varphi \tag{2-14}$$

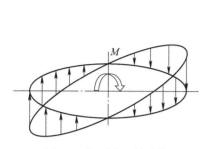

图 2-3　倾覆力矩单独作用

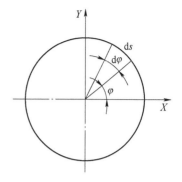

图 2-4　滚道圆周压力分布

式中，q_φ 是具体角度 φ 下滚柱接触载荷；$\mathrm{d}s$ 为单位弧长；D_{wp} 为滚道直径。

$$M = \int_0^{2\pi} \mathrm{d}M = \int_0^{2\pi} q_\varphi \sin\alpha \mathrm{d}s \frac{D_{\mathrm{wp}}}{2} \cos\varphi \tag{2-15}$$

在角度 φ 处单位弧长上的载荷为

$$P_M = \frac{4M\cos\varphi}{\pi D_{\mathrm{wp}}^2 \sin\alpha} \tag{2-16}$$

三排滚柱式回转支承在单位弧长 $\mathrm{d}s$ 上正压力的竖直分量对 Y 轴方向产生的力矩为

$$\mathrm{d}M = q_\varphi \mathrm{d}s \frac{D_{\mathrm{wp}}}{2} \cos\varphi \tag{2-17}$$

在角度 φ 处单位弧长上的载荷 Q_M 为

$$Q_M = \frac{4M\cos\varphi}{\pi D_{\mathrm{wp}}^2} \tag{2-18}$$

（四）轴向力、径向力和倾覆力矩联合作用

运用叠加法，将各单独作用载荷相加获得轴向力、径向力和倾覆力矩联合作用的载荷。滚球式回转支承最大接触载荷为

$$P_\varphi = \frac{F_{\mathrm{a}}}{Z\sin\alpha} + \frac{4M\cos\varphi}{\pi D_{\mathrm{wp}}^2 \sin\alpha} + \frac{4.37F_{\mathrm{r}}}{Z\cos\alpha} \tag{2-19}$$

滚柱式回转支承最大接触载荷为

$$Q_\varphi = \frac{F_{\mathrm{a}}}{n_{\mathrm{u}}} + \frac{4M\cos\varphi}{\pi D_{\mathrm{wp}}^2} + \frac{4.08F_{\mathrm{r}}}{n_{\mathrm{m}}} \tag{2-20}$$

单排四点接触球式回转支承存在不同的经验计算公式，应用不同工况条件，美国可再生能源实验室提出的经验计算公式（2-21）适用于滚道零游隙的回转支承，国内工程机械领域的经验计算公式（2-22）适合滚道游隙较大的回转支承。

$$Q_{\max} = \frac{2F_{\mathrm{r}}}{Z\cos\alpha} + \frac{F_{\mathrm{a}}}{Z\sin\alpha} + \frac{4M}{D_{\mathrm{wp}}Z\sin\alpha} \tag{2-21}$$

$$Q_{\max} = \frac{2.5F_{\mathrm{r}}}{Z\cos\alpha} + \frac{F_{\mathrm{a}}}{Z\sin\alpha} + \frac{5M}{D_{\mathrm{wp}}Z\sin\alpha} \tag{2-22}$$

二、滚道载荷分布数值法

回转支承尺寸大，滚动体数目多，整体有限元模型不仅花费大量建模时间，而且计算时间长，计算收敛难度大，对计算设备要求高，若使用非线性结构代替滚动体，可大幅缩小有限元模型规模和计算时间，降低计算难度。

（一）滚球式回转支承载荷分布计算

根据 JB/T 2300—2018 选择 012.40.1000.10 型号单排四点接触球式回转支承，结构尺寸如图 2-5 所示。根据赫兹接触理论，单排四点接触球式回转支承中滚球与滚道载荷（Q）-变形（δ）可描述为

$$Q = k^{-\frac{3}{2}}\delta^{\frac{3}{2}} = K\delta^{\frac{3}{2}} \tag{2-23}$$

式中，k 是常数；δ 是滚动体塑性变形（mm）；K 是与保持架相关的参数。

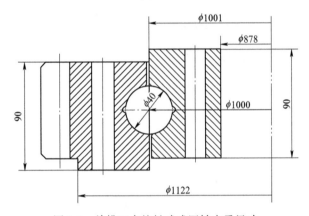

图 2-5 单排四点接触球式回转支承尺寸

其中，K 可以表示为

$$K = k^{-\frac{3}{2}} = \left\{ \delta_i^* \left[\frac{3Q}{2\sum\rho_i} \left(\frac{1-u_i^2}{E_i} + \frac{1-u_{A_1}^2}{E_{A1}} \right) \right]^{\frac{2}{3}} \frac{\sum\rho_i}{2} + \delta_e^* \left[\frac{3Q}{2\sum\rho_e} \left(\frac{1-u_{dl}^2}{E_d} + \frac{1-u_{sH}^2}{E_{dl}} \right) \right]^{\frac{2}{3}} \frac{\sum\rho_e}{2} \right\}^{-\frac{3}{2}} \tag{2-24}$$

如图 2-6 所示，用非线性弹簧代替滚球，弹簧载荷-变形和受力特性与滚球相同，只在压力载荷作用下滚道与滚球才会产生接触变形，非线性弹簧有限元模型如图 2-7 所示。单排四点接触球式回转支承滚道载荷分布如图 2-8 所示，滚道最大接触压力 $Q_{max} = 56260\text{N}$，以最大接触压力一半为分界线，将滚道载荷分为轻载、中载和重载三个等级，轻载区域受倾覆力

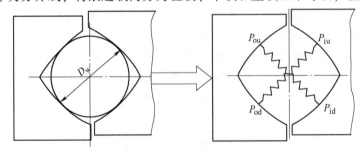

图 2-6 非线性弹簧代替滚球示意

矩影响很小，中载区域受相互部分抵消的倾覆力矩和轴向力联合作用，重载区域受相互叠加的倾覆力矩和轴向力的联合作用，因此滚球编号 1~9 和 57~64 所在区域为回转支承重载区域。

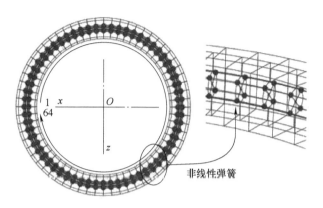

图 2-7　非线性弹簧有限元模型

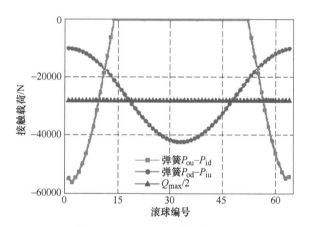

图 2-8　回转支承滚道载荷分布

长期工程实践演变出许多经验公式，经过实际工程检验，这些公式适用一定范围，将回转支承结构参数和载荷代入式（2-21）和式（2-22），计算结果对比见表 2-1，对于零游隙的回转支承，有限元模型计算结果与式（2-21）计算结果更为接近，误差仅为 5%，相对误差较好地验证了经验计算公式与有限元模型的正确性。

表 2-1　各类型求解最大接触载荷对比

类　　　型	Q_{max}/N	相对误差（%）	游　　隙
有限元模型计算结果	56260	0	零游隙
式（2-21）计算结果	59110	5	零游隙
式（2-22）计算结果	70987	26	较大游隙

（二）滚柱式回转支承载荷分布计算

根据 JB/T 2300—2018《回转支承》选择 131.32.940Z 型号三排滚柱式回转支承为研究

对象，尺寸参数如图2-9所示。根据赫兹接触理论，滚子与滚道接触刚度系数采用式（2-24）。

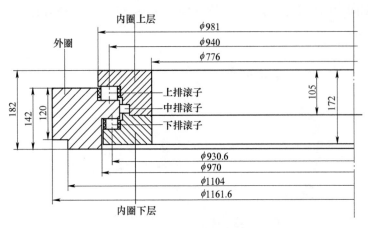

图 2-9　三排滚柱式回转支承尺寸

　　滚子载荷-变形曲线如图2-10所示，将滚子简化成非线性弹簧单元，弹簧载荷-变形曲线和滚子相同。上排滚道面创建均布的40对关键点，下排滚道面创建均布的50对关键点，非线性弹簧两端与上下滚道接触位置连接，如图2-11所示。用一根、两根、四根和八根弹簧代替实体滚子，弹簧模型结构如图2-12所示。

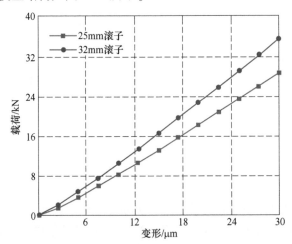

图 2-10　滚子载荷-变形曲线

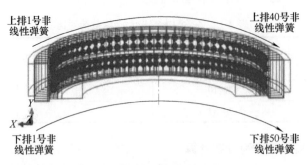

图 2-11　非线性弹簧等效模型

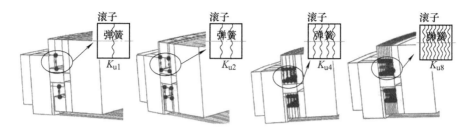

图 2-12　非线性弹簧模型结构

　　如图 2-13 所示，弹簧有限元模型和实体滚子有限元模型载荷分布趋势相同，一根非线性弹簧模型载荷曲线与实体滚子模型的差异波动明显，其他根数非线性弹簧模型与实体滚子模型差异不明显，通过比较最大接触载荷和位置（见表 2-2）以及均方根误差（见表 2-3）分析各模型载荷分布曲线的计算精度和计算误差。

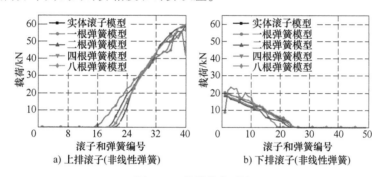

a) 上排滚子(非线性弹簧)　　　b) 下排滚子(非线性弹簧)

图 2-13　载荷分布对比

表 2-2　最大接触载荷和位置

模 型 名 称	上排最大接触载荷 /N	上排与实体滚子载荷误差（%）	上排最大滚子位置	下排最大接触载荷 /N	下排与实体滚子载荷误差（%）	下排最大滚子位置
实体滚子	59856.7	0	40	20000.0	0	1
一根弹簧	56081.9	7.00	39	23292.9	15.00	3
两根弹簧	59136.2	1.20	40	18201.0	9.00	1
四根弹簧	56357.7	5.80	40	19001.0	5.00	1
八根弹簧	59843.45	0.02	40	20011.0	0.05	1

表 2-3　各模型载荷均方根误差　　　　　　　　　　　　　（单位：N）

弹 簧 模 型	上　　排	下　　排
一根	60600.00	2832
两根	2787.00	1663
四根	2440.45	1536
八根	1453.825	458

由表 2-2 可知，一根非线性弹簧计算模型载荷分布与实体滚子模型误差最大，八根非线性弹簧模型计算结果与实体滚子模型误差最小，随着非线性弹簧数量增多，计算最大接触载荷误差变小，最大接触载荷位置与实体滚子模型相同。由表 2-3 可知，代替实体滚子的弹簧数量越多，载荷均方根误差越小，特别是一根弹簧代替实体滚子模型误差最大，实体滚子和滚道之间是线接触，回转支承内外圈受载变形，受偏载或过载时，滚子与滚道接触区域可能存在部分分离，代替实体滚子的弹簧越多，弹簧模拟的接触状态越接近实体滚子和滚道接触，载荷分布的计算精度越高。

为了减小各模型计算时间误差，在同一工作站上设置相同计算要求，模型计算时间见表 2-4，非线性弹簧计算模型的计算用时比实体滚子模型大大减少。

表 2-4　模型计算时间

模 型 名 称	计算时间/s
实体滚子	7062
一根弹簧	192
两根弹簧	230
四根弹簧	302
八根弹簧	275

综上分析，在多根非线性弹簧代替滚子有限元模型中，八根非线性弹簧模型在计算三排滚柱式回转支承中各排滚子的载荷分布曲线精度最高，如果只需要各排中最大接触载荷和位置，两根非线性弹簧模型即可。非线性弹簧根数越多，前期建模和后期计算需要时间越多。因此，三排滚柱式回转支承有限元非线性弹簧模型根数应根据实际工况需求和研究目的进行选择，以有利于提高计算效率。

（三）滚子载荷-变形曲线验证

利用非线性弹簧代替实体滚子有限元模型可有效提高回转支承滚道载荷分布计算效率，滚子与滚道接触不完全符合赫兹接触理论，如何精确得到滚子的载荷-变形曲线对计算分析至关重要。由于有限元网格大小、边界条件、材料参数等均影响计算结果，所以需要通过压缩试验验证载荷-变形曲线，以提高非线性弹簧代替滚子有限元计算的精度和可靠性。

滚子与滚道压缩试验采用 MTS880 疲劳试验机进行，截取一段回转支承材料进行切割和热处理加工，上排滚子尺寸为 $\phi32mm \times 32mm$，下排滚子尺寸为 $\phi25mm \times 25mm$。滚子通过上下夹具固定在试验机上，载荷通过加载系统施加在下夹具上，电子千分表测量下夹具移动，如图 2-14 所示。计算机终端记录施加载荷并绘制载荷-变形曲线。试验载荷最大值为 2.5×10^4 N，载荷按十组等差数列进行加载。滚子与滚道接触有限元模型如图 2-15 所示。滚子载荷-变形曲线如图 2-16 所示。

图 2-14　压缩试验实物

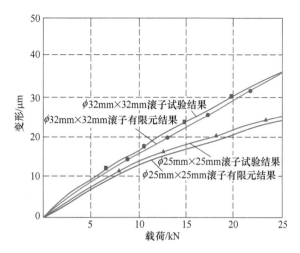

图 2-15　滚子与滚道接触有限元模型　　　　　图 2-16　滚子载荷-变形曲线

三、滚动体与滚道局部接触分析

国内外学者对回转支承滚道静态承载能力存在不同观点，由于回转支承与普通轴承结构和工况差异很大，有学者将滚道塑性变形限制为滚动体直径的万分之一，也有学者将滚道塑性变形限制为滚动体直径的万分之三，来获得许用接触应力。

（一）滚道静态承载能力分析

回转支承结构尺寸大，套圈和支承结构抗变形能力不易保证，有些学者认为许用接触应力应取低一些，国际上回转支承厂家基本上把变形为滚动体直径的万分之一时的接触应力作为最大接触应力，国际标准和美国国家标准给出了不同类型回转支承永久变形为滚动体直径的万分之一时的接触应力。苏立樾等人提出回转支承滚道硬度大于 55HRC，滚道表面硬化层深度大于滚动体直径的十分之一，受载最大滚动体与内外圈接触位置的永久变形为滚动体直径的万分之一时，材料 42CrMo 点接触形式最大接触应力为 4200MPa，线接触形式最大接触应力为 4000MPa。沈伟毅等给出不同材料点线接触形式的最大接触应力，套圈材料为 42CrMo 时点接触形式许用接触应力为 3850MPa，线接触形式许用接触应力为 2700MPa；套圈材料为 50Mn 时点接触形式许用接触应力为 3400MPa，线接触形式许用接触应力为 2200MPa。

（二）滚道局部接触承载能力校核

不同接触类型的回转支承许用接触应力计算公式不同。对于点接触形式，许用接触应力 $[\sigma_{max}]$ 为

$$[\sigma_{max}] = 4310 C_p^{1/3} \left(\frac{\delta}{D_w}\right)^{1/5} \tag{2-25}$$

式中，C_p 为接触应力常数；D_w 为滚动体直径。

如果滚球和滚道的硬度不超过 750HV 时，引入硬度系数 f_H 进行修正，可得

$$f_H = \frac{HV}{750} \tag{2-26}$$

$$[\sigma_{\max}] = 4310 C_p^{1/3} \left(\frac{\delta}{D_w}\right)^{1/5} f_H \qquad (2\text{-}27)$$

对于线接触形式许用接触应力为

$$[\sigma_{\max}] = 1810 C_p^{1/2} \left(\frac{\delta}{D_w}\right)^{1/5} \qquad (2\text{-}28)$$

如果滚子和滚道的硬度不超过 750HV 时，引入硬度系数 f_H 进行修正，可得

$$[\sigma_{\max}] = 1810 C_p^{1/2} \left(\frac{\delta}{D_w}\right)^{1/5} f_H \qquad (2\text{-}29)$$

滚球与滚道之间最大接触应力为

$$\sigma_{\max} = \frac{1.5 Q_{\max}}{\pi ab} \qquad (2\text{-}30)$$

式中，a 接触椭圆长半轴；b 为接触椭圆短半轴。

滚子与滚道之间最大接触应力为

$$\sigma_{\max} = \frac{2 Q_{\max}}{\pi lb} \qquad (2\text{-}31)$$

式中，l 为滚子长度。

回转支承滚道静承载能力以滚动体允许的最大变形时接触应力与许用接触应力比值来衡量，因此，用静态安全系数来衡量回转支承滚道静承载能力。滚球式回转支承安全系数为

$$f_s = \left(\frac{[\sigma_{\max}]}{\sigma_{\max}}\right)^3 \qquad (2\text{-}32)$$

滚柱式回转支承安全系数为

$$f_s = \left(\frac{[\sigma_{\max}]}{\sigma_{\max}}\right)^2 \qquad (2\text{-}33)$$

在分析承载能力时，有时还需引入材料局部安全系数 γ_m 与重要失效系数 γ_n 进行修正为

$$f_s = \left(\frac{[\sigma_{\max}]}{\gamma_m \gamma_n \sigma_{\max}}\right)^n \qquad (2\text{-}34)$$

计算得到的安全系数与回转支承标准给出的不同工况条件和载荷类型的安全系数进行对比，校核回转支承滚道的承载能力。

四、影响回转支承承载能力的因素

回转支承内部结构复杂，影响承载能力因素诸多，本部分从自身结构、硬化滚道和连接螺栓方面，分析各参数对承载能力的影响规律，为回转支承承载能力优化提供分析基础。

（一）结构对承载能力影响

1. 套圈挡边高度 h

对于单排四点接触球式回转支承来说，套圈挡边高度设计不足时，过大载荷使滚球与滚道之间产生的接触椭圆应力区域接近或超出挡边边缘，造成明显应力集中，接触面内应力加剧滚球与滚道的摩擦和磨损，套圈挡边高度一般采用经验计算公式 $h = kD_w$。设计合理的挡边高度需要考虑接触角、滚球直径、滚道沟曲率系数、载荷大小和类型以及材料许用接触应力等。

挡边高度设计如图 2-17 所示，通过几何关系得到滚道接触椭圆面长半轴边缘的接触角 β 为

$$\beta = \frac{180a}{\pi r} \tag{2-35}$$

式中，r 为滚球半径。

套圈挡边高度设计原则是接触椭圆长半轴 a 不能超过挡边高度 h，因此，回转支承挡边高度最小值为

$$h = r - r\cos(\alpha' + \beta) \tag{2-36}$$

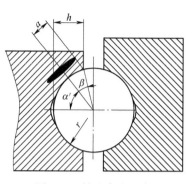

图 2-17　挡边高度设计

2. 滚动体直径 D_w 和个数 Z

滚动体直径越大，单个滚动体承载能力越高。在给定的结构尺寸和安装尺寸下，滚动体直径越大，回转支承套圈径向深度和轴向高度越大，整体尺寸增加，增大轴承材料制造和安装成本。如果只增大滚动体直径，套圈径向深度和轴向高度不变，套圈内部结构变薄，不仅整体结构刚度下降，而且滚动体直径越大，滚动体数量越少，回转支承整体承载性能可能会下降。滚动体直径与滚动体个数关系通过经验公式获得，即

$$KD_wZ \leqslant \pi D_{pw}, \quad Z \leqslant \frac{\pi D_{pw}}{KD_w} \tag{2-37}$$

式中，K 是与保持架等参数有关的参数；Z 是滚动体个数；D_{pw} 是滚道直径（mm）；D_w 为滚动体直径（mm）。

3. 游隙

游隙影响回转支承寿命、载荷分布、振动、噪声和摩擦等，包括轴向和径向游隙。在不受载状态下，游隙是指活动套圈相对固定套圈从一个极限位置到另一个极限位置的移动量。

在实际工程中，回转支承一般取小游隙或负游隙来减小振动冲击。对于风力发电机的变桨轴承来说，必须采用负游隙，通过增加滚球与滚道的接触压力减小滚球在滚道上径向微动时接触面的相对滑动量。当游隙为负值或零值时，所有滚动体与滚道接触，此时承载滚动体最多；当游隙为正值时，由于承载滚动体数量逐渐减少，所以当负游隙变为正游隙时，滚动体承载数量由多变少，与滚道的最大接触载荷由大变小，再逐渐增大，游隙变化直接影响滚动体承载值和承载个数。

4. 接触角

对于单排四点接触球式回转支承滚球与滚道接触区中心法向与垂直于轴线的径向平面间夹角称为接触角，一般在 40°~60° 之间。轴向承载能力随着初始接触角变大而变大，径向承载能力随着初始接触角变大而变小。如果初始接触角和轴承内部间隙大，回转支承受载后实际接触角超过 60°，滚球与滚道接触点接近滚道边缘，随着滚道磨损，接触角继续增大，接触区域应力椭圆超过滚道边缘，造成应力集中，滚道的实际应力远远大于理论设计计算应力，造成滚道边缘压溃，加速滚道失效。

5. 滚道曲率半径

对于单排四点接触球式回转支承来说，滚道曲率半径系数 f 是滚道曲率半径 r 与滚球直径 D_w 的比值。滚道曲率半径系数（见图 2-18）影响滚球与滚道密合程度，设计时通常在 0.51~0.56 之间取值。

如图 2-18a 所示，滚道曲率半径系数越大，滚球与滚道密合程度越小，滚球与滚道接触区域越小，承载能力越小，摩擦力越小；如图 2-18b 所示，滚道曲率半径系数越小，滚球与滚道密合程度越大，滚球与滚道接触区域越大，承载能力越大，摩擦力越大，对回转支承加工与装配精度要求越高，制造难度越大。滚道曲率半径直接影响接触应力，为了尽可能提高回转支承承载能力和使用寿命，应使滚球与内外滚道

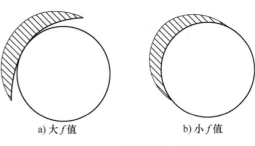

a) 大 f 值　　　　b) 小 f 值

图 2-18　滚道曲率半径系数

的最大接触应力差值最小，通常外圈滚道曲率半径系数大于内圈。

（二）硬化滚道对承载能力影响

1. 滚道硬化层深度

在回转支承滚道结构中，滚道硬化可提高表面强度，保证滚道不产生剥落。例如：受载后滚球与滚道的点接触变成面接触，接触区域为一个长半轴为 a、短半轴为 b 的椭圆面，滚道除受压应力外，还受到切应力作用，最大切应力发生在滚道次表面 $0.47a$ 处，因此滚道硬化层深度必须大于 $0.47a$（一般取 $0.6a$），这也是国家标准中根据滚动体直径大小规定硬化层深度，而不是根据回转支承直径来规定的原因，同时给出了硬化层深度最小的保证值。目前，滚道硬化层深度还没有无损检测方法，主要依靠工艺和装备来保证。

2. 滚道硬度

回转支承滚道热处理表面硬度对承载能力有着重要影响。表 2-5 为滚道硬度与额定静容量对比系数的对应关系。

表 2-5　滚道硬度与额定静容量对比系数的对应关系

滚道硬度 HRC	60	59	58	57	56	55	53	50
额定静容量对比系数	1.53	1.39	1.29	1.16	1.05	1	0.82	0.58

国家标准规定回转支承滚道表面硬度不低于 55HRC，在加工生产中滚道硬度可达 57HRC，当滚道表面硬度只有 50HRC 时，即使安全系数取 1.7 倍，回转支承也会因硬度不够而损伤。表 2-6 给出了不同硬度和弹性模量之间的关系，对不能直接设置硬度的仿真软件可通过此关系获得滚道硬化层的材料属性。

表 2-6　不同硬度和弹性模量之间的关系

洛氏硬度 HRC	55	57	59	61
维氏硬度 HV	596	634	676	720
弹性模量 E/MPa	212000	226000	241000	257000

（三）连接螺栓对承载能力影响

作为回转支承部件中的重要零件，连接螺栓将回转支承与上下支承结构固定在一起，螺栓好坏直接影响轴承的正常运转。连接螺栓预紧的目的是增强螺纹连接的可靠性、紧密性和防松能力，提高疲劳强度，防止安装面出现间隙而产生附加冲击，同时预紧力会在接触面间产生黏

附摩擦力，起到传递径向力的作用。过大的预紧力会使螺栓在装配过程中或者过载情况下断裂，一般预紧力为螺栓承载极限的 70%，尺寸应符合 GB/T 5782—2016《六角头螺栓》的规定，强度不低于 GB/T 3098.1—2010《紧固件机械性能　螺栓、螺钉和螺柱》中规定的 8.8 级。

三排滚柱式回转支承内圈或外圈由上、下两部分组成，中间通过连接螺栓固定，载荷通过螺栓传递给上、下支承结构，如图 2-19 所示，外圈由上、下两滚座组成。目前，对三排滚柱式回转支承有限元计算分析时，将内外圈简化成整体进行计算，这使整圈的刚度增加，与实际工程情况有差别。本部分建立的整体三排滚柱式回转支承和分体三排滚柱式回转支承有限元模型如图 2-20 所示。根据 GB/T 3098.1—2010 选择螺栓预紧力为 50kN，分析载荷和预紧力对整体刚度影响。

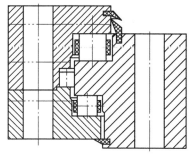

图 2-19　三排滚柱式回转支承结构

a) 整体模型　　　　　　　　　b) 分体模型

图 2-20　三排滚柱式回转支承有限元模型

由表 2-7 可知，随着载荷增大，三排滚柱式回转支承变形增大，相同载荷下整体模型的变形小于分体模型，整体模型的刚度大于分体模型。在三排滚柱式回转支承有限元计算时，螺栓螺母与回转支承端面接触对较多，建模过程花费大量时间，对计算要求高，收敛难度大，一些学者将螺栓替换成非线性结构进行简化计算，分析螺栓对回转支承载荷分布影响，结果更加接近实际工况。

表 2-7　三排滚柱式回转支承有限元计算结果

模 型 名 称	轴向力/kN	倾覆力矩/kN·m	变形/mm
分体模型	500	350	1.074
分体模型	1000	700	1.426
整体模型	500	350	0.5715
整体模型	1000	700	1.142

第二节　回转支承疲劳寿命校核

在回转支承疲劳寿命计算时经典疲劳理论不能直接使用。Lundberg-Palmgren 理论对滚球式和滚柱式回转支承进行疲劳寿命理论计算，并加入可靠性修正、材料硬度修正、润滑条件修正、支承结构修正，提高疲劳寿命分析的精度，通过数值分析仿真从疲劳梯度识别危险区域。不同疲劳寿命计算方法具有不同的特点，相互对比验证，提高滚道疲劳寿命分析精度，为研究滚道疲劳失效机理奠定了基础。

回转支承试验面临诸多难题，如成本高、耗时长、干扰因素多等，随着计算机技术的快速发展，通过数值仿真方法进行强度分析和疲劳寿命预测可行且效率高。数值仿真方法能直接观察滚道应力应变情况和疲劳寿命的薄弱区域，设计人员可在软件中直接修改模型，降低滚道应力，提高回转支承承载能力和疲劳寿命，进而缩短产品开发周期，降低成本。

一、基础寿命理论计算

回转支承在正常工作时通常承受倾覆力矩 M、轴向力 F_a、径向力 F_r 的综合作用，在计算回转支承滚道滚动接触疲劳寿命时将复合载荷转换为轴向当量动载荷 P_a，即当回转支承承受载荷为 P_a 的纯轴向力时，回转支承滚道疲劳寿命与在复合载荷作用下相同。假设在纯轴向力 P_a 作用下，每个滚球对滚道的接触压力为 Q，压力角为 α，滚球数目为 Z，回转支承载荷的等效转化如图 2-21 所示。工程上定义可靠度为 90% 时的轴承寿命为基本额定寿命，对于风电回转支承，根据美国国家可再生能源实验室（NREL）设计指南和 ISO 281—2007《滚动轴承—额定动载荷和额定寿命》，其滚动接触疲劳寿命模型为

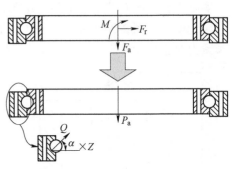

图 2-21　回转支承载荷的等效转化

$$L = a_1 a_2 a_3 \left(\frac{C_a}{P_a} \right)^3 \tag{2-38}$$

式中，L 为回转支承滚道滚动接触疲劳寿命，以 $10^6 \mathrm{r}$ 计；a_1 为可靠度修正系数；a_2 为材料表面硬度修正系数；a_3 为工况和润滑等修正系数；C_a 为基本额定动载荷（N）；P_a 为当量动载荷（N）。

在工程应用中，以 Lundberg-Palmgren 滚动接触疲劳理论方程为基础，如式（2-39）所描述：

$$\ln \frac{1}{S} = A \frac{N^e \tau_0^c V}{z_0^h} \tag{2-39}$$

式中　S——滚动接触疲劳可靠度；

A——常数；

N——滚动接触应力循环次数；

τ_0——最大正交剪应力；

V——接触应力体积；

z_0——最大正交剪应力深度；

e——Weibull 分布斜率；

c，h——材料参数（可由实验数据拟合得到）。

通常将可靠度为 90% 时的修正系数 a_1 设为 1，参照式（2-39）可将系数描述为式（2-40）。

$$a_1 = \frac{\left(\ln \dfrac{1}{S} \right)^{\frac{1}{e}}}{\left(\ln \dfrac{1}{0.9} \right)^{\frac{1}{e}}} \tag{2-40}$$

式中，S 为可靠度；e 为威布尔分布斜率。

回转支承通常存在内圈和外圈，从图 2-21 可得两圈的应力体积 V 可用式（2-41）描述，式（2-41）中求解外圈应力体积时用"+"，求解内圈应力体积时用"−"，另外由于在回转支承中 $D \gg d$，内、外圈接触几何的误差几乎可以忽略，式（2-41）中也假设内、外两圈的接触几何相同。在回转支承可靠度为 S_{bearing} 的前提下，设内圈、外圈的可靠度分别为 S_{inner}、S_{outer}，回转支承可靠度为内、外圈可靠度的乘积，见式（2-42）。将式（2-41）代入式（2-40）可得回转支承内、外圈可靠度关系，见式（2-43）。将式（2-43）代入式（2-42）可以得到式（2-44）和式（2-45）。

$$V = \pi a z_0 \left(D \pm d\cos\alpha \right) \tag{2-41}$$

式中，D 为回转支承公称外径；d 为回转支承公称内径。

$$S_{\text{bearing}} = S_{\text{inner}} S_{\text{outer}} \tag{2-42}$$

$$\frac{\ln \dfrac{1}{S_{\text{outer}}}}{\ln \dfrac{1}{S_{\text{inner}}}} = \frac{D + d\cos\alpha}{D - d\cos\alpha} \tag{2-43}$$

$$\ln \frac{1}{S_{\text{bearing}}} = \frac{2D}{D + d\cos\alpha} \ln \frac{1}{S_{\text{outer}}} \tag{2-44}$$

$$\ln \frac{1}{S_{\text{bearing}}} = \frac{2D}{D - d\cos\alpha} \ln \frac{1}{S_{\text{inner}}} \tag{2-45}$$

将式（2-44）、式（2-40）代入式（2-44）可得到回转支承外圈滚道载荷-疲劳寿命-可靠度模型，见式（2-46）；将式（2-44）、式（2-40）代入式（2-38）可得到回转支承内圈滚道载荷-疲劳寿命-可靠度模型，见式（2-47）。比较式（2-46）与式（2-47），在相同的可靠度下，外圈滚道的寿命比内圈的寿命长，因此回转支承的失效大多见于内圈滚道，这与实际工程和试验现象吻合。

$$L = \left(\ln \frac{1}{0.9} \right)^{-\frac{1}{e}} a_2 a_3 \left(\frac{C_a}{P_a} \right)^3 \left(\frac{2D}{D + d\cos\alpha} \ln \frac{1}{S_{\text{outer}}} \right)^{\frac{1}{e}} \tag{2-46}$$

$$L = \left(\ln \frac{1}{0.9} \right)^{\frac{1}{e}} a_2 a_3 \left(\frac{C_a}{P_a} \right)^3 \left(\frac{2D}{D - d\cos\alpha} \ln \frac{1}{S_{\text{inner}}} \right)^{\frac{1}{e}} \tag{2-47}$$

为将式（2-46）和式（2-47）归一化，设接触轨迹圆周直径为 D_c，如图 2-22 所示，将内圈、外圈的可靠度统一标示为内外圈的可靠度 S_{ring}，得到归一化的回转支承滚道载荷-疲劳寿命-可靠度模型和接触轨迹圆周直径 D_c，分别为

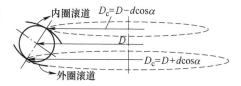

图 2-22 接触圆轨迹示意

$$L = \left(\ln \frac{1}{0.9} \right)^{-\frac{1}{e}} a_2 a_3 \left(\frac{C_a}{P_a} \right)^3 \left(\frac{2D}{D_c} \ln \frac{1}{S_{\text{ring}}} \right)^{\frac{1}{e}} \tag{2-48}$$

$$D_c = D \pm d\cos\alpha \tag{2-49}$$

式中，"+"用于外圈；"−"用于内圈。

从滚道疲劳承载能力角度来看，疲劳寿命主要取决于应力（或应变）循环变化幅值，最大切应力的数值大于最大正交切应力，但是在滚珠滚动作用下，最大正交切应力循环变化幅值大于主切应力循环幅值，因此疲劳更倾向于在最大正交切应力位置萌生，如图 2-23 所示。

二、滚道硬化对接触强度及寿命影响

国内外回转支承生产厂家主要选用 42CrMo 和 50Mn 作为套圈材料，套圈材料符合 GB/T 3077—2015《合金结构钢》的规定，滚动体采用符合 GB/T 18254—2016《高碳铬轴承钢》规定的 GCr15 或 GCr15SiMn 轴承钢，或采用性能相当或更优的其他材料。

（一）回转支承材料

回转支承对各部件材料性能和加工性要求高，需从以下几个方面考虑：

1）材料具有较高的耐磨性和强度。回转支承运行时，滚道与滚动体的接触应力最高可达 4000MPa 以上，滚道一般要承受 10^7 次以上的交变应力，极易发生点蚀和剥落。

2）材料具有较好的淬硬性和淬透性。滚道表面受载应力高，滚道上最大等效应力位于滚道表面以下，而且最大等效应力处以下区域内应力依然很高，不经过热处理加工，套圈材料很难达到实际工作要求的强度。

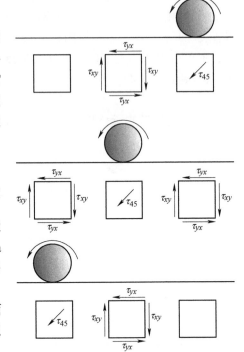

图 2-23　最大正交切应力位置示意

3）材料应满足使用要求。材料的抗拉、抗压、抗剪及疲劳强度等，加工和热处理工艺性能，驱动齿轮齿面强度和耐磨性以及齿根抗弯曲疲劳强度，材料的耐蚀能力，都应满足使用要求。

材料 42CrMo 的主要特点是强度高、韧性好、淬透性高以及淬火变形小，通过调质处理后可获得较好的综合性能。由于低温冲击韧性好，可承受冲击载荷，因而被广泛应用于大型零件，其化学成分见表 2-8。

表 2-8　42CrMo 的化学成分

化学成分	碳（C）	硅（Si）	锰（Mn）	硫（S）	磷（P）	铬（Cr）	镍（Ni）	铜（Cu）	钼（Mo）
含量（质量分数,%）	0.38~0.45	0.17~0.37	0.50~0.80	≤0.035	≤0.035	0.90~1.20	≤0.30	≤0.30	0.15~0.25

材料 50Mn 的主要特点是淬透性高，淬火后可获得较高的硬度，适用于热处理后需要硬度高和淬硬层深的场合。虽然 50Mn 的性能与 50 钢类似，但淬透性优于 50 钢，热处理后的强度和硬度也高于 50 钢，耐磨性也较高，但 50Mn 在焊接性能方面较差。因此，50Mn 主要适用于制造承受高应力和有一定耐磨性的零件，其化学成分见表 2-9。

表 2-9　50Mn 的化学成分

化学成分	碳（C）	硅（Si）	锰（Mn）	硫（S）	磷（P）	铬（Cr）	镍（Ni）	铜（Cu）
含量 （质量分数,%）	0.48~ 0.56	0.17~ 0.37	0.70~ 1.00	≤0.035	≤0.035	≤0.25	≤0.30	≤0.25

（二）滚道硬化层深度理论计算

滚动体与滚道表面之间接触载荷大，接触面积小，滚道表面接触应力和内部应力高，滚道表面需要进行硬化处理，以提高回转支承的承载能力和使用寿命。为了研究硬化滚道对回转支承承载能力和疲劳寿命的影响，以图 2-9 所示 131.32.940Z 型三排滚柱式回转支承为研究对象，材料为 42CrMo，其屈服强度 $\sigma_{0.2}=635MPa$，套圈内部许用当量应力 σ_{vperm} 与材料屈服强度 $\sigma_{0.2}$ 存在以下关系

$$\sigma_{vperm}=k\sigma_{0.2} \qquad (2-50)$$

式中，k 为常数，对于柱式轴承，$k=0.6$；对于滚球轴承，$k=0.75$。

回转支承滚道硬化层通常定义为从滚道表面到滚道内部硬度>52.4HRC 的位置，由于过渡层长度一般为硬化层深度的 10%，所以当量应力 σ_v 与 σ_{vperm} 相等时的深度值是滚道硬化层深度最小值的 110%，根据赫兹接触理论和图 2-24 中的对应关系，可得到当量应力 σ_v 与滚道硬化层深度 DS 的对应关系。

图 2-25 所示为根据赫兹接触理论计算结果绘制的三排滚柱式回转支承关系曲线，滚道中心层许用当量应力与当量应力相等时深度值 $DS=3.3mm$，所以滚道硬化层深度最小值为 3mm。在 JB/T 2300—2018 中对套圈滚道有效硬化层深度的规定见表 2-10，对于 $\phi25mm\times25mm$ 的滚子来说，滚动体直径<30mm，硬化层深度≥3mm 即可，通过两者对比，理论计算的硬化层深度和 JB/T 2300—2018 规定的最小硬化层深度符合，说明滚道硬化层深度理论计算的有效性，实现硬化层深度的快速解析计算，可为回转支承结构设计提供参考。

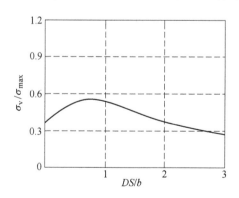

图 2-24　当量应力 σ_v 与滚道硬化层深度 DS 的对应关系（b 为接触椭圆短半轴长）

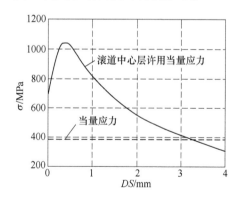

图 2-25　三排滚柱式回转支承关系曲线

表 2-10　套圈滚道有效硬化层深度

D_w/mm	≤30	>30~40	>40~50	>50
DS/mm	≥3.0	≥3.5	≥4.0	≥5.0

注：DS 值为硬度达到 48HRC 以上的表层深度。

（三）滚道表面接触应力试验

回转支承滚道经过硬化处理后，滚道表面硬度一般为 57~62 HRC，硬度从滚道表面往下逐渐下降到 42 HRC，如图 2-26 所示。运用式（2-50）所示的 Ramberg-Osgood 方程，采用表 2-11 中的材料参数，计算滚道各层的应力应变关系，结果如图 2-27 所示。

$$\varepsilon_a = \varepsilon_e + \varepsilon_p = \frac{\sigma_a}{E} + \left(\frac{\sigma_a}{K'}\right)^{1/n} \tag{2-51}$$

式中，ε_a 为应变幅值；ε_e 为弹性应变幅值；ε_p 为塑性应变幅值；σ_a 为应力幅值；E 为弹性模量；K' 为强度系数；n 为应变硬化指数。

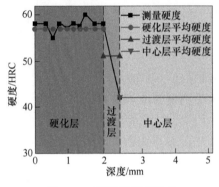

图 2-26　不同滚道层硬度

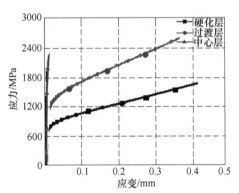

图 2-27　不同滚道层应力-应变曲线

表 2-11　滚道不同分层的材料参数

位　　置	硬度 HRC	弹性模量 E/MPa	泊松比 v	K'/MPa	n
中心层	42	207000	0.3	1173	0.0932
过渡层	51	211000	0.3	1963	0.1054
硬化层	57	212000	0.3	5808	0.1550

回转支承滚道表面承受较高的接触应力，材料应具有良好的力学性能和加工处理性能。虽然 GB/T 4662—2012《滚动轴承　额定静载荷》规定优质淬硬钢球轴承许用接触应力为 4200MPa，普通轴承与回转支承热处理工艺不同，回转支承套圈材料为 42CrMo 和 50Mn 的许用接触应力值没有规定，而试验获得的滚道表面接触应力是验证有限元模型的有效方式。

回转支承受载后，滚球作用在滚道上的应力达到材料极限时，滚道将出现塑性变形，一般认为滚道永久变形为滚球直径的 0.01%、0.03% 甚至 0.05% 时的接触应力为许用接触应力。滚道表面接触应力试验通过测量滚球与试件加载后平板试样的表面压痕，如图 2-28 所示。运用回归直线分析法，建立压痕深度与接触应力关系方程，得到回转支承套圈材料的许用接触应力。

根据有关文献可知，最大接触应力 σ_{max}、滚道压痕深度 δ_q 和滚球直径 D_w 之间的关系为

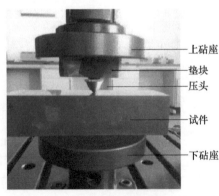

图 2-28　压痕试验实物

$$\frac{\delta_q}{D_w} = K\sigma_{max}^b \tag{2-52}$$

式中，K 为常数；b 为指数。

对式（2-52）进行数据整理得

$$y = \lg(\delta_q/D_w), \quad x = \sigma_{max}, \quad a = \lg K \tag{2-53}$$

可将式（2-52）简化为

$$y = a + bx \tag{2-54}$$

其中，a 可表示为

$$a = \frac{\sum_{i=1}^{n} y_i - b\sum_{i=1}^{n} x_i}{n} \tag{2-55}$$

b 可表示为

$$b = \frac{n\sum_{i=1}^{n} x_i y_i - \sum_{i=1}^{n} x_i \sum_{i=1}^{n} y_i}{n\sum_{i=1}^{n} x_i^2 - \left(\sum_{i=1}^{n} x_i\right)^2} \tag{2-56}$$

相关系数 r 的表达式为

$$r = \frac{\sum_{i=1}^{n}(x_i - \bar{x})(y_i - \bar{y})}{\sqrt{\sum_{i=1}^{n}(x_i - \bar{x})^2}\sqrt{\sum_{i=1}^{n}(y_i - \bar{y})^2}} \tag{2-57}$$

式中，$\bar{x} = \frac{1}{n}\sum_{i=1}^{n} x_i$，$\bar{y} = \frac{1}{n}\sum_{i=1}^{n} y_i$。

当滚道塑性变形为滚子直径的 0.01% 时，压痕试验获得热处理后材料 42CrMo 的许用接触应力为 4564MPa，而在有关文献里指出变形为滚动体直径的 0.01% 时，赫兹接触理论计算的最大接触应力为 4200MPa，两者之间的误差约为 8.6%，证明了压痕试验的有效性。建立与压痕试验相同的滚道分层有限元模型，如图 2-29 所示，滚道分为硬化层、过渡层和中心层，每层赋予不同的弹塑性参数。压痕试验结果与有限元模型结果对比如图 2-30 所示，

图 2-29 压痕试验有限元模型

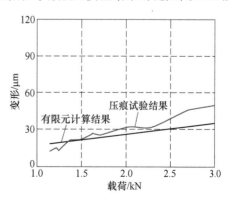

图 2-30 压痕试验结果和有限元模型结果对比

有限元计算得到变形随载荷均匀增加，压痕试验得到变形随载荷增加出现波动，考虑到压痕试验中热处理的平板试件很难保证整个平面各点硬度和硬化层深度相同，会有很小误差，压痕通过在平板表面选取一条直线，均匀选取加载点，各点按比例施加载荷获得，综合平板试件加工误差和测量误差，滚道分层有限元模型有效，可用于滚道的接触强度和疲劳寿命分析。

（四）滚道硬化层接触强度计算

本部分建立三排滚柱式回转支承滚子与滚道接触简化有限元模型，如图 2-31 所示。滚道分为硬化层、过渡层和中心层，每层赋予不同的材料参数，滚子大小为 $\phi25mm \times 25mm$，根据 JB/T 2300—2018 规定：选取 3mm、4mm 和 5mm 的硬化层深度，过渡层深度为硬化层深度的 10%，根据 JB/T 2300—2018 中的承载曲线和本章第一节非线性弹簧模型，载荷分别选取 20000 N、60000 N 和 100000 N。

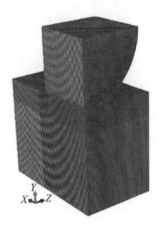

图 2-31　$\phi25mm \times 25mm$ 滚子有限元模型

如图 2-32、图 2-33 和图 2-34 所示，随着载荷增加，滚道上等效应力、切应力和接触应力增大；随着硬化层深度（DS）增加，滚道上等效应力、切应力和接触应力增大但增幅很小，硬化层深度对等效应力、切应力和接触应力的最大值影响很小。虽然滚道硬化深度不同，根据本章第一节知，各应力最大值发生在滚道表面或滚道次表面很小范围内，远远小于滚道硬化层深度，当滚道受载变形，不同硬化深度的刚度不同，变形不同，在相同载荷作用下，变形越大，接触面积越大，接触应力越小；相反，当滚道刚度越大，变形越小，接触面积越小，接触应力越大。

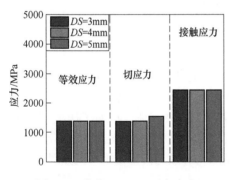

图 2-32　载荷 20000 N 时各应力

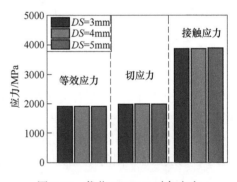

图 2-33　载荷 60000 N 时各应力

如图 2-35、图 2-36 和图 2-37 所示，提取滚道表面到滚道中心层路径上的等效应力，从图中可以看出，等效应力先上升后下降，最大值不在滚道表面，而在滚道表面下方，符合本章第一节滚道接触区域应力分布理论，且随着载荷增大，离滚道表面距离越远，不同加载值的等效应力整体趋势相同。42CrMo 材料的心部许用当量应力 σ_{vperm} 通过式（2-49）算得 381MPa，选择米泽斯应力值为 381MPa，作直线与等效应力曲线相交，由图 2-35 可看出，当硬化层深度

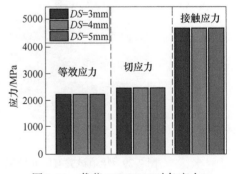

图 2-34　载荷 100000 N 时各应力

为 3mm 时，载荷为 20000 N 和 60000 N 时，许用当量应力位于硬化层内，说明硬化层深度足够，这与上文硬化层深度理论结果吻合，而载荷为 100000 N 时，位于中心层内的等效应力大于许用当量应力，这时中心层材料会发生屈服损伤，说明滚道硬化层深度不够，载荷过大会造成中心层被压溃。当硬化层深度为 5mm 时，载荷为 100000 N 时，位于中心层的等效应力低于许用当量应力，说明硬化层深度足够。

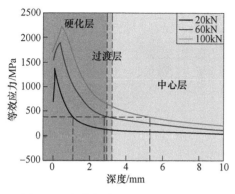

图 2-35　硬化深度为 3mm 的应力路径

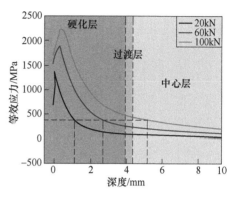

图 2-36　硬化深度为 4mm 的应力路径

为了研究不同硬化层深度对回转支承整体刚度的影响，用两根非线性弹簧代替实体滚子，将滚道分为三层，硬化层深度分别为 3mm、4mm 和 5mm（每层赋予不同的弹塑性参数），弹性模型滚道材料参数只赋予弹性模量和泊松比（整体弹性模型 207 的弹性模量为 207GPa，泊松比为 0.3；整体弹性模型 212 的弹性模量为 212GPa，泊松比为 0.3），弹塑性模型滚道材料参数赋予弹性模量、泊松比和塑性参数（弹塑性模型 207 的弹性模量为 207GPa，泊松比为 0.3；弹塑性模型 212 的弹性模量为 212GPa，泊松比为 0.3）。不同材料参数模型的变形如图 2-38 所示。

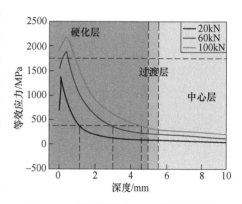

图 2-37　硬化深度为 5mm 的应力路径

由图 2-38 可知，回转支承整体模型设置为弹性模型的变形比弹塑性模型的整体变形小，弹性模型只发生弹性形变，弹塑性模型在超过一定载荷时发生塑性变形。当载荷较小时，套圈受载只发生弹性变形时，弹性模型和弹塑性模型整体变形没有区别；当载荷较大时，套圈受载发生塑性变形，两模型整体变形区别较大。不同硬化层模型设置相同的材料参数，随着硬化层深度增加，回转支承整圈变形变小。如图 2-39 所示，不同材料参数模型的载荷分布趋势大体相同，弹塑性模型 207（图 2-38f）的载荷最大，在计算回转支承整圈变形时，应将材料设置成弹塑性模型，而不是仅仅赋予弹性模量和泊松比，这样误差较大，与实际工况不符。

（五）滚道硬化层深度寿命分析

本部分运用 FE-SAFE 疲劳分析专用软件对回转支承硬化滚道进行疲劳寿命分析，分别采用名义应力法中的 Brown-Miller：Morrow 算法、局部应力法中的（shear+direct）Stress：Morrow 算法和 von Mises：Goodman 算法进行平均应力修正，模型为三排滚柱式回转支承模型，分析不同硬化层深度和载荷对回转支承寿命计算影响。

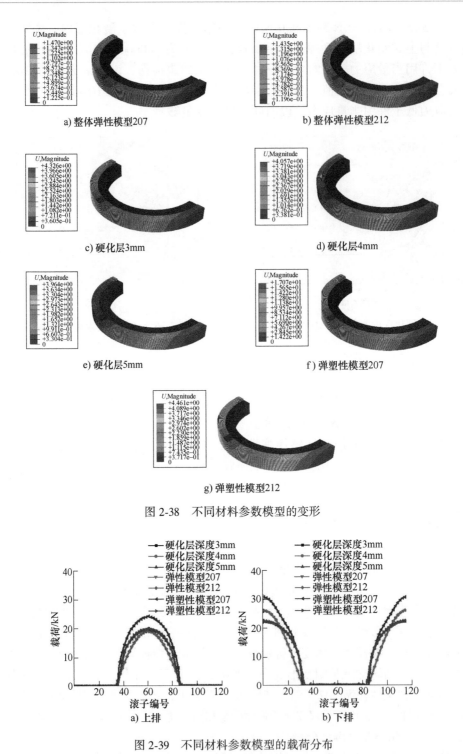

a) 整体弹性模型207

b) 整体弹性模型212

c) 硬化层3mm

d) 硬化层4mm

e) 硬化层5mm

f) 弹塑性模型207

g) 弹塑性模型212

图 2-38 不同材料参数模型的变形

a) 上排

b) 下排

图 2-39 不同材料参数模型的载荷分布

图 2-40 所示为回转支承载荷为 60000N、$DS=4\text{mm}$ 时，选用不同算法得出的对数寿命云图和疲劳强度因子云图，其他载荷值和硬化层深度的云图与之类似，不一一列出。对数寿命云图是以 10 为底的常用对数寿命云图，Brown-Miller：Morrow 算法疲劳对数寿命为 3.256，

即循环次数为$10^{3.256}$次；（shear+direct）Stress：Morrow 算法疲劳对数寿命为 3.895，即循环次数为$10^{3.895}$次；von Mises：Goodman 算法疲劳对数寿命为 1.609，即循环次数为$10^{1.609}$次，采用不同算法的寿命计算危险点位置相同，云图分布相似。滚道对数寿命云图中在接触区域的数值远<7，极易发生损伤。非接触区域对数寿命接近 7，该区域为亚疲劳区，不易发生损伤，因此，在工作过程中，滚道疲劳裂纹主要萌生在应力集中区域，然后扩展到滚道表面造成剥落。FOS@ Life 表示达到目标寿命的应力折减系数，数值>1 表示目前的应力状态小于目标寿命的应力状态，数值<1 表示此时应力状态乘以 FOS@ Life 达到目标寿命，在载荷为60000 N、$DS = 4mm$ 时，FOS@ Life 均为 0.5。

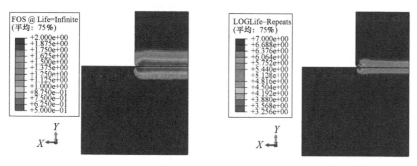

a) Brown-Miller：Morrow算法计算结果

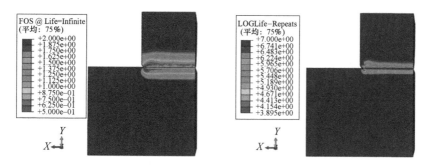

b) (shear+direct)Stress：Morrow算法计算结果

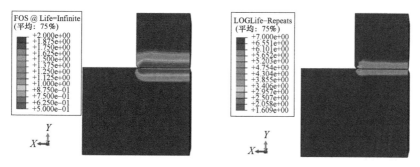

c) von Mises：Goodman算法计算结果

图 2-40　不同算法得出的对数寿命云图和疲劳强度因子云图

由图 2-41 可知，当载荷为 20000 N 时，不同硬化层深度的对数寿命值为 7 和疲劳强度因子为 2，循环次数超过10^7，属于无限寿命，在该载荷下理论上进入无限寿命阶段；当载荷为 60000 N 和 100000 N 时，不同硬化层深度对寿命影响很小，随着硬化层深度增加，疲劳寿命会稍微增加。

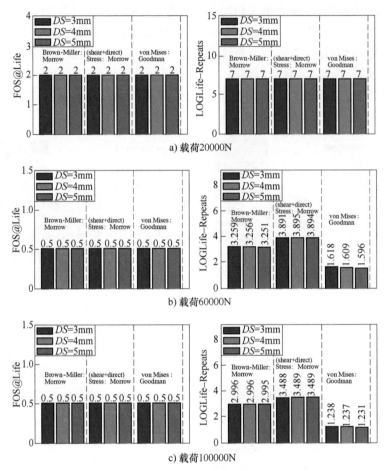

图 2-41　回转支承疲劳寿命

三、滚道接触疲劳寿命理论修正

国际上滚动轴承通用疲劳寿命计算标准是从 L-P 疲劳寿命理论发展而来的，但是 L-P 疲劳寿命理论是以当时的轴承材料和加工技术为基础的，随着材料科学和加工方法的发展，轴承的疲劳寿命大大延长。本小节对回转支承疲劳寿命进行理论计算，对不同工况、材料、硬度等方面进行修正，以提高回转支承疲劳寿命计算精度。

（一）滚球式回转支承寿命

1. 基本额定动载荷

Lundberg 和 Palmgren 结合赫兹接触理论和 Weibull 损伤概率理论，考虑回转支承尺寸和应力循环次数，根据试验结果修正相关系数和指数，推导出滚球式回转支承基本额定动载荷 C_a 为

$$C_a = \lambda \left\{ 1 + \left[1.044 \left(\frac{r_i}{r_e} \frac{2r_e - D_w}{2r_i - D_w} \right)^{0.41} \left(\frac{1-\gamma}{1+\gamma} \right)^{1.72} \right]^{10} \right\}^{-0.3} \times 40.21 \left(\frac{2r_i}{2r_i - D_w} \right)^{0.41} \frac{\gamma^{0.3}(1-\gamma)}{(1+\gamma)^{\frac{1}{3}}} (i\cos\alpha)^{0.7} Z^{2/3} D_w^{1.8} \tan\alpha$$

(2-58)

式中，λ 为形状误差参数；r_i、r_e 分别为内圈和外圈滚道曲率半径（mm）；i 为滚动体排数。

美国可再生能源实验室为回转支承设计提出的寿命理论源于 ISO 标准，ISO 标准计算疲劳寿命有以下限制条件：材料限制为优质淬火钢；内、外圈为刚性；内、外圈轴线对中性良好；游隙正常；滚球轴承曲率系数在 0.52~0.53 之间；受载后未出现应力集中。

式（2-58）复杂，计算量大，在 ISO 标准基础上进行整理，滚球回转支承额定动载荷为

$$C_a = f_{cm}(i\cos\alpha)^{0.7} Z^{2/3} D_w^{1.8}\tan\alpha \tag{2-59}$$

式中，f_{cm} 为轴承几何结构因子。

当滚动体直径 $D_w > 25.4$mm 时，球轴承计算公式中 $D_w^{1.8}$ 可等价为 $3.647 D_w^{1.4}$，滚球回转支承基本额定动载荷为

$$C_a = 3.647 f_{cm}(i\cos\alpha)^{0.7} Z^{2/3} D_w^{1.4}\tan\alpha \tag{2-60}$$

2. 当量动载荷

回转支承受到轴向力、径向力和倾覆力矩，作用在轴承坐标系的中心位置，在进行寿命计算时，需要把实际载荷转换为与基本额定动载荷相一致条件的当量动载荷为

$$P_{ea} = \left(\frac{1}{Z}\sum_{j=1}^{Z} Q_j^3\right)^{1/3} Z\sin\alpha \tag{2-61}$$

式中，Q_j 为第 j 个滚球所受实际载荷。

在已知轴承受载时，当量动载荷为

$$P_{ea} = 0.75 F_r + F_a + \frac{2M}{D_{pw}} \tag{2-62}$$

滚球式回转支承疲劳寿命为

$$L_{10} = \left(\frac{C_a}{P_{ea}}\right)^3 \tag{2-63}$$

（二）滚柱式回转支承寿命
1. 基本额定动载荷

滚子轴承单个滚道内圈和外圈的基本额定动载荷分别为

$$C_{ai} = B\lambda\frac{(1-\gamma)^{\frac{29}{27}}}{(1+\gamma)^{\frac{1}{4}}}\left(\frac{D_w}{D_{pw}}\right)^{\frac{2}{9}} D_w^{\frac{29}{27}} L_w^{\frac{7}{9}} Z^{-\frac{1}{4}} \tag{2-64}$$

$$C_{ao} = B\lambda\frac{(1+\gamma)^{\frac{29}{27}}}{(1-\gamma)^{\frac{1}{4}}}\left(\frac{D_w}{D_{pw}}\right)^{\frac{2}{9}} D_w^{\frac{29}{27}} L_w^{\frac{7}{9}} Z^{-\frac{1}{4}} \tag{2-65}$$

式中，B 为与材料有关的常数；λ 为形状误差参数；L_w 为滚子长度；D_w 为滚子直径；D_{pw} 为滚道直径；$\gamma = \frac{D_w}{D_{pw}}\cos\alpha$。

为了考虑滚子边缘和偏心载荷引起的应力集中对轴承疲劳寿命的影响，引入形状误差参数 λ 进行修正，见表 2-12。

表 2-12 形状误差参数 λ 值

条 件	λ
圆柱滚子轴承的修正线接触	0.61
内外滚道同时并存线接触和点接触	0.54
调心和圆锥轴承的修正线接触	0.57
线接触	0.45

2. 当量动载荷

回转支承单个滚道当量动载荷的大小 P_{ea} 与每个滚子受载大小 Q_j 相关，计算关系式为

$$P_{ea} = \left[\frac{1}{Z} \sum_{j=1}^{Z} Q_j^{\pi} \right]^{\frac{1}{\pi}} \tag{2-66}$$

3. 疲劳寿命计算公式

失效概率和疲劳寿命的关系为

$$\ln\left(\frac{1}{S}\right) = 0.1053 \left(\frac{L_S}{L_{10}}\right)^e \tag{2-67}$$

式中，S 为失效概率；点接触时 $e = 10/9$，线接触时 $e = 9/8$；L_S 为失效概率为 S 时的寿命；L_{10} 为失效概率为 10% 时的寿命。

假设各滚道发生疲劳破坏相互独立，回转支承整体不发生损伤的概率为单个滚道不发生损伤的概率之积，其公式为

$$S = S_{1o} S_{1i} S_{2i} S_{2o} S_{3i} S_{3o} \tag{2-68}$$

式中，S 是回转支承整体失效概率；S_{1o} 是上排外圈滚道失效概率；S_{1i} 是上排内圈滚道失效概率；S_{2o} 是中排外圈滚道失效概率；S_{2i} 是中排内圈滚道失效概率；S_{3o} 是下排外圈滚道失效概率；S_{3i} 是下排内圈滚道失效概率。

对式（2-67）两边取对数，得

$$\ln\left(\frac{1}{S}\right) = \ln\left(\frac{1}{S_{1i}}\right) + \ln\left(\frac{1}{S_{1o}}\right) + \ln\left(\frac{1}{S_{2i}}\right) + \ln\left(\frac{1}{S_{2o}}\right) + \ln\left(\frac{1}{S_{3i}}\right) + \ln\left(\frac{1}{S_{3o}}\right) \tag{2-69}$$

可转化为

$$\left(\frac{L_S}{L_{10}}\right)^e = \left(\frac{L_{1iS}}{L_{1i10}}\right)^e + \left(\frac{L_{1oS}}{L_{1o10}}\right)^e + \left(\frac{L_{2iS}}{L_{2i10}}\right)^e + \left(\frac{L_{2oS}}{L_{2o10}}\right)^e + \left(\frac{L_{3iS}}{L_{3i10}}\right)^e + \left(\frac{L_{3oS}}{L_{3o10}}\right)^e \tag{2-70}$$

任何一条滚道发生疲劳破坏即代表回转支承发生疲劳破坏，由此可得

$$L_S = L_{1iS} = L_{1oS} = L_{2iS} = L_{2oS} = L_{3iS} = L_{3oS} \tag{2-71}$$

$$\left(\frac{1}{L_{10}}\right)^e = \left(\frac{1}{L_{1i10}}\right)^e + \left(\frac{1}{L_{1o10}}\right)^e + \left(\frac{1}{L_{2i10}}\right)^e + \left(\frac{1}{L_{2o10}}\right)^e + \left(\frac{1}{L_{3i10}}\right)^e + \left(\frac{1}{L_{3o10}}\right)^e \tag{2-72}$$

三排滚柱式回转支承疲劳寿命计算公式为

$$L_{10} = \left(L_{1i10}^{-\frac{9}{8}} + L_{1o10}^{-\frac{9}{8}} + L_{2i10}^{-\frac{9}{8}} + L_{2o10}^{-\frac{9}{8}} + L_{3i10}^{-\frac{9}{8}} + L_{3o10}^{-\frac{9}{8}} \right)^{-8/9} \tag{2-73}$$

（三）基本额定动载荷修正

实际工作中有些回转支承主要应用于摆动工况，疲劳寿命与连续运转轴承有区别，因此需要进行额外修正。

　　回转支承从一个极限位置摆动到另一个极限位置，内、外圈相对摆幅角为 θ，如图 2-42 所示。一个滚动体承担载荷到临近多个滚动体同时承载的临界摆动角 θ_{crit} 为

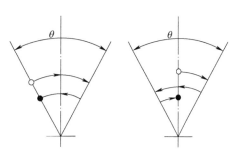

图 2-42　摆动角示意

$$\theta_{crit} = \frac{720°}{Z(1 \mp \gamma)} \qquad (2\text{-}74)$$

式中，"–"用于外滚道；"+"用于内滚道。

　　1）当 $\theta > \theta_{crit}$ 时，相邻滚动体与滚道产生的接触应力重叠，当 $\theta = 180°$ 时，摆动工况的轴承应力和应力循环次数与连续工况一致，修正后的基本额定动载荷为

$$C_{a,osc} = C_a A_{osc} \qquad (2\text{-}75)$$

其中，A_{osc} 为

$$A_{osc} = \left(\frac{180°}{\theta}\right)^{1/p} \qquad (2\text{-}76)$$

式中，p 为寿命指数。

　　2）当 $\theta \leqslant \theta_{crit}$ 时，相邻滚动体与滚道产生的接触应力不重叠，需要统计、合并每个滚动体的单独应力来计算整个轴承寿命，修正后的基本额定动载荷为

$$C_{a,osc} = C_a \left(\frac{180°}{\theta}\right)^{3/10} Z^{0.033} \qquad (2\text{-}77)$$

　　当 $\theta < \dfrac{\theta_{crit}}{2}$ 时，滚动体与滚道之间容易发生微动磨损，可通过适当旋转轴承使润滑剂重新分布在滚道与滚动体之间，保证轴承内部润滑良好，旋转角度需大于 θ_{crit}，润滑剂应具有一定的黏度并且添加耐磨剂。

　　3）当 $\theta < \theta_{crit}$ 时，滚动体与滚道之间在开始阶段产生微动磨损，过小的摆动幅度造成接触位置的应力区域非常短，回转支承往复摆动，此工况被称为"颤摆"。通过接触轨迹宽度 b 定义摆幅角 θ_{dith} 为

$$\theta_{dith} = \frac{720°b}{\pi D_{pw}(1 \mp \gamma)} \qquad (2\text{-}78)$$

通过旋转回转支承旋转角大于 θ_{crit} 以及固体润滑剂可有效避免"颤摆"。

　　此时的疲劳寿命表示为

$$L = \left(\frac{C_{a,osc}}{P_{re}}\right)^3 \qquad (2\text{-}79)$$

式中，P_{re} 为回转支承径向的等效载荷。

　　多种相互独立工况的回转支承疲劳寿命计算可按时间百分比求出每种工况的寿命 L_{10}，其公式为

$$L_{10} = \left(\sum_{k=1}^{k=n} \frac{t_k}{L_{10k}}\right)^{-1} \qquad (2\text{-}80)$$

式中，t_k 为回转支承在相应工作条件下 L_{10k} 对应的工作时间的百分比。

　　其中，t_k 满足

$$\sum_{k=1}^{k=n} t_k = 1 \qquad (2\text{-}81)$$

当回转支承处于多种转速且非连续转动时，可将工况离散化，各工况对应各自当量动载荷 P_{eak}，总当量动载荷 P_{ea} 为

$$P_{ea} = \left(\frac{\sum_{k=1}^{k=n} P_{eak}^p N_k t_k \theta_k^x}{\sum_{k=1}^{k=n} N_k t_k \theta_k^x} \right)^{1/p} \qquad (2\text{-}82)$$

式中，N_k 为在具体工况下直到破坏的循环次数；θ_k 为在具体工况下的摆幅角。

式（2-82）中，指数 p 和指数 x 的取值见表 2-13。

表 2-13　指数 p 和 x 值

	指数 p	指数 x
$\theta > \theta_{crit}$	3	9/10
$\theta \leq \theta_{crit}$	3	1

（四）疲劳寿命修正

回转支承基本额定寿命需满足外形尺寸、材料性能、加工工艺、安装条件以及润滑密封等技术条件，技术条件不满足将导致计算结果存在偏差。为适应不同计算条件，应对寿命计算进行修正，以提高寿命预测精度。

1. 可靠度的寿命修正因子 a_1

国际标准 ISO 281—2007《滚动轴承-额定动载荷和额定寿命》给出了不同可靠度的轴承寿命因子见表 2-14，一般回转支承在设计时应保证 90% 以上的可靠度。

表 2-14　不同可靠度的轴承寿命因子

可靠度（%）	L_{nm}	a_1
90	L_{10m}	1
95	L_{5m}	0.62
96	L_{4m}	0.53
97	L_{3m}	0.44
98	L_{2m}	0.33
99	L_{1m}	0.21

2. 综合寿命修正因子 a_{ISO}

ISO 281 通过综合寿命修正因子 a_{ISO} 考虑润滑和污染物的影响，a_{ISO} 可表达为

$$a_{ISO} = 0.1 \left[1 - \left(x_1 - \frac{x_2}{\kappa^{e_1}} \right)^{e_2} \left(\frac{e_c C_u}{P_{ea}} \right)^{e_3} \right]^{e_4} \qquad (2\text{-}83)$$

式中，x_1、x_2 为系数；e_1、e_2、e_3、e_4 为与回转支承相关的常数；κ 为黏度比；e_c 为污染系数；C_u 为疲劳载荷极限。

其中，C_u 值为

$$C_u = \frac{C_{0a}}{22} \left(\frac{100}{D_w} \right)^{0.5} \qquad (2\text{-}84)$$

其中，轴向基本额定静载荷 C_{0a} 可表达为

$$C_{0a} = f_s Z D_w^2 \sin\alpha \qquad (2\text{-}85)$$

式中，f_s 为与回转支承零件几何形状及应力水平有关的系数。

κ 值为

$$\kappa = \Lambda^{1.3} \tag{2-86}$$

润滑效果通常由油膜厚度比 Λ 表示，计算公式为

$$\Lambda = \frac{h_0}{(s_m^2 + s_{RE}^2)^{1/2}} \tag{2-87}$$

式中，h_0 为滚动体与滚道接触处的最小油膜厚度；s_m 为滚道表面粗糙度；s_{RE} 为滚动体表面粗糙度。

工作状态时，滚动体与滚道之间油膜厚度比 $\Lambda = 1 \sim 2$，轴承大部分处于部分弹流状态。低速重载、非连续运转的回转支承在润滑脂作用下，油膜厚度比 $\Lambda = 0.3 \sim 1$。ISO 281 在假设润滑良好时提出不同清洁度对应下的 e_c 范围，各参数参照推力球轴承形式，见表 2-15。不同污染程度对应的常数见表 2-16。

表 2-15　推力球轴承的常数与指数

类　型	e_1	e_2	e_3	e_4	x_1	x_2
$0.1 \le \kappa < 0.4$	0.054381	0.83	1/3	−9.3	2.4671	2.2649
$0.4 \le \kappa < 1$	0.19087	0.83	1/3	−9.3	2.4671	1.9987
$1 \le \kappa < 4$	0.071739	0.83	1/3	−9.3	2.4671	1.9987

表 2-16　不同污染程度对应的常数 c_1 和 c_2 值

污 染 程 度	c_1	c_2
高清洁度	0.08640	0.67960
正常清洁度	0.04320	1.14100
轻微污染（$d_m < 500$mm）	0.01770	1.88700
轻微污染（$d_m \ge 500$mm）	0.01770	1.67700
重度污染	0.01150	2.66200
严重污染	0.00617	4.06000

注：d_m 为轴承节圆直径。

根据 ISO 281 和 Harris 与 Kotzalas 等人的研究得到

$$e_c = 0.173 c_1 \kappa^{0.68} d_m^{0.55} \left(1 - \frac{c_2}{d_m^{1/3}}\right), \ e_c < 1 \tag{2-88}$$

3. 材料寿命修正

回转支承设计标准规定：疲劳寿命的套圈材料为 42CrMo 或 50Mn，滚动体材料为 GCr15，经过热处理后滚道表面硬度 >58 HRC，当材料硬度低于标准要求的 58 HRC 时，需要对回转支承寿命进行修正。材料硬度与寿命缩减系数的关系见表 2-17。

表 2-17　材料硬度与寿命缩减系数的关系

硬度 HRC	寿命缩减系数
58	1.00
56	0.68
54	0.46

Harris 等人根据材料硬度（HRC）对轴承基本额定动载荷进行修正，修正因子为

$$a_2 = \left(\frac{\text{HRC}}{58}\right)^{3.6p} \tag{2-89}$$

在实际工程中，回转支承寿命计算还需考虑其他因素，例如：回转支承安装在支承结构上，受载后支承结构发生变形，而疲劳理论计算基于刚性支承结构，假设支承结构受载后不变形，这与实际情况有出入。美国国家风能实验室针对塔筒或轮毂支承情况，通过引入柔性支承因子进行修正，但该因子还需进一步验证。

因此，修正后的回转支承寿命计算公式为

$$L_{\text{ISOm}} = a_1 a_{\text{ISO}} \left[\frac{C_a(\text{HRC}/58)^{3.6}}{P_{\text{ea}}}\right]^p \tag{2-90}$$

四、回转支承疲劳寿命数值仿真

回转支承疲劳寿命仿真根据给定受力状态，采用疲劳寿命评估准则进行分析，通过疲劳分析软件进行计算，根据计算结果，可以准确观察回转支承的疲劳危险区域。

（一）疲劳寿命数值参数设置

本部分运用 FE-SAFE 疲劳分析软件对回转支承进行疲劳寿命数值计算，对于 FE-SAFE 软件材料库中没有的材料，可根据材料的抗拉强度和弹性模量运用 Seeger 算法生成疲劳数据，可准确求得普通碳素钢、铝合金、中低合金钢等的疲劳数据。1080MPa 抗拉强度和 207GPa 弹性模量的 42CrMo 疲劳性能参数值，见表 2-18。

表 2-18 42CrMo 的疲劳性能参数值

参　数	均匀材料准则	参　数　值
疲劳强度系数 sf'/MPa	$1.5R_m$	1620
疲劳强度指数 j	-0.087	-0.087
疲劳延性系数 ef'	$0.590A$	0.426
疲劳延性指数 c	-0.58	-0.58
循环应变硬化系数 K'/MPa	$1.65R_m$	1782
循环应变硬化指数 n'	0.15	0.15

注：R_m 为材料的抗拉强度；A 为材料的伸长率。

42CrMo 的 S-N 曲线和 ε-N 曲线可由材料的疲劳参数值得到。根据抗拉强度 R_m 和弹性模量 E 求得材料的伸长率 A 为

$$A = 1.375 - \frac{125R_m}{E} \tag{2-91}$$

应力集中程度通过应力集中系数 K_T 表示，表面粗糙度反映滚道表面微观形状误差，滚道表面粗糙度 Ra 值越小，表面沟痕越浅，应力集中越不明显，抗疲劳能力越强。应力集中系数经验计算公式为

$$K_T = 1 + 2\sqrt{\lambda\frac{Ra}{\rho}} \tag{2-92}$$

（二）疲劳寿命算法分析

运行状态下回转支承滚道呈现多轴应力场状态，适合用 Brown-Miller 应变-寿命准则来评估，Brown-Miller 认为疲劳损伤发生在最大切应力幅值的平面上，是最大切应变和这个平面上的主应变共同作用的结果。如果最大切应变是 γ_{max}，相应的主应变是 ε_n，根据 Mohr 的应变环理论，γ_{max} 和 ε_n 的表达式为

$$\frac{\gamma_{max}}{2} = \frac{\varepsilon_1 - \varepsilon_2}{2} \tag{2-93}$$

$$\varepsilon_n = \frac{\varepsilon_1 + \varepsilon_2}{2} \tag{2-94}$$

对于单轴平面应力，$\varepsilon_2 = -\nu\varepsilon_1$ 和 $\varepsilon_3 = -\nu\varepsilon_1$，$\nu$ 为泊松比，于是可得

$$\gamma_{max} = \varepsilon_1 - \varepsilon_3 = (1+\nu)\varepsilon_1 \tag{2-95}$$

$$\varepsilon_n = \frac{\varepsilon_1 + \varepsilon_2}{2} = \frac{(1-\nu)\varepsilon_1}{2} \tag{2-96}$$

应变-寿命方程可改写为切应变幅度和主应变幅度的表达形式，由此可简化为

$$\frac{\Delta\gamma_{max}}{2} + \frac{\Delta\varepsilon_n}{2} = c_1\frac{\sigma_f}{E}(2N_f)^b + c_2\varepsilon_f'(2N_f)^c \tag{2-97}$$

对于弹性材料，泊松比为 0.3，$\gamma_{max} = 1.3\varepsilon_1$，$\varepsilon_n = 0.35\varepsilon_1$。计算得常数 $c_1 = 1.65$。对于全塑性材料，泊松比为 0.5，用相同的方法得到 $c_2 = 1.75$，于是完整的表达 Brown-Miller 应变-寿命方程为

$$\frac{\Delta\gamma_{max}}{2} + \frac{\Delta\varepsilon_n}{2} = 1.65\frac{\sigma_f'}{E}(2N_f)^b + 1.75\varepsilon_f'(2N_f)^c \tag{2-98}$$

式中，N_f 是在多级交变应力作用下直到破坏的总循环数；σ_f' 是疲劳强度系数；ε_f' 是疲劳延性系数；b 是疲劳强度指数；c 是疲劳延性指数。

构件疲劳寿命受平均应力影响明显，拉、压应力状态下预测的疲劳寿命比对称循环应力状态要短得多，因此，需要用平均应力修正因子来修正 Brown-Miller 应变-寿命方程，从而精确预测机械零件的疲劳寿命。S-N 曲线可直接求解某一应力幅下的疲劳寿命，而 S-N 曲线是在平均应力为零的对称循环应力条件下绘制的，当材料平均应力不为零时，需要对其进行修正，将其转换为平均应力为零的应力幅。Morrow 平均应力修正通过减去每个循环周期的平均应力 σ_{nm}，修正弹性应力大小，使预测的疲劳寿命更接近实际的疲劳寿命，Morrow 平均应力修正的 Brown-Miller 应变-寿命方程为

$$\frac{\Delta\gamma_{max}}{2} + \frac{\Delta\varepsilon_n}{2} = 1.65\frac{(\sigma_f' - \sigma_{nm})}{E}(2N_f)^b + 1.75\varepsilon_f'(2N_f)^c \tag{2-99}$$

回转支承滚道运行受载后应力状态呈现弹性应力状态，采用平均应力修正的寿命评估准则对预测零件的高周疲劳寿命具有重要作用。因此，Morrow 平均应力修正的 Brown-Mille 应变-寿命方程适用于回转支承疲劳寿命的预测。

（三）疲劳寿命数值计算实例

本部分建立 QNA-730-20 型单排四点接触球式回转支承实体有限元模型，在不影响计算结果的前提下将模型进行简化处理，省略了驱动齿圈和内外圈螺栓安装孔，网格划分如

图 2-43 所示。根据 JB/T 2300—2018 的承载曲线选择轴向力为 $3.3×10^5$N，倾覆力矩为 $1.38×10^8$N·mm。

如图 2-44 所示为回转支承应力云图，滚球和滚道接触部分最大等效应力为 607MPa，此处为轴向力和倾覆力矩耦合最大位置，将有限元结果导入 FE-SAFE 疲劳仿真软件，进行疲劳寿命分析。图 2-45 所示为回转支承对数寿命云图，回转支承滚道低疲劳寿命区域与接触区域高应力区域分布相似，疲劳寿命循环次数为 $10^{6.877}=7533600$，此处为轴向力和倾覆力矩耦合后最大位置的滚道次表面，对数寿命在 7 以下的区域非常集中，非接触区域对数寿命接近 7，滚道不易发生破坏。

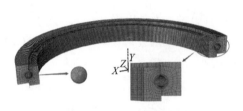

图 2-43　回转支承网格划分

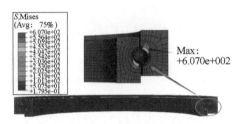

图 2-44　回转支承应力云图

由图 2-46 可知，滚道应力集中区域最小安全系数为 1.031，当前载荷下回转支承应力状态低于设计寿命达到 10^7 时的应力状态，表明该载荷下回转支承可达到设计寿命，从理论上说，该型号回转支承在选择的载荷基础上继续增加载荷才能达到设计寿命。

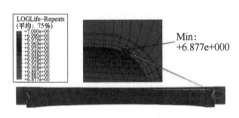

图 2-45　回转支承对数寿命云图

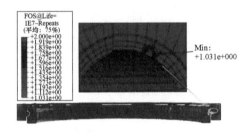

图 2-46　回转支承疲劳强度因子云图

第三节　本章总结

本章目的在于提供一套合理的设计选型与校核方案。首先简要介绍了回转支承的静态承载能力基本概念，分析了回转支承滚道载荷分布的求解方法，采用解析法分析轴向力、径向力、倾覆力矩单独和联合作用对载荷分布的影响。接着讨论了滚道硬化对回转支承的损伤机理。接着讨论了回转支承疲劳寿命的校核方法，分别从基本的寿命公式、滚道硬化等对寿命的影响因素、修正寿命公式、采用 FE-SAFE 疲劳分析软件获得寿命情况的方法几个方面进行概括。

参考文献

[1] 何佩瑜. 转盘轴承滚道接触损伤机理研究 [D]. 南京：南京工业大学，2019.

［2］万长森.滚动轴承的分析方法［M］.北京：机械工业出版社，1987.

［3］顾家祯.回转支承材料及力学性能研究［D］.合肥：合肥工业大学，2012.

［4］洪昌银.滚动轴承式回转支承计算公式的理论推导［J］.重庆建筑工程学院学报，1980（1）：82-108.

［5］尚振国，董惠敏，毛范海，等.具有塑性变形的转盘轴承有限元分析方法［J］.农业工程学报，2011，27（12）：52-56；144.

［6］苏立樾，苏健.回转支承静载荷承载曲线的创建［J］.轴承，2004（6）：1-3.

［7］沈伟毅，史锡光，苏立樾，等.42CrMo钢制回转支承许用接触应力的试验研究［J］.轴承，2009（2）：34-36.

［8］凡增辉，李秀珍，谷小辉，等.风电偏航轴承寿命计算与承载能力分析［J］.轴承，2013（7）：1-4；8.

［9］徐立民，陈卓.回转支承［M］.合肥：安徽科学技术出版社，1988.

［10］姜韶峰.角接触球轴承套圈挡边的设计［J］.轴承，2002（3）：4-6.

［11］中国金属学会.金属材料物理性能手册：金属物理性能及测试方法［M］.北京：冶金工业出版社，1987.

［12］VADEAN A，LERAY D，GUILLOT J. Bolted joints for very large bearings：numerical model development［J］. Finite Elements in Analysis and Design，2006，42（4）：298-313.

［13］贾平.偏航变桨轴承力学特性分析与结构优化［D］.大连：大连理工大学，2012.

［14］CHEN G C，WEN J M. Load performance of large-scale rolling bearings with supporting structure in wind turbines［J］. Journal of Mechanical Science and Technology，2013，27（4）：1053-1061.

［15］ZUPAN S，PREBIL I. Carrying angle and carrying capacity of a large single row ball bearing as a function of geometry parameters of the rolling contact and supporting structure stiffness［J］. Mechanism and Machine Theory，2001，36（10）：1087-1103.

［16］HE P Y，HONG R J，WANG H，et al. Calculation analysis of the yaw bearing with a hardened raceway［J］. International Journal of Mechanical Sciences，2018，144：540-552.

［17］KANIA L，KRYNKE M，MAZANEK E. A catalogue capacity of slewing bearings［J］. Mechanism and Machine Theory，2012，58：29-45.

［18］OLAVE M，SAGARTZAZU X，DAMIAN J，et al. Design of four contact-point slewing bearing with a new load distribution procedure to account for structural stiffness［J］. Journal of Mechanical Design，2010，132（2）：21-60.

［19］王永全，王华，高学海，等.螺栓预紧力对回转支承载荷分布的影响［J］.轴承，2013（12）：13-16；50.

［20］武家欣，马伟，刘义，等.大型变桨轴承载荷分布的有限元分析［J］.机械传动，2014，38（8）：71-73；103.

［21］GALMGREN L，PALMGREN A. Dynamic capacity of rolling bearings［J］. Journal of Applied Mechanics，1947，1（3）：7-15.

［22］吴邵强.港口起重机疲劳寿命研究［D］.武汉：武汉理工大学，2013.

［23］NEUBER H. Theory of notch stresses［M］. Bertin：Springerverlag，1958.

［24］HARRIS T A. Rolling bearing analysis［M］. New York：John Wiley&Sonc Inc，2006.

［25］张丽娜.回转支承轴承滚道硬化层深度分析计算［J］.哈尔滨轴承，2015，36（2）：7-9.

［26］CHEN G C，WEN J M. Effects of size and raceway hardness on the fatigue life of large rolling bearing［J］. Journal of Tribology，2012，134（4）：1105-1113.

［27］丁龙建，洪荣晶，高学海.基于ABAQUS的回转支承非线性接触研究［J］.煤矿机械，2010，31（12）：68-70.

［28］ 郑红梅，田贵，梁昌文，等．基于弹塑性有限元方法的回转支承材料许用接触应力研究［J］．轴承，2016（1）：36-39.

［29］ 郑岩．回转支承承载性能分析与优化［D］．合肥：合肥工业大学，2014.

［30］ JOHNSON K L. Contact mechanics［M］. Cambridge：Cambridge University Press，1985.

［31］ 李建征．盾构机主轴承的有限元分析及寿命研究［D］．洛阳：河南科技大学，2011.

［32］ HARRIS T A，YU W K. Lundberg-palmgren fatigue theory：considerations of failure stress and stressed volume［J］. Journal of Tribology，1999，121（1）：85-89.

［33］ 何冲．风电偏航轴承接触应力分析与疲劳寿命研究［D］．秦皇岛：燕山大学，2014.

［34］ 谢里阳，王正，周金宇，等．机械可靠性基本理论与方法［M］．北京：科学出版社，2009.

［35］ MORROW J. Fatigue design handbook［M］. New York：Society of automotive engineers，1968.

第三章

回转支承加工工艺与装备

回转支承数控加工在机械设备中占有重要地位，随着科技的进步，回转支承加工工艺以及装备不断优化、改进，提高了生产效率和企业的经济效益。本章对回转支承机床加工、热处理及检测等辅助工艺以及装备进行了相关分析；简述回转支承的加工工艺流程及其装备，分析加工生产设备及主要参数，以及回转支承加工技术；最后介绍三种新型高效率、高精度、高柔性、绿色环保的齿轮加工技术。

第一节　加 工 工 艺

回转支承的加工工艺流程如图 3-1 所示。

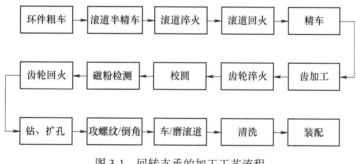

图 3-1　回转支承的加工工艺流程

一、坯件准备

坯件材料：50Mn、42CrMoT（调质）或 42CrMoZ（正火）。

坯件结构：环状，可锻制或碾制，国外部分资料显示碾制件的力学性能稍优于锻制件。

坯件化学成分：每批原料检测化学成分（光谱仪或其他仪器），各元素成分比例按国内外相关标准（如 GB/T 3077—2015《合金结构钢》等）或用户要求检测。

缺陷检测：超声检测材料内部缺陷（超声检测仪或其他仪器），材料内部不得有裂纹或其他缺陷。

二、机加工工艺

工序 1：粗车　设备：数控立式车床

1）车削坯件一端面，去除端面氧化皮，达到要求的表面粗糙度值（一般为 $Ra6.3\mu m$）。

2）翻转坯件装夹，车削另一端面，保证支承圈单圈高度（通常支承圈单圈高度精度要求不高，因此可以一次加工到位）。

3）车削支承圈内、外圆直径。

4）车削带齿圈止口，部分带齿支承圈存在止口，保证齿宽和止口直径（通常支承圈止口加工精度要求不高，因此可以一次加工到位）。

工序 2：（半）精车滚道　设备：数控立式车床

1）粗车滚道。

2）精车滚道（保证滚道上边尺寸、滚道下边尺寸、滚道中心尺寸、滚道球心高度），留一定热处理变形和磨削余量。

工序 3：钻孔　设备：极坐标数控钻床或钻削中心（或放在工序 7 之后，即齿轮加工后、滚道磨削前）

1）钻安装孔（保证每个安装孔位置度）。

2）钻注油孔（无齿圈）。

3）钻、攻吊装螺纹孔。

工序 4：滚道淬火　设备：中频滚道淬火机床

1）滚道淬火：确保表面硬度和淬硬深度，淬硬层留磨削余量，表面硬度 58~62 HRC，按 GB/T 29718—2013《滚动轴承　风力发电机组主轴轴承》确定最终产品有效硬化层深度，见表 3-1，有特殊要求时按用户或其他国外标准保证最终有效硬化层深度。

表 3-1　最终产品有效硬化层深度

滚动体直径	超过	—	30	40	50
D_w/mm	到	30	40	50	—
有效硬化层深度		≥3.0	≥3.5	≥4.0	≥5.0

注：有效硬化层深度为硬度≥48 HRC 的滚道表层深度。

2）无齿圈滚道淬火软带置于堵塞位置。

3）带齿圈淬火软带位置在齿圈上标明，如图 3-2 所示。

工序 5：滚道回火

淬火产生的马氏体保持不变，但是钢的脆性降低，淬火应力降低。

1）低温回火所得组织为回火马氏体。

2）保持淬火钢的高硬度和高耐磨性的前提下，降低其淬火内应力和脆性。

3）回火后硬度一般为 58~64 HRC。

工序 6：精车　设备：数控立式车床

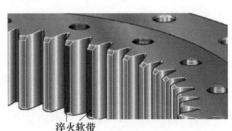

淬火软带

图 3-2　带齿圈淬火软带位置

1）精车带齿支承圈齿顶圆直径。

2）精车密封槽（保证密封槽的位置及其宽度和深度）。

工序7：齿轮加工　设备：数控高速铣齿机

1）粗加工齿轮（留精铣或插齿一刀加工余量，齿廓单边余量约留1mm）。

2）齿轮精加工（数控成形铣齿机、插齿机或滚齿机；铣齿机加工表面质量高，用于批量加工齿轮）。

3）精加工齿轮（保证公法线及变动量，用游标卡尺或内径千分尺测量公法线或跨齿距）。

工序8：齿轮淬火　设备：中频齿轮淬火机床

齿面淬火：保证齿面硬度和淬硬深度，齿面硬度不低于55HRC，齿廓和齿根淬硬深度不低于表3-2中的数值。

表3-2　齿廓和齿根淬硬深度

模数/mm	齿廓淬硬深度/mm	齿根淬硬深度/mm
10	2.0	1.3
12	2.4	1.8
14	3.0	2.0
16	3.5	2.4

工序9：校圆

1）工件的圆度测量。

2）校圆点定位。

3）修正量计算。

4）校圆。

5）完成后的圆度检查。

工序10：磁粉检测

1）预清洗：试件的表面应无油脂及其他可能对检测有影响的杂质。

2）缺陷的检测：磁粉检测应以确保满意地测出任何方面的有害缺陷为准，使磁力线在切实可行的范围内横穿过可能存在于试件内的任何缺陷。

3）检测方法的选择：湿法，磁悬液应采用软管浇淋或浸渍法施加于试件；干法，磁粉应直接喷或撒在被检区域，并除去过量的磁粉，轻轻地振动试件，使其获得较为均匀的磁粉分布。

4）退磁：将试件放于直流电磁场中，不断改变电流方向并逐渐将电流降至零值。

5）后清洗：在检验并退磁后，应把试件上所有的磁粉清洗干净，同时注意彻底清除孔和空腔内的所有堵塞物。

工序11：齿轮回火

淬火产生的马氏体保持不变，但是钢的脆性降低，淬火应力降低。

1）低温回火所得组织为回火马氏体。

2）保持淬火钢的高硬度和高耐磨性的前提下，降低其淬火内应力和脆性。

3）回火后硬度一般为58~64HRC。

工序 12：钻、扩孔

1）在数控龙门钻床上完成端面孔的钻、扩加工。

2）在镗床或专用镗铣床上完成堵头孔、润滑油孔等周向孔加工。

工序 13：攻螺纹/倒角

1）完成螺纹孔、起吊孔的攻螺纹加工。

2）所有孔的倒角加工。

3）齿轮端面的齿廓、齿宽的齿向倒角加工。

工序 14：磨/精车滚道　设备：滚道磨床

磨削滚道（用仿形砂轮加工，保证滚道中心直径、接触角，滚道表面粗糙度值为 $Ra1.6\mu m$）。

工序 15：清洗

1）回转支承的安装必须在干燥、清洁的环境条件下进行。

2）安装前应仔细检查轴和外壳的配合表面、凸肩的面、沟槽和连接表面的加工质量；所有配合连接表面必须仔细清洗并除去毛刺。

3）回转支承安装前应先用汽油或煤油清洗干净，干燥后使用，并保证良好的润滑。回转支承一般采用脂润滑，也可采用油润滑。

工序 16：装配　设备：专用装配台

1）拔下堵塞。

2）一圈置于装配台，另一圈吊装，调整回转支承两圈端面高度差和球心位置，塞入一滚球，转动吊装圈，使滚球在回转支承圆周方向转动约 120°，用同样办法再依次塞入两滚球，使得三滚球大约在圆周方向均布，支承回转支承两圈，转动吊装支承圈，使之与相对置于装配台上的定圈相对转动，通过转动转矩判定选配滚球直径大小。

3）依次塞入滚球和隔离块，直至塞满整个滚道，步骤 2）中的滚球挤出滚道。

4）塞堵塞，打销钉，定位堵塞。

5）塞入密封条，密封条接口处用密封胶粘接，如图 3-3 所示。

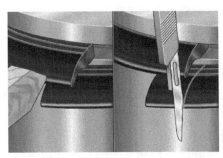
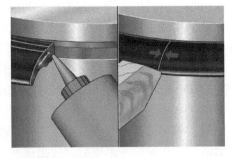

图 3-3　密封条接口处用密封胶粘接

6）安装油嘴，注入润滑脂。

7）常规检测，用百分表或千分表在装配台上进行。

8）空载转矩检测（装配台驱动装置串联转矩传感器），通过空载转矩判断回转支承游隙或过盈量；用百分表或千分表检测动圈转动轴向、径向圆跳动，表座吸附于定圈，表探针指向动圈。

第二节　主要加工装备及工艺技术

根据图 3-1 所示的回转支承加工工艺流程，介绍七种主要检测加工装备及工艺技术。

一、磁粉检测

磁粉检测通过工件缺陷处的漏磁场与磁粉的相互作用，利用钢铁制品表面和近表面缺陷（如裂纹、夹渣、发纹等）磁导率和钢铁磁导率的差异，磁化后这些材料不连续处的磁场将发生畸变，部分磁通泄漏处工件表面产生了漏磁场，从而吸引磁粉形成缺陷处的磁粉堆积——磁痕，在适当的光照条件下，显现出缺陷位置和形状，对这些堆积的磁粉加以观察，实现了磁粉检测。

（一）磁粉检测原理

磁粉检测是通过磁粉在缺陷附近漏磁场中的堆积以检测铁磁性材料表面或近表面处缺陷的一种无损检测方法。将钢铁等磁性材料制作的工件予以磁化，利用其缺陷部位的漏磁能吸附磁粉的特征，依磁粉分布显示被检测物件表面缺陷和近表面缺陷。磁粉检测的特点是简便、显示直观。

磁粉检测与利用霍尔元件、磁敏半导体元件的检测法，利用磁带的漏磁检测法，以及利用线圈感应电动势检测法同属磁力检测方法。

磁粉检测将待测物体置于强磁场中或通以大电流使之磁化，若物体表面或近表面有缺陷（裂纹、折叠、夹杂物等）存在，由于它们是非铁磁性的，对磁力线通过的阻力很大，磁力线在这些缺陷附近会产生漏磁。当将导磁性良好的磁粉（通常为磁性氧化铁粉）施加在物体上时，缺陷附近的漏磁场就会吸住磁粉，堆集形成可见的磁粉痕迹，从而把缺陷显示出来。

（二）磁粉检测主要步骤

1. 预清洗

所有材料和试件的表面应无油脂及其他可能影响磁粉正常分布、影响磁粉堆积物的密集度、特性以及清晰度的杂质。

2. 缺陷的检测

磁粉检测应以确保满意地测出任何方面的有害缺陷为准，使磁力线在切实可行的范围内横穿过可能存在于试件内的任何缺陷。

3. 检测方法的选择

（1）湿法　磁悬液应采用软管浇淋或浸渍法施加于试件，使整个被检表面完全被覆盖，磁化电流应保持 $1/5 \sim 1/2 \mathrm{s}$，此后切断磁化电流，采用软管浇淋或浸渍法施加磁悬液。

（2）干法　磁粉应直接喷或撒在被检区域，并除去过量的磁粉，轻轻地振动试件，使其获得较为均匀的磁粉分布。应注意避免使用过量的磁粉，否则会影响缺陷的有效显示。

（3）检测近表面缺陷　检测近表面缺陷时，应采用湿粉连续法，因为非金属夹杂引起的漏磁通值最小，检测大型铸件或焊接件中近表面缺陷时，可采用干粉连续法。

（4）周向磁化　在检测任何圆筒形试件的内表面缺陷时，都应采用中心导体法；试件与中心导体之间应有间隙，避免彼此直接接触。当电流直接通过试件时，应注意防止在电接触面处烧伤，所有接触面都应是清洁的。

（5）纵向磁化　用螺线圈磁化试件时，为了得到充分磁化，试件应放在螺线圈内的适当位置上。螺线圈的尺寸应足以容纳试件。

（6）退磁　将试件放于直流电磁场中，不断改变电流方向并逐渐将电流降至零值。大型试件可使用移动式电磁铁或电磁线圈分区退磁。

（7）后清洗　在检验并退磁后，应把试件上所有的磁粉清洗干净；同时注意彻底清除孔和空腔内的所有堵塞物。

（三）磁粉检测应用

在工业中，磁粉检测可用来做最后的成品检验，以保证工件在经过各道加工工序（如焊接、金属热处理、磨削）后，在表面上不产生有害的缺陷。它也能用于半成品和原材料如棒材、钢坯、锻件、铸件等的检验，以发现原来就存在的表面缺陷。

二、数控立式车床

数控立式车床是一种自动化数控加工机床，用来加工零件的内外圆柱面、锥面、端面切槽及倒角，该类机床改善了主轴结构，增加了设备刚性，适宜中、小型盘、盖类零部件的粗、精加工。

该类机床均采用高级米汉纳铸铁及箱形结构设计制造而成，经适当退火处理，消除内应力，材质坚韧，加上箱形结构设计，以及高刚性机体结构，使该类机床具有足够的刚性及强度，整机展现出耐重切削能力及重现精度高的特性。高精度、高刚性的主轴头，采用大功率主轴伺服电动机驱动。

底座采用箱形结构，以及厚肋壁和多层肋壁设计，可使热变形减至最低，能承受静、动态扭曲及变形应力，确保床身高刚性和高稳定性。立柱采用特殊对称式箱形结构，可为滑台在重切削时提供强大的支承力，是高刚性、高精度的最好展现。

Z轴四方轨采用超大断面（250mm×250mm）来提高切削能力并确保高圆柱度。滑柱材质是合金钢，并经过退火处理。X、Z轴采用交流伺服电动机与大直径滚珠丝杠（精度C3/C5级，采用预拉方式，可消除热膨胀，提高刚性），重复及定位精度精确。支承用轴承采用高精度的斜角滚珠轴承。X、Z轴采用对称式箱形结构硬轨滑台，经热处理后滑动面上结合耐磨片，组成高精度、低摩擦的精密滑台组。

主轴轴承选用交叉滚柱轴承，内径达2100mm，可承受超强轴向、径向重载荷。此种轴承可确保长时间重切削，有极佳的精度和稳定性，以及低摩擦和良好的散热性，适合大型工件及非对称性工件加工。

变速器具备以下特性：无噪声、热和振动传送至主轴，确保了切削品质；变速器与主轴采用分离润滑系统；具有高传动效率（超过95%）；换档系统由电磁阀控制，换档稳定。

回转工作台采用交叉式滚柱轴承，具备以下特性：双列交叉式滚柱只占一列式滚柱空间，但其作用点不缩减；占据空间小，工作台高度低，方便操作；工作重心低，离心力较小；采用聚四氟乙烯轴承保持架，惯性较小，在低扭力下便可运转；均匀的热传导，磨耗低，寿命长；高刚性，高精度，耐振动，易润滑。

采用自动换刀装置，刀库容量为16支，刀柄型式为BT-50，允许单把刀最大质量为

50kg，刀库最大载重 800kg，内藏式切削液装置可以冷却刀片延长刀片寿命，进而降低加工成本。

电气箱配备空调器，有效降低电气箱内部环境温度，确保系统稳定。外部配线部分有保护蛇管，能耐热，耐油水。

采用自动脱压式润滑系统集中给油，以定时、定量、定压及各组合方式为每个润滑点提供适时、适量的润滑油，可使机床长时间稳定运行。

数控立式车床的主要参数见表 3-3。

表 3-3　数控立式车床的主要参数

序　号	参 数 项 目		参 数 指 标
1	最大旋转直径/mm		4600
2	最大切削直径/mm		4300
3	最大加工高度/mm		700
4	最大加工物质量/kg		30000
5	手动单动卡盘直径/mm		4000
6	主轴转速	低速/(r/min)	1~14
		高速/(r/min)	14~60
7	主轴轴承直径/mm		2100
8	刀架型式		ATC
9	刀库容量		16
10	刀柄型式		BT-50
11	最大刀具尺寸（宽×厚×长）/mm		280×150×400
12	最大刀具质量/kg		50
13	最大刀库载重量/kg		800
14	换刀时间/s		60
15	X 轴行程/mm		−2000，+2500
16	Z 轴行程/mm		900
17	X 轴快移速度/(m/min)		6
18	Z 轴快移速度/(m/min)		10
19	机床外形尺寸（长×宽×高）/mm		11000×7000×7400
20	机床质量/kg		100000
21	总用电容量/kVA		130

三、孔加工机床

数控钻床是数字控制的以钻削为主的孔加工机床，由于加工中心的发展，所以绝大多数数控钻床已被加工中心取代，但有些以钻削为主要加工工序的零件仍需应用数控钻床来加工。

大多数数控钻床用点位控制，同时沿两轴或三轴移动以减少定位时间。此外，在三坐标数控立式钻床的基础上增加转塔式刀库及自动换刀机构,可构成钻削加工中心(以下简称钻削中心)。钻削中心不仅可进行钻、扩、铰、锪、攻螺纹等孔加工工序,而且可完成具有直线和圆弧插补的轮廓控制铣削加工。

南京工大数控科技有限公司研发的 SKZX-2500/16 数控钻削中心机床,其控制部分具有过载及过电流自动保护功能,提高了机床的稳定性和安全性,该机床结构示意图如图 3-4 所示。

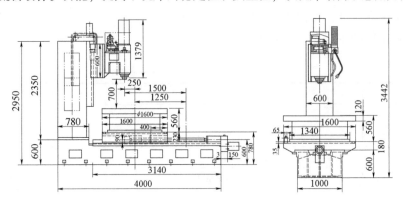

图 3-4　SKZX-2500/16 数控钻削中心机床结构示意

该机床主运动为刀具的旋转运动,进给运动为立柱的水平运动(X 轴)、主轴箱的竖直运动(Z 轴)、回转工作台的旋转运动(C 轴)。所有运动均通过数控系统和 PLC 控制,并带有自动刀库,由 PLC 控制根据指令自动换刀。

机械结构采用拖板移动方式;钻削主电动机采用主轴伺服电动机,钻削主轴箱采用齿轮两级变速,保证低速输出大转矩;机床整机结构强度通过 ANSYS 及 ADAMS 优化分析,立柱为双层腹板式,具有高刚性及抗振性。

X 轴、Z 轴防护采用不锈钢防护罩;导轨润滑采用自动润滑系统;轴锥孔型式为 BT-50,具有刚性攻螺纹功能;装夹刀库自动完成;采用切削液防护装置,能够防止高速钻削时切削液的喷射不外泄。机床配备自动换刀刀库,刀库容量为 16 把,机床具有自动排屑功能。

加工时把工件法兰端固定在转台上,须采用专门工装夹具,保证装夹快速、定位准确、固定可靠,配置钻削加工软件,可采用任意等分或不等分自动完成钻削及螺纹加工。可提供钻削工艺方面的设计:专用工装夹具设计、钻削参数优化设计等。

SKZX-2500/16 数控钻削中心机床的主要技术参数见表 3-4。

表 3-4　SKZX-2500/16 数控钻削中心机床的主要技术参数

序　号	参数项目	参数指标	备　注
1	一次加工最大孔径/mm	50	
2	最大加工孔径/mm	150	
3	最大攻螺纹直径/mm	M28	
4	轴锥孔型式	BT-50	
5	刀库容量	16	
6	钻头中心至转台中心最小距离/mm	250	
7	钻头中心至转台中心最大距离/mm	1500	

（续）

序　号	参 数 项 目	参 数 指 标	备　注
8	水平行程（X向）/mm	1250	
9	钻夹头平面至转台平面垂直距离/mm	700	
10	竖直行程（Z向）/mm	650	
11	主轴转速/（r/min）	200～3000	机械二级加无级变速
12	稳定轴向进给速度/（mm/min）	≥120	
13	工作台定位精度/（″）	≤12	
14	工作台重复定位精度/（″）	≤±3	
15	主轴径向圆跳动/mm	≤±0.01	
16	水平进给丝杠直径/mm	80	
17	竖直进给丝杠直径/mm	60	
18	回转工作台直径/mm	1600	
19	工作台允许最大承重量/kg	10000	
20	回转工作台快转速度/（r/min）	2	
21	定位精度（X、Z向）/mm	≤±0.01	
22	（主电动机功率总功率）/kW	12/35	
23	液压系统最大压力/MPa	6	
24	工作温度/℃	0～40	
25	机床质量/kg	20000	
26	机床外形尺寸（长×宽×高）/mm	4000×1600×3000	

　　南京工大数控科技有限公司还开发出了 JXTK-512 极坐标数控铣镗钻机床，该机床为采用了先进的结构和技术设计生产的机电一体化产品。主轴头的进给运动（Z轴）、回转台的回转运动（C轴）和工作台的纵向运动（X轴）均采用交流伺服电动机驱动，主轴采用变频电动机无级调速，并设有二级齿轮采用高低档变速。机床纵向导轨采用矩形全封闭导轨，表面高频淬火，运动件导轨采用 YT 软带（填充改性并经表面活化的聚四氟乙烯车削软带）。机床 X、Z 向传动采用高性能滚珠丝杠，机械传动系统示意图如图 3-5 所示。该机床能实现三轴联动，可完成铣、钻、镗、铰等基本切削运动。通过计算机软件（或手工）编制 G 代码完成复杂曲面的铣削，以及孔系的钻、镗、铰工序。

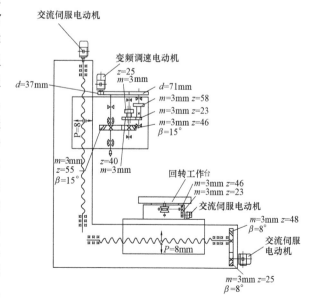

图 3-5　机械传动系统示意图

JXTK-512 极坐标数控铣镗钻机床的主要技术参数见表 3-5。

表 3-5 JXTK-512 极坐标数控铣镗钻机床的主要技术参数

序 号	参 数 项 目	参 数 指 标
1	回转工作台直径/mm	1200
2	工作行程（X 向/Z 向）/mm	1200/280（其中手动操作行程 80）
3	主轴锥孔	ISO-40（7∶24）
4	主轴速度范围/（r/min）	60～4200
5	主轴电动机功率/kW	4
6	最大进给速度/（mm/min）	2000
7	主轴中心至立柱安装面距离/mm	520
8	主轴端面至工作台面距离/mm	100～650
9	T 形槽数×（宽度/mm）	6×18
10	工作台允许最大承重量/kg	3000
11	定位精度（X、Z 向）/mm	±0.02
12	重复定位精度（X、Z 向）/（mm/mm）	±0.01/300
13	回转台定位精度/（″）	±7.5
14	回转台重复定位精度/（″）	±3
15	机床外形尺寸（长×宽×高）/mm	3432×1200×2359
16	机床质量/kg	6800

四、齿轮加工机床

齿轮加工机床是加工各种圆柱齿轮、锥齿轮和其他带齿零件齿部的机床。齿轮加工机床的品种规格繁多，不仅有加工几毫米直径齿轮的小型机床，加工十几米直径齿轮的大型机床，还有大量生产用的高效机床和加工精密齿轮的高精度机床。

按照被加工齿轮种类不同，齿轮加工机床可分为两大类：圆柱齿轮加工机床，如滚齿机、插齿机、铣齿机等；锥齿轮加工机床，用于加工直齿锥齿轮，如刨齿机、铣齿机、拉齿机。

齿轮加工完成后，还需要用齿轮倒角机进行倒角。

（一）数控滚齿机

滚齿机是齿轮加工机床中广泛应用的一种用于外齿轮加工的机床，其工作原理是用滚刀按展成法加工齿轮，不仅可加工直齿、斜齿圆柱齿轮，还可加工蜗轮和链轮。滚齿机可分为卧式滚齿机、数控滚齿机、立式滚齿机等类型。普通滚齿机的加工精度为 GB 6～7 级。

以重庆机床（集团）有限责任公司的 YE3115CNC 数控滚齿机为例，如图 3-6 所示。YE3115CNC 数控滚齿机为八轴四联动数控滚齿机，机床配置有料仓，能实现单机自动化加工，同时该机床能与车床、剃齿机等机床实现自动化联机生产。该机床适用于乘用车变速器齿轮，特别是电动车齿轮及转向器齿轮加工；结构布局紧凑，7 m² 的占地面积包括全部液压、润滑、排屑、水冷以及气动系统和料仓；主运动（B 轴）采用内装电动机直接驱动，最高转速能达 2500r/min，C 轴采用力矩电动机直接驱动，最高转速可达 300r/min，加工效率高，传动链短，加工精度高。滚刀和工件轴所具有的高速度，使机床具备了采用最先进刀具的能力；全数控系统控制及人机界面的应用，使机床操作调整更加方便、快捷；齿轮精加工精度可达 GB 7 级。

图 3-6　YE3115CNC 数控滚齿机

（二）数控插齿机

插齿机是使用插齿刀按展成法加工内、外直齿和斜齿圆柱齿轮以及其他齿形件的齿轮加工机床。插齿机主要用于加工多联齿轮和内齿轮，加附件后还可加工齿条。在插齿机上使用专门刀具还能加工非圆齿轮、不完全齿轮和内外成形表面，如方孔、六角孔、带键轴（键与轴联成一体）等。齿轮加工精度可达 GB 5~7 级，最大加工工件直径达 12m。插齿机插齿加工如图 3-7 所示。德国利勃海尔（Liebherr）LSE600 插齿机如图 3-8 所示，其主要技术参数见表 3-6。该机床具有精确、高效和工艺可靠性高的特点，其插齿头 SKE240 采用了高动态稳定的驱动主轴和可移动的插齿头滑轨，使直齿轮和斜齿轮能够通过电控生产。插齿头能够安装在最大加工齿轮直径达到 2000mm 的机床系列上，如生产重型工业变速器，加工齿轮的最大模数达到 12mm，具有 240mm 的插齿行程和 1000 次/min 的往复运动速度。

图 3-7　插齿机插齿加工

图 3-8　利勃海尔 LSE600 插齿机

表 3-6　利勃海尔 LSE600 插齿机的主要技术参数

序　号	参 数 项 目	参 数 指 标
1	加工齿轮模数/mm	8~12
2	加工工件直径/mm	600
3	插齿行程/mm	120~240
4	轴向行程/mm	300~1050

（三）数控高速铣齿机

数控高速铣齿机床是大模数（$m \geqslant 10mm$）齿轮成形加工的高效专用设备。高速成形铣齿工艺具有高效、生产成本低、绿色环保及占用产房面积小等优点，主要应用于风电、大型工程机械、矿山机械及冶金机械等的齿轮数字化加工，可分度铣削加工圆柱内直齿轮，加工精度可达 GB 8~9 级。

南京工大数控科技有限公司开发了 SKXC 系列数控高速铣齿机，主要用于圆柱齿轮高效加工，配备性能优越的硬质合金刀盘，采用风冷干切技术，其加工效率是传统插齿或滚齿加工的 3~6 倍。其中，SKXC-5000/35 数控高速铣齿机的尺寸结构如图 3-9 所示。

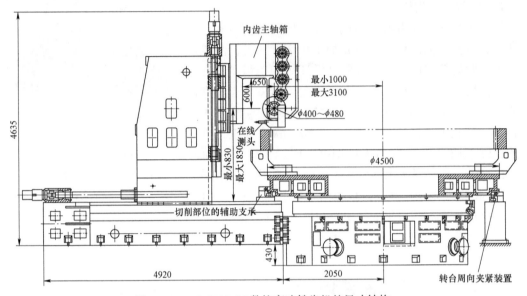

图 3-9　SKXC-5000/35 数控高速铣齿机的尺寸结构

该机床采用立柱移动和工作台旋转的布局，铣削主轴箱采用双边传动及主动消隙，采用半闭环和全闭环控制。机床主轴采用交流变频电动机（45kW）驱动，无级变频调速（55kW），可满足各种铣齿工艺要求。液压系统为液压站外置，配置带加热功能的油冷系统一套，立柱采用多点均衡液压夹紧装置。整机导轨采用分布式可控润滑方式，铣削主轴箱为自循环式润滑。机床还配备直径 3.5m 的整体落地式静压工作台，大直径双蜗杆副传动（蜗轮加工精度达到 DIN 2 级），以提高高速切削时的刚性及稳定性，并配有相配套的排屑装置，确保排屑顺畅。机床和导轨均为全封闭式防护。

SKXC-5000/35 数控高速铣齿机的主要技术参数见表 3-7。

表 3-7　SKXC-5000/35 数控高速铣齿机的主要技术参数

序号	参 数 项 目	参数指标	备　　注
1	加工齿轮最大模数/mm	30	刀盘直径、加工齿轮模数与最小加工内齿圈内径相关
2	刀盘直径/mm	400~480	
3	端面键宽/mm	25.4	端面键传动
4	最大齿宽/mm	450	
5	加工最大内齿圈内径/mm	5000	超过 4000mm 安装辅助工作台及配套制动、支承装置
6	加工最小内齿圈内径/mm	2500	

(续)

序号	参 数 项 目	参 数 指 标	备 注
7	Z 轴移动行程/mm	1000	
8	工作台重复定位精度/(″)	≤4	
9	X、Z 轴重复定位精度/mm	≤0.02	
10	主轴转速/min	40~140	
11	轴向进给速度/(mm/min)	300	最高进给速度不超过 600mm/min
12	主轴径向圆跳动/mm	≤0.01	
13	回转工作台直径/mm	3500	
14	辅助工作台直径/mm	4500	
15	工作台 T 形槽宽度/mm	12~36	
16	工作台允许最大承重量/kg	50000	
17	(主电动机功率/总功率)/kW	45/80	
18	液压系统最大压力/MPa	6	
19	工作温度/℃	-5~45	
20	机床质量/kg	90000	
21	机床外形尺寸（长×宽×高）/m	11×7.5×5	

（四）数控成形磨齿机

磨齿机是利用砂轮作为磨具加工圆柱齿轮或某些齿轮（斜齿轮、锥齿轮等）加工刀具齿面的齿轮加工机床，主要用于消除热处理后的变形和提高齿轮精度。

SKMC 系列数控成形磨齿机是南京工大数控科技有限公司运用多年从事齿轮机床行业的丰富制造经验和专业技术，结合南京工业大学在齿轮啮合原理方面的研究成果，全新研发的高精密机床。其中，SKMC-3000/20 数控成形磨齿机如图 3-10 所示。

图 3-10　SKMC-3000/20 数控成形磨齿机

该系列机床通过静压、动态补偿等技术实现高可靠性和精度保持性；在应用西门子先进控制技术的基础上，结合自主开发的软件实现用户零编程输入。SKMC-1600W/10 数控成形磨齿机适用于直/斜齿圆柱外齿轮的磨削，具有丰富的修形功能及异形齿面磨削功能，可广泛应用于通用齿轮箱、锻压、风电、工程机械、港口机械等磨制高精度齿轮的行业，其主要技术参数见表 3-8。

表 3-8　SKMC-1600W/10 数控成形磨齿机的主要技术参数

序　号	参 数 项 目	参 数 指 标
1	加工齿轮类别	圆柱外齿轮
2	最大模数/mm	26（采用单面磨削方式，最大模数可达 30）
3	最大磨削深度/mm	75（与砂轮直径、模数、工件尺寸有关）
4	螺旋角/(°)	±35
5	齿数	不限
6	最大齿轮宽度/mm	600
7	最大齿顶圆直径/mm	2000
8	最小齿根圆直径/mm	300
9	X 轴行程/mm	900
10	Z 轴行程/mm	900
11	砂轮直径/mm	280～400（与模数有关）
12	砂轮厚度/mm	40～90（提供 3 副不同规格的砂轮垫片）
13	砂轮主轴直径/mm	220
14	金刚滚轮尺寸/mm	160
15	最大磨削速度/(mm/min)	4000
16	机床总功率/kW	100（380V，50Hz）
17	工作台外径/mm	2000
18	孔径（阶梯孔）/mm	闭环，400 通孔，底孔直径 100 用于排水
19	工作台最大承重量/kg	5000
20	机床质量/kg	50000

（五）数控齿轮倒角机

齿轮倒角机是能将齿轮的轮齿端部倒角倒圆的机床。该机床一般为半自动循环，工作台可进行不等量进给，这是生产齿轮变速箱和其他齿轮移换机构不可缺少的加工设备。齿轮倒角机采用双刀分离结构，刀具进给，一齿切削完毕，刀轴让刀、工件分度并开始下一次的切削。从开始切削起，工件转一周即可完成一个零件的倒角加工。进给方式一般采用刀具进给，也可根据需要采用工件进给方式。

南京工大数控科技有限公司开发的 SKDL-2300 数控齿轮倒角机如图 3-11 所示，其主要技术参数见表 3-9。

该机床利用高速旋转的硬质合金铣刀实现内/外直齿轮的端面倒角功能（外齿两侧端面同时倒角，内齿单侧端面倒角），具有倒角大小和倒角形状可调、倒角尺寸一致、齿槽自动对中、自动化程度及倒角效率高等特点；可适用于外径 2600～4300mm 的外齿轮（内径 2300～3200mm）、内径 1900～3800mm 的内齿轮（外径 2200～4300mm）齿廓自动倒角，能满足每天 24h 稳定连续工作。

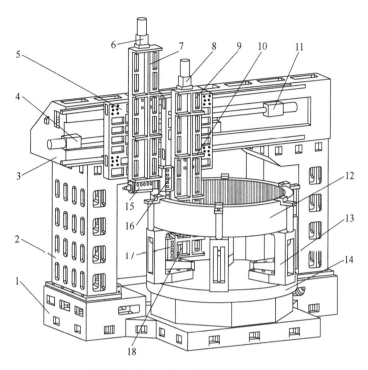

图 3-11 SKDL-2300 数控齿轮倒角机

1—床身 2—立柱 3—横梁 4—X_1 轴径向进给系统 5—X_1 轴径向进给拖板 6—Z_1 轴轴向进给系统 7—Z_1 轴刀架
8—Z_2 轴轴向进给系统 9—Z_2 轴径向进给拖板 10—Z_2 轴刀架 11—X_2 轴径向进给系统 12—工件 13—工装夹具
14—回转工作台 15—SP3 轴（齿向倒角主轴） 16—SP1 轴（上端面齿廓倒角主轴） 17—SP2 轴（下端面齿廓
倒角主轴） 18—Z_3 轴在线测头系统

表 3-9 SKDL-2300 数控齿轮倒角机的主要技术参数

序 号	参 数 项 目	参 数 指 标
1	工件模数/mm	6~24
2	齿根过渡圆弧半径/mm	≥2.5
3	内齿圈外径/mm	750~2300
4	内齿圈内径/mm	600~1800
5	工件螺旋角/(°)	≤10
6	齿宽/mm	80~400
7	倒角大小	一刀切 3mm×45°
8	工作台水平承重量/kg	10000
9	工作台台面直径/mm	2000
10	工作台传动比	1∶720
11	工作台最高转速/(r/min)	2.7
12	工作台定位精度/(″)	15
13	工作台重复定位精度/(″)	8
14	上电主轴刀鼻到工作台面距离/mm	750~1250

（续）

序　号	参数项目	参数指标
15	下电主轴刀鼻到工作台面距离/mm	600~1600
16	径向电主轴刀鼻到工作台中心距离/mm	400~1000
17	电主轴外径/mm	125
18	刀柄型式	ER-20
19	设备总功率/kW	≤15
20	电源	AC 380（1±10%）V，50Hz
21	气源压力/MPa	0.4~0.7
22	机床质量/kg	20000
23	机床外形尺寸（长×宽×高）/mm	4500×3500×4000

该机床采用双立柱结构型式，由径向进给轴（X_1、X_2 轴）、轴向进给轴（Z_1、Z_2 轴）与转台分度轴（C 轴）联动插补组成极坐标控制系统，通过专用软件生成加工程序，沿齿廓线做平面内曲线轮廓插补；对于端面止口较小的外齿圈，可实现齿廓双面同时倒角，提高加工效率；对于端面止口较大的内齿圈，为避免加工干涉仅进行单边倒角，两侧的动力头同时工作，工件回转半圈即可完成端面倒角，可使加工效率提高1倍。

经过机床倒角的齿轮可以有效降低淬火裂痕，减小齿轮边缘接触效应，降低齿轮的啮合噪声，提高了齿轮的啮合质量和使用寿命。同时，机床可选配刷子和抛光轮结构，一方面去除倒角产生的毛刺，另一方面对滚道淬火产生的黑皮进行抛光；机床保护措施完善，使用安全，操作方便。

五、数控淬火机床

（一）结构及设备组成

数控淬火机床是用于对回转支承的齿面和滚道进行淬火的设备，如图3-12所示。机床结构采用高架横梁+回转台的方式，配备双晶体管固态电源、单转台，感应器对齿轮齿部连续扫描淬火或对滚道进行连续扫描淬火。滚道淬火时具有双向传感器伺服跟踪、感应器自动对中功能，设备采用手动上下工件，自动定心夹紧松开工件，手动/自动调节转台或工件使感应器对准起始齿淬火点，然后用起动按钮对整个工件逐一进行齿部淬火，淬火时回转台自动分度，直至全部齿淬火结束，为提高工作效率该设备可以双齿同时淬火。

图3-12　滚道齿圈回转支承中频数控淬火机床

（二）回转工作台及定心

该机床由底座、转盘、支承臂和工件定位夹紧部分组成。伺服电动机安装在转台侧面，通过高精度星形齿轮减速器驱动转盘，实现旋转动作。底座下部设有接水槽。

回转工作台卡爪采用锥齿轮同步传动手动定心，卡爪装在三只支承臂的滑板上，支承臂、滑板、导轨均采用不锈钢材料制造。滑板开有多个定位柱的安装孔，用于快速调整活动支承柱，定位柱有锁紧机构，另三根支承臂用于支承工件，支承臂上也安装有可调节的支承柱，根据工件的直径大小调整支承柱的位置。手轮及传动杆位于支承臂的下部，防止锈蚀。

工件的夹紧定心和松开由设备自动实现；回转台的驱动部件采用蜗杆副，回转转盘采用交叉滚柱回转支承。

（三）工作方式

首先要选择所加工产品的类型（内齿/外齿），并在操作面板中输入工件的尺寸、淬火速度、加热功率、起始淬火位置等基本参数，在自动程序加工时系统自动完成跟踪淬火。

1. 齿轮淬火

在齿轮进行感应淬火时，将齿轮加热区段分成正常硬度区、过渡区和软带区三段，用数控程序将正常硬度区、过渡区和软带区分别设定三段不同的线速度，过渡区和软带区的线速度为正常硬度区的1~3倍。

加工外齿轮时，工件安装到位，自动夹紧后手动核查，将感应器前后滑台移动到与工件合适距离处，感应圈上下移动滑台由伺服电动机控制上下移动，速度由控制系统设定，齿轮定位除由控制系统控制准确分度外，机床还设有齿轮辅助定位装置，综合考虑分度误差和工件淬火变形，以及机加工带来的工件变形，使感应圈与齿沟的间隙保持一致。

加工内齿轮时，感应圈前后滑台移动到工件内侧，加工过程同外齿轮。无论加工外齿轮还是内齿轮，系统均自动完成全部淬火过程。采用双头可以实现双感应器同时淬火，提高了加工效率。

2. 滚道淬火

双感应器预热淬火，跟踪机构在预热感应器的前面，淬火感应器在预热感应器的后部，传感器将工件上下、前后的变化数值输入系统内，经过系统处理将调节信号送达伺服电动机，通过伺服电动机修正感应器与淬火滚道的位置变化，达到自动调节滚道间隙的目的。跟踪机构具有自动定滚道中心和感应器与工件的淬火间隙功能，由西门子840D操作面板输入工件的尺寸、淬火速度、预热功率、淬火功率、起始淬火位置及淬火间隙等基本参数，系统自动完成淬火加工。同规格工件安装好后不需要二次调整，工件自动定滚道上下中心及水平方向淬火间隙，自动完成淬火过程。

（四）淬火机床传动

变压器滑台可上下移动，同时也可以沿左右横梁前后移动，满足不同直径回转支承淬火调整需要，变压器上下、前后移动、转台旋转均采用西门子交流伺服电动机驱动。回转工作台水平设置，由交流伺服电动机驱动自动分齿，自动完成所有齿部淬火。工件装卸时横梁向后退，方便上下工件。

单齿淬火时感应器定位机构始终靠在淬火齿临近齿槽内（或隔1~2个齿），保证感应圈与齿部的间隙保持一致。

（五）防护

1）为防止淬火液飞溅，机床侧面应进行防护。

2）设备具有感应器碰工件保护功能，防止烧坏工件。

（六）淬火液的回收

在机床下部设有淬火液回收槽，槽上部铺设格栅板，淬火液由回收槽流到第一个过滤池，经第一个过滤池后进入第二级过滤池，在第二级过滤池内装有浸入式回液泵，由回液泵将淬火液经过过滤器过滤后进入淬火液箱，由淬火泵再输送到设备，依次循环。

（七）负载部分

采用环氧封装型淬火变压器，型号 HKM-500KVA；补偿电容器采用 1 台（RFM0.65-1500/12S），补偿电容器采用专用型。感应器同淬火变压器的连接采用快换装置，水路采用快换接头。电源到负载的连线采用柔性软电缆，不采用水冷电缆，同时使负载移动更加轻便灵活。变压器出水装有温度开关保护，保护温度 60 ℃，进口压力检测防止水未送或堵水造成损坏。

（八）淬火间隙自动跟踪机构（用于滚道淬火）

更换品种后首件粗调好感应圈与工件的淬火位置，按确认键，系统记忆实际淬火位置坐标，按自动起动按钮后系统自动对中滚道中心，并自动按面板中设定的数值确定淬火间隙，再次按自动起动按钮系统自动淬火并完成整个工件的淬火，在淬火过程中感应圈与工件的淬火间隙自动跟踪。跟踪头采用不锈钢材料制作。为提高传感器的使用寿命采用进口传感器，保证淬火间隙为±0.05mm。

六、滚道磨床

滚道磨床是对回转支承淬火后的滚道进行进一步磨削，以提高表面质量的设备。滚道磨削在立式数控滚道磨床上进行，如图 3-13 所示。

滚道待磨削的回转支承工件固连于做旋转运动的工作台 1 上，成形砂轮主轴 4 由变频调速电动机驱动，实现主切削运动，磨削速度>35m/s；Y 向拖板 2 和 Z 向拖板 3 由伺服进给系统驱动进行两轴联动，实现对砂轮型面的修形或对滚道进行成形磨削；四点接触球轴承的滚道截面由两段圆弧构成，滚道截面的两段圆弧与滚动体钢球的接触角一般为 45°，接触角是回转支承滚道截面轮廓度要求的关键指标之一。由于采用切入式成形磨削，所以砂轮的修形轮廓决定了成形磨削后的滚道型面。砂轮修形由砂轮修正器（其结构如图 3-14 所示）和 Y 向、Z 向进给运动的三轴联动实现。在砂轮修形时，要求修正器的旋转轴转动，使金刚笔的轴线始终与弧 AB、弧 BC 上各点的法线方向一致，且金刚笔的笔尖应在修正器的旋转轴的轴线上，以保证修形砂轮的型面正确。设定机床坐标系的

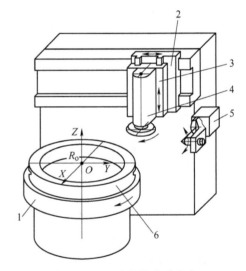

图 3-13 立式数控滚道磨床

1—工作台 2—Y 向拖板 3—Z 向拖板
4—主轴 5—砂轮修正器 6—工件

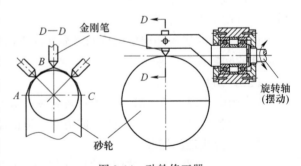

图 3-14 砂轮修正器

Z 轴与回转工作台的回转轴线重合，则机床安装调整时，要求砂轮主轴的轴线和金刚笔的笔尖皆在 *YOZ* 平面内。

七、装配测试台

装配测试台可实现被测对象若干检验指标的测量，具备自动完成数据采集、记录及报表生成功能，提高了回转支承的检验效率和检测精度。装配测试台留有功能扩展接口，用于后续检测项目的增加或检测要求的提升。本课题组开发的回转支承装配测试台可应用于各类中、大规格回转支承的精度检测，其外观如图 3-15 所示，其主要技术参数见表 3-10。

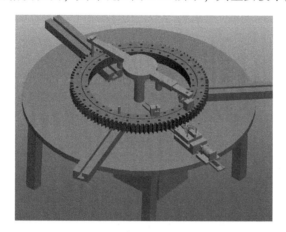

图 3-15　装配测试台的外观

表 3-10　装配测试台的主要技术参数

序　号	参 数 项 目	参 数 指 标
1	被测对象类型	回转支承（外齿）
2	测量项目	摩擦力矩、内外圈轴向圆跳动、节圆跳动
3	回转支承外径/mm	2500~5000
4	最大驱动转速/(r/min)	1
5	驱动电动机功率/kW	5
6	测试台承重量/kg	5000
7	转矩测量范围/N·m	≤24000
8	设备总功率/kW	≤15
9	动力电源	AC380（1±10%）V，50Hz
10	气源压力/MPa	0.5~0.8
11	设备质量/kg	7000
12	外形尺寸（直径×高度）/mm	5000×1100

第三节　齿轮加工创新方法

齿轮是机械相关行业应用的关键基础零件，其性能、质量和可靠性直接影响整机的技术指标。目前，齿轮加工方法包括切削法、铸造法、轧制法、模锻法和粉末冶金法等，其中切削法因为具有良好的加工精度，应用最为广泛。常见的切削方法主要有滚齿、插齿、剃齿、磨齿、珩齿、铣齿及车齿等。近年来，随着工业 4.0 和"中国制造 2025"的深入发展，对齿轮的加工质量和使用性能要求不断提高，各种齿轮创新产品不断出现，齿轮的结构和形式设计也越来越复杂，传统的齿轮切削加工方法已经无法满足诸如无退刀槽的非贯通螺旋齿轮、高精度的齿面拓扑修形齿轮、无退刀槽或小退刀槽的人字齿轮的加工需求。此外，现有齿轮加工方式无论在加工效率、加工精度，还是在加工柔性、绿色环保等方面还存在诸多不足之处。因此，更为高效率、高精度、高柔性、绿色环保的齿轮加工技术已成为现代齿轮切削加工领域的研究热点。

根据加工原理，传统的齿轮加工方法可以分为展成法和成形法两大类：展成法是利用齿轮刀具与被切齿坯做啮合运动而切出齿形的方法，包括滚齿、插齿、剃齿、蜗杆砂轮磨齿、珩齿、强力车齿等；成形法是采用与被切齿轮齿槽相符的成形刀具加工齿形的方法，包括成形铣齿、成形磨齿和拉齿加工等。近年来，随着数控技术、刀具制造技术和自由曲面包络理论的发展，出现了一种基于空间自由曲面包络理论，采用普通立铣刀或可转位盘铣刀柔性切削齿轮的包络铣齿加工法。该方法既有展成法的特点，又有成形法的特点，即包络铣削法。齿轮加工方法分类如图 3-16 所示。

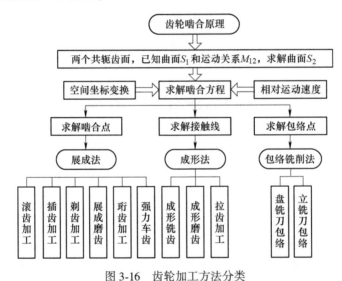

图 3-16　齿轮加工方法分类

由齿轮啮合原理可知，无论展成法，还是成形法、包络铣削法，所构成的曲面切削系统都包括三部分：刀具曲面 S_1、工件曲面 S_2 以及刀具与工件之间的相对运动关系 M_{12}。因此，齿轮加工过程是以自由曲面包络运动学为基础，已知刀具曲面 S_1 和相对运动关系 M_{12}，求解工件曲面 S_2 的过程。通过上述运动关系建立曲面之间的啮合方程，并对其进行求解；若是展成法，则求解啮合点；若是成形法，则求解接触线；若是包络铣削法，则求解包络点。

齿轮先进制造技术涉及内容较广，诸如齿轮刀具制造技术、齿轮廓形设计与制造技术、齿轮制造工艺及装备等。结合当前的几种先进齿轮制造技术，分别对高效率的强力车齿、高精度的齿轮磨削、高柔性的包络铣齿三种典型齿轮加工方法（见图 3-17）的国内外研究现状和应用情况进行概述。

a) 强力车齿

b) 齿轮磨削

c) 包络铣齿

图 3-17　三种典型的齿轮加工方法

一、高效率的强力车齿技术

强力车齿又称强力刮齿、剐齿、车齿，是一种有别于传统的滚齿、插齿的新型齿轮切削加工方法。图 3-18 所示为目前常见的几种强力车齿刀具；图 3-19 所示为内直齿轮强力车齿加工的示意图。

a) 盘形车齿刀具

b) 可更换刀齿的车齿刀具

c) 桶形超级车齿刀具

图 3-18　强力车齿刀具

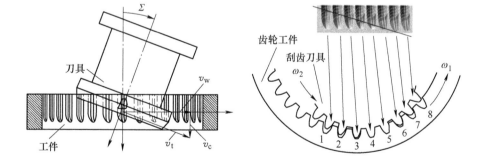
a) 运动学模型　　　　　　　　　b) 刀齿切削顺序

图 3-19　内直齿轮强力车齿加工示意

较之传统的滚齿和插齿加工方式，强力车齿在切削加工效率上有着显著的优势。对于模数 4mm、齿数 83、齿宽 70mm 的齿轮工件，插齿加工时间约为 43min，而强力车齿加工仅需 5min。强力车齿不仅使加工效率提高了 4~10 倍，而且加工精度可达 ISO 5~7 级或更高，齿面表面粗糙度值能达到 $Ra0.4\mu m$。此外，强力车齿采用风冷切削，绿色环保，且应用范围非常广，能够满足内外、直斜齿轮的加工，尤其能够加工传统的滚齿、插齿无法加工的非贯通螺旋内齿轮。

劳奇成等以传统车齿技术的概念介绍了强力刮齿加工技术的研究发展现状。杨军等在前人研究的基础上，分析刮齿加工原理和运动模型，探讨了齿槽的切削成形机理，并从构建刮齿加工切削点相对运动速度模型的角度，验证了刮齿加工的可行性。胡罩对车齿切削力计算进行了研究，通过建立微段刃切削力和矢量计算数学模型，提出一种针对分段切削力的微段刃等效计算方法，最终得到车齿切削的总切削力。

陈新春和李佳根据空间交错轴啮合理论提出了一种无理论刃形误差的直齿剐齿刀设计与制造方法，通过构建主后刀面的离散数据点，对剐齿刀具的前、后刀面进行无理论误差的磨削成形。在此基础上，李佳和娄本超等又进一步提出了一种基于自由曲面理论的剐齿刀具结构设计方法，建立具有拓扑结构的剐齿刀具模型，通过调整参数对刀具结构进行优化，使得刀具具有一定的通用性。毛世民和GUO等根据曲线与曲面双自由度共轭问题，提出一种已知刀具刃形曲线和运动轨迹，求解加工齿轮齿面的计算方法，并得出结论：只有采用零前角的直齿车齿刀具在标准安装条件下加工斜齿轮，得到的齿轮齿形才不存在理论齿形误差，其他情形都不能得到理论上的齿轮齿形。郭二廓等参考插齿刀具设计理论设计了一种通用车齿刀具，初步研究了强力车齿切削机理及工艺优化，提出一种基于"通用刀具+通用机床+专用软件"的车齿加工方法，实现对刀具廓形误差的高精度补偿，该方法避开了价格高昂的特殊齿形的车齿刀具，能充分发挥设备的加工能力。

2007年，德国的维拉（Wera）公司在德国汉诺威国际机床展览会上首次展出这种全新高效的切齿加工方法的机床，美国的格里森（Gleason）公司也在2012年推出了一款强力高效刮齿机床。应用该技术的机床均为六轴四联动，且配置有电子齿轮箱（EGB），通过同步伺服控制工件和刀具高速旋转，采用特制齿形刀具，高效率加工出各种圆柱齿轮工件。日本三菱重工在2015年北京国际机床展上推出了"三菱超级车齿系统（MHI super skiving system）"，可高效率、高精度地加工内齿轮。该超级车齿系统是在采用桶形砂轮内齿磨齿机的基础上进一步升级改进后实现的，除了能加工薄壁、非贯通的内齿轮之外，还可缩短加工时间、延长刀具使用寿命。

国内的长沙机床有限责任公司从2009年与天津大学联合研发圆柱齿轮剐齿加工方法，在2010年申请国家发明专利，并于2012年推出首款YK1015型数控剐齿机。近年来，高效、高精的强力车齿加工方法发展迅速，国内外各大机床制造厂商纷纷推出应用强力车齿技术的机床，包括德国普拉威马（PRAWEMA）的强力车齿机床、日本大隈机械（Okuma）的智能化复合加工机床、唐津铁工所（Karats）的车齿机床、意大利MT电机公司的强力刮齿动力刀座、南京工大数控科技有限公司的可重构齿轮复合加工中心。

二、高精度的齿轮磨削技术

随着对齿轮传动的精度等级、承载能力、使用寿命和平稳性要求越来越高，高精度硬齿面齿轮的应用越来越广泛。高精度的齿轮通常是采用齿面磨削来实现的，一方面，齿面磨削可以减小齿面在热处理过程中产生的变形误差，全面提高齿面精度；另一方面，齿面磨削还可以进行齿形修形、齿向修形和齿面拓扑修形等，显著提升齿轮传动性能。

（一）齿轮磨削技术概述

目前，应用最广泛的两种磨齿加工方式为蜗杆砂轮磨齿和成形砂轮磨齿。蜗杆砂轮磨齿依据展成加工原理，使用蜗杆砂轮磨削齿轮；成形砂轮磨齿依据成形加工原理，使用具有特定廓形的砂轮磨削齿轮。蜗杆砂轮磨齿法在磨削过程中蜗杆砂轮与齿面之间是连续展成的多点接触，多用于模数较小、批量较大的生产场合，而模数 6mm 以上的大直径、大模数齿轮多采用成形砂轮磨削，如图 3-20 所示。成形磨齿过程中砂轮与齿面之间是线接触，具有较高的加工效率。

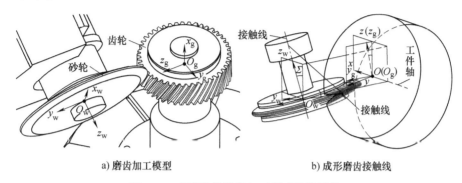

a) 磨齿加工模型　　　　　　　　b) 成形磨齿接触线

图 3-20　成形砂轮磨齿加工模型及接触线

（二）齿轮磨削技术应用现状

20 世纪末，CBN 砂轮得到广泛应用，成形磨削获得了快速发展。新开发的高效数控 CBN 成形砂轮磨齿机，不仅可以减少磨削次数、提高磨削用量，还可省去昂贵的补偿装置，使得磨削效率与质量显著提高。例如 Neils 公司采用高效数控 CBN 成形砂轮开发的 ZP12 型磨齿机，磨削淬硬的汽车齿轮仅需十几分钟，加工精度达 4~5 级，其生产率为普通展成磨齿法的 5~8 倍，并可按照需求磨削各种修形齿轮。

吴序堂在《齿轮啮合原理》一书中，阐述了渐开线交错轴齿轮建模与加工的相关核心理论，对不同的螺旋面及其加工原理推导出各自的数学模型和计算公式，并根据刀具回转面与工件螺旋面的接触条件，给出了已知工件螺旋面求解砂轮回转面截面形状的计算方法。闵好年、苏建新等采用数值模拟方法对砂轮廓形进行了建模求解。

为了进一步提高成形磨齿的加工精度，郭二廓等通过研究成形磨齿过程中砂轮与工件之间接触线的性质，得到砂轮半径和砂轮安装角对接触线形态的影响规律，提出了一种基于优化砂轮半径和砂轮安装角以提高成形磨齿加工效率和精度的方法。张虎等提出一种通过调整砂轮位置实现齿廓偏差补偿的方法，得到了齿廓倾斜偏差与砂轮径向位置误差和切向位置误差成正比例关系而且满足叠加原理的结论。方成刚等通过建立含齿轮装夹位姿误差的成形磨齿数学模型，分别研究了齿轮装夹偏心误差、倾角误差、偏心与倾角耦合误差对成形磨齿精度的影响规律，得到三种不同条件下的齿面偏差对齿轮装夹位姿误差的误差敏感项，其研究结论可用于成形磨齿的误差辨识和溯源。

在磨齿修形理论方面，邓兴奕等提出了一种通过砂轮沿径向微量进给运动方式，实现对鼓形齿的成形磨削，并分析了鼓形齿的形成运动对齿形的影响规律，得到了采用砂轮沿径向进给运动进行磨齿加工时需要考虑引入齿形误差的结论。吴焱明等研究了在蜗杆砂轮磨齿机上加工齿向修形齿轮时的刀具运动轨迹，并导出了加工小锥度修形、鼓形齿修形、锥度鼓形齿修形等多种齿向修形齿轮时刀具中心运动轨迹的计算公式，可直接用于数控插补运动。梁锡昌等研究了砂轮的三种附加运动方式对齿轮修形的变化规律，并通过模拟实现了三种附加运动方式的综合运用对齿面的修整。

在磨齿精度补偿方面，为了解决传统的采用附加径向修形运动导致的齿面"修形扭曲"问题，方成刚和郭二廓等通过研究齿面与工件之间的瞬时接触线，提出了一种基于优化砂轮安装角和砂轮廓形的齿面修形扭曲误差的补偿方法，并在实际的工程应用中取得了较好的补偿效果。李国龙等依据空间啮合原理，采用抛物线附加径向运动轨迹，提出了一种减小磨削误差的砂轮廓形优化方法。赵飞等突破了原有机械补偿的局限性，提出采用高档数控系统的实时动态补偿技术，可以在线补偿磨削工艺的系统误差。上述几种误差补偿方法仅是从简单的三轴联动或刀具廓形优化方面对齿面修形误差进行修正，并未能从本质上消除齿面修形误差。

为了消除齿面的修形扭曲误差并实现齿面的拓扑修形，张虎等提出了一种基于多自由度五轴数控成形磨齿机的高阶修正的齿向修形方法，它将每一个轴都用公式表示为一个高阶多项式，通过调整多项式系数的敏感度，采用多轴联动进行磨齿加工，从而使被磨削工件近似地逼近理论齿面。此外，唐进元等采用类似于 SHIH 的求解敏感系统矩阵的误差补偿方法，对数控螺旋锥齿轮的齿面修形加工进行了研究。

近年来，随着磨齿机生产效率的提高、单件齿轮磨齿成本的降低以及齿轮不断追求高精度的要求，市场对磨齿机的需求越来越大；同时，随着数控技术和先进制造技术的发展，各种机床间的功能延伸较容易实现，使得齿轮磨削技术进一步得到发展。一方面，新一代的磨齿机普遍采用柔性制造系统，在加工自动化的基础上提高物料流和信息流的自动化程度，如在 2015 年北京国际机床展上展出的国内外磨齿机都配置有自动上下料、自动对刀、自动换刀、在线误差补偿、在线检测等功能，其中三菱重工的 ZE15B 全自动磨齿机采用 12 轴数控、双尾架规格，通过交替更换工件，缩短非加工时间，而德国利勃海尔（Libeherr）的 LGG180 磨齿机提供了一种满足极短节拍要求的单主轴解决方案，非加工时间仅需要 4s，使机床的性能和实用性得以充分体现。另一方面，新一代的磨齿机广泛应用新材料、新技术，如美国 Gleason、德国 Höfler、瑞士 Reishauer、德国 Libeherr，以及中国台湾陆联（Luren）、秦川机床、重庆机床、南京工大数控等齿轮机床制造公司均在数控磨齿机上采用滚针直线导轨、高速陶瓷轴承、高速电主轴、力矩电动机等新技术，简化机床结构，提高机床刚性、热稳定性和抗振性。此外，有些磨齿机还应用了床身热稳定铸造技术、高精度的热位移控制技术、亚微米级齿面纹理优化技术，以保证齿面的磨削精度。

传统的内齿轮磨齿机通常采用小直径盘形砂轮对齿面进行分度磨削，不仅磨削效率较低，而且成本高。三菱重工在 2015 年北京国际机床展上展出了一款采用"桶形螺旋状砂轮"磨削内齿轮的加工机床，该专用研磨机床"ZI20A"通过倾斜砂轮轴与工件轴形成安装角度来磨削内齿行星齿轮，如图 3-21 所示。磨削过程中采用齿轮型式的金刚轮对桶形砂轮进行修整，砂轮与工件之间形成多条接触线，主轴（砂轮轴）的转速可达 15000r/min，工件轴转速 6000r/min，因此，在确保内齿轮磨削精度的同时将加工时间缩短 3/4，此外该技术还能够磨削非贯通的无退刀槽的内外、直斜齿轮。针对大型圆柱齿轮的成形砂轮磨削，格里森（Gleason）研发出一种提高成形磨削效率的新优化磨削技术，可同时使用 3 个或更多的砂轮（见图 3-22），以替代单片砂轮，使磨齿速度更快，粗磨时磨削 4 个或更多的齿面，可将加工效率提高 40%。

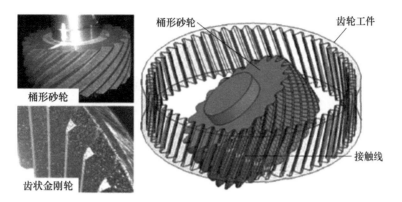

图 3-21　三菱重工内齿磨削技术

图 3-22　格里森的成形磨削技术

三、高柔性的包络铣齿技术

近年来，随着先进刀具制造技术、自由曲面包络理论的发展，采用通用的五轴机床和标准铣刀的齿轮包络铣削加工方法得到了广泛的应用，该方法具有柔性好、成本低、精度高等优点，尤其能满足小批量、异形齿轮的铣削加工。

（一）包络铣齿技术概述

一般而言，柔性的包络铣齿技术可以分为两大类：第一类是采用指形铣刀或盘形铣刀，基于齿轮啮合理论的成形法对齿轮进行铣削加工，实质是已知工件曲面和运动关系，求解刀具回转面的过程，刀具与齿面之间是线接触；第二类是采用盘形铣刀或立式铣刀，基于自由曲面包络理论的包络铣削法对齿轮进行加工，实质是已知工件曲面和刀具回转面，求解刀具运动路径的问题，刀具与齿面之间是点接触。表 3-11 给出了三种基于包络铣齿技术的齿轮加工方法。

表 3-11　三种基于包络铣齿技术的齿轮加工方法

铣　削　方　式	刀　具　形　状	铣　削　原　理	加　工　过　程	加　工　设　备
指形铣刀 成形铣削		$n \cdot v = 0$		铣齿机床

（续）

铣削方式	刀具形状	铣削原理	加工过程	加工设备
盘形铣刀包络铣削		$P_1=P_2$ $n_1=n_2$		通用加工中心
立式铣刀包络铣削		$P_1=P_2$ $n_1=n_2$		铣削中心

（二）包络铣齿技术应用现状

近年来，出现了一些解析计算方法，如严思杰和 CHIOU 等分别推导了环刀和 APT 刀具在五轴线性插补运动下的瞬时特征线的求解公式。由于解析计算方法存在着计算公式复杂，且难以得到包络面加工误差作用规律的缺点，目前大多数研究都采用近似的简化处理，将刀位优化模型中的刀路轨迹规划转化为求解刀具曲面与工件曲面间的优化逼近问题。

在刀路轨迹优化和误差控制优化算法方面。朱利民和丁汉等对多轴数控包络铣削加工和刀具路径优化的相关理论进行了系统研究。首先，基于单参数曲面族包络原理的研究，得到多轴数控加工的特征曲面在任意刚体运动下的扫掠包络曲面的解析表达式。其次，将侧铣加工刀具路径整体优化问题归结为刀具扫掠包络面向设计曲面的离散点云的最佳一致逼近问题，针对柱刀和锥刀分别构造了高效的数值优化算法，并探讨了刀具形状与刀具路径的同步优化方法。最后，为了推广上述研究成果，以双参数球族包络和点-曲面法向距离函数理论为工具，从回转刀具扫掠造型角度深入研究五轴侧铣加工的运动几何学原理和方法：推导刀具包络曲面及其第一和第二基本型的解析表达式；提出刀具包络曲面向设计曲面逼近时的法向误差及其导数的计算方法；建立基于包络成形原理的回转刀具五轴侧铣加工离散刀位优化方法。

在复杂螺旋曲面的包络铣削加工技术方面，王可等阐述了异形螺杆无瞬心包络铣削的基本原理，对高效率、高精度加工异形螺旋面的关键技术进行了研究，并将研究结果应用于实践。赵文珍等从空间啮合原理出发，研究刀具与工件表面的接触规律，将最小有向距离算法应用于复杂螺杆的数控加工。况雨春等在最小有向距离原理的基础上，提出了一种新的刀路轨迹计算方法，提高了复杂螺旋面的加工精度。此外，丁爽等针对复杂曲面的五轴包络铣削加工过程中的全局干涉、刀位修正和自由包络误差补偿等问题进行了深入研究。

包络铣齿的齿形精度要求要高于普通零件的造型曲面，为了证明高柔性的包络铣齿技术同样能满足高精度齿轮的加工要求，FRITZT 等基于自由曲面包络铣削理论，参考德国标准 DIN 8589-3，定义了自由曲面包络铣齿加工中的相关术语，对采用通用标准立铣刀铣削加工齿轮的关键技术进行了系统研究，包括刀具选择、加工参数选择、加工策略，并分别讨论了刀具沿齿宽方向的扫掠轨迹、刀具沿齿廓方向的包络步距、刀具切削分度策略与齿面加工质量之间的关系，如图 3-23 所示；最后，通过一系列的对比试验证明了这种高柔性的齿轮加工技术所具有的广阔应用前景。此外，包络铣齿技术在复杂螺旋面加工中的应用也非常广泛，如山西风源、德国 Leistritz、奥地利 Weingartner 等公司均推出了多款采用盘形铣刀包络铣削复杂螺旋面的五轴车铣复合机床。

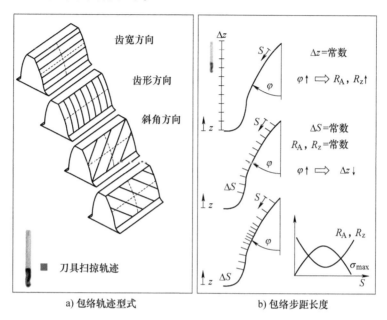

a) 包络轨迹型式　　　　　　b) 包络步距长度

图 3-23　包络铣齿加工策略

南京工大数控科技有限公司也对齿轮的高效铣削加工提供了一套解决方案：大型齿轮的高速成形铣齿机，主要用于大模数（≥10mm）齿轮的高效粗、精加工，通过配备性能优越的可转位硬质合金铣刀盘，其加工效率是传统插齿或滚齿加工的 3～6 倍。大型齿轮复合铣削机床采用通用的立式铣刀，可以满足任意齿形的包络铣削加工，尤其能满足零退刀槽和小退刀槽的人字齿轮的铣削加工；而小型的可重构齿轮复合加工中心的灵活性更强，兼具有成形法、展成法和包络铣削法三种切齿功能，是一款能满足铣齿、磨齿、强力车齿和滚齿的五轴加工机床，且具有可重构的硬件和软件，能够快速响应用户的定制化需求。

参 考 文 献

［1］王伟．锻件磁粉探伤技术与磁化设备的应用［J］．锻造与冲压，2021（7）：62-66.

［2］王建立．磁粉探伤机磁化时间校准方法研究［J］．计量与测试技术，2020，47（5）：78-80.

［3］李尧．系泊链全环磁粉自动检测装置设计［D］．上海：上海交通大学，2010.

［4］汪世益，黄筱调，顾伯勤，等．数控立车非线性几何误差对回转支承滚道加工精度的影响［J］．中国机械工程，2008，4（2）：174-178.

［5］赵翔宇，付丽秋，陈建新，等．数控立车加工弧形轴承滚道［J］．金属加工（冷加工），2012（6）：35-37.

［6］汪世益，满忠伟，方勇，等．回转支承滚道干式车削热误差补偿技术研究［J］．建筑机械，2011（5）：109-112.

[7] 谷从余，李振东，刘保．回转支承孔专用数控钻床的电液系统设计［J］．机电工程技术，2020，49（8）：226-227；242.

[8] 秦永晋，付力扬，郭亮，等．特大型转盘轴承径向油孔数控钻床电控系统设计［J］．机电工程技术，2020，49（12）：69-72.

[9] 吴芳．回转支承滚齿加工质量提升方案［J］．设备管理与维修，2017（19）：117-118.

[10] 李伟，杭振宏，何东生，等．基于补偿公法线的淬前内齿轮精加工工艺研究［J］．安徽工业大学学报（自然科学版），2015，32（3）：263-267.

[11] 李铭忠，朱坚明，洪荣晶，等．转盘轴承齿圈铣、滚加工效率与成本研究［J］．机床与液压，2013，41（11）：46-48.

[12] 黄筱调，洪荣晶，巩建鸣，等．面向回转支承行业的高效数控专用装备与工艺研究［Z］．2009.

[13] 戴永奋，马太林，王慧．挖掘机用回转支承齿轮感应淬火及齿轮精度工艺保证［J］．中国金属通报，2018（6）：91-92.

[14] 王玉良，刘振超．提高大模数回转支承齿轮中频淬火质量的措施［J］．制造技术与机床，2014（4）：114-116.

[15] 余云霓，李美萍，关元清，等．回转支承齿轮整体感应淬火工艺的合理选择［J］．建筑机械，2013（18）：80-81.

[16] 李崇崇，赵瑞瑞，史亚妮，等．转盘轴承齿圈连续中频感应淬火工艺［J］．轴承，2013（7）：27-29.

[17] 尤蕾蕾．转盘轴承套圈材料及热加工的改进［J］．轴承，2019（10）：11-14.

[18] 汪世益，黄筱调，顾伯勤，等．风电回转支承滚道切入磨削的砂轮修形［J］．中国机械工程，2009，20（3）：275-279.

[19] 邹辉，黄筱调，洪荣晶，等．回转支承双圆弧滚道磨削砂轮修整方法优化［J］．机床与液压，2008，36（12）：19-21.

[20] 祝雁冰，施毅．降低回转支承外圈磨削烧伤的工艺措施［J］．装备制造技术，2014（11）：28-30.

[21] 顾家祯．回转支承材料及力学性能研究［D］．合肥：合肥工业大学，2012.

[22] 王景龙，关元清，马太林，等．鼓形齿回转支承设计及研究［J］．机械工程师，2015（6）：204-206.

[23] 彭洋，余晓流，谈莉斌．基于 PLC 的回转支承装配检测台控制系统设计［J］．制造业自动化，2013，35（15）：36-39；46.

[24] 刘华军，梁洪洋，郑兆凯，等．回转支承轴承装配机研制［Z］．2007.

[25] 郭嘉，刘明周，李旗号．回转支承内、外圈装配中的选配模型［J］．合肥工业大学学报（自然科学版），2004，4（12）：1603-1606.

[26] 劳奇成，刘冰．车齿技术的发展现状［J］．工具技术，2014，48（1）：7-9.

[27] 杨军，宋洪金．一种新型齿轮加工技术的研究与实践［J］．机械传动，2014，38（12）：163-167.

[28] 胡覃．圆柱齿轮剐齿切削力计算方法研究［D］．天津：天津大学，2013.

[29] 陈新春．无理论刃形误差剐齿刀设计与制造基础研究［D］．天津：天津大学，2013.

[30] 李佳，娄本超，陈新春．基于自由曲面的剐齿刀结构设计［J］．机械工程学报，2014，50（17）：157-164.

[31] 毛世民．车齿齿形分析［J］．机械传动，2014，38（10）：50-53.

[32] GUO Z，MAO S M，LI X E，et al. Research on the theo retical tooth profile errors of gears machined by skiving［J］. Mechanism and Machine Theory，2016（97）：1-11.

[33] GUO E K，HONG R J，HUANG X D，et al. Research on the cutting mechanism of cylindrical gear power skiving［J］. International Journal of Advanced Manufacturing Technology，2015，79（1）：541-550.

[34] GUO E K，HONG R J，HUANG X D，et al. A novel power skiving method using the common shaper cutter［J］. International Journal of Advanced Manufacturing Technology，2016，83（1）：157-165.

[35] 郭二廓，洪荣晶，黄筱调，等．数控强力刮齿加工误差分析及补偿［J］．中南大学学报（自然科学版），2016，47（1）：69-76.

[36] 王平年，马宝利，周沛．概述德国现代数控圆柱齿轮成形磨齿机［J］．一重技术，2003，95（1）：31-33.

[37] 吴序堂．齿轮啮合原理［M］．西安：西安交通大学出版社，2009.

[38] 闵好年，周玉山，邵明．渐开线齿轮磨具成形磨削砂轮廓形计算通式［J］．现代制造工程，2006（1）：1-3.

[39] 苏建新，邓效忠，任小中，等．斜齿轮成形磨削砂轮修形与仿真［J］．农业机械学报，2010，41（10）：219-222.

[40] 郭二廓，黄筱调，袁鸿，等．基于提高成形磨削效率和精度的接触线优化［J］．计算机集成制造系统，2013，19（1）：67-74.

[41] 张虎，黄筱调，袁鸿，等．砂轮位置对成形磨齿齿廓偏差的补偿［J］．计算机集成制造系统，2013，19（6）：1288-1295.

[42] 方成刚，巩建鸣，郭二廓，等．圆柱齿轮偏心对成形磨齿精度影响研究及补偿［J］．计算机集成制造系统，2015（3）：716-723.

[43] 邓兴奕，亢恒．鼓形齿的成形磨削方法及其分析［J］．重庆大学学报，1989，12（4）：38-45.

[44] 吴焱明，王纯贤，韩江，等．齿向修形齿轮的数控加工技术［J］．制造技术与机床，2000（3）：32-34.

[45] 梁锡昌，邵明，吉野英弘，等．齿轮及其刀具制造的研究［M］．重庆：重庆大学出版社，2001.

[46] 方成刚，黄筱调，郭二廓，等．基于瞬时接触线的齿向修形刀位优化方法［J］．计算机集成制造系统，2014，20（2）：361-370.

[47] 郭二廓，黄筱调，方成刚，等．一种提高成形磨齿齿向修形精度的接触线优化方法［J］．计算机集成制造系统，2014，20（1）：134-141.

[48] 李国龙，李先广．拓扑修形齿轮附加径向运动成形磨削中的砂轮廓形优化方法［J］．机械工程学报，2011，47（11）：155-162.

[49] 赵飞，梅雪松，李光东，等．数控成型磨齿机加工误差在线监测及补偿［J］．机械工程学报，2013，49（1）：171-177.

[50] 张虎，方成刚，郭二廓，等．基于五轴运动优化的数控成形磨齿精密齿向修形［J］．计算机集成制造系统，2014，20（12）：3058-3065.

[51] 唐进元，聂金安，王智泉．螺旋锥齿轮 HFT 法加工的反调修正方法［J］．中南大学学报（自然科学版），2012，43（6）：2142-2149.

[52] 吴宝海，王尚锦．基于正向杜邦指标线的五坐标侧铣加工［J］．机械工程学报，2007，42（11）：192-196.

[53] 席光，吴广宽，郑建生．基于半径和角偏置的直纹面五坐标加工刀位生成算法［J］．机械工程学报，2008，44（4）：92-96.

[54] 朱利民，郑刚，张小明，等．刀具空间运动扫掠体包络面建模的双参数球族包络方法［J］．机械工程学报，2010，46（5）：145-157.

[55] 朱利民，卢耀安．回转刀具侧铣加工扫掠包络面几何造型及其应用［J］．机械工程学报，2013，49（7）：176-183.

[56] 丁汉，朱利民．复杂曲面数字化制造的几何学理论和方法［M］．北京：科学出版社，2011.

[57] 王可，赵文珍，唐宗军，等．异形螺杆加工中所用无瞬心包络法原理与实践［J］．制造技术与机床，1999（2）：37-38.

[58] 王可，赵文珍，唐宗军，等．异形螺杆无瞬心包络铣削技术研究［J］．中国机械工程，2001，12

（3）：294-296.

［59］ 赵文珍，何小妹，王伟，等．最小有向距离算法在螺杆加工中的应用［J］．中国机械工程，2002，13（5）：371-373.

［60］ 赵文珍，张新建．基于最小有向距离原理的无干涉刀位轨迹计算［J］．机械工程师，2007（10）：7-9.

［61］ 况雨春，吴龙梅，董宗正．螺旋曲面加工刀位轨迹数值算法研究与应用［J］．中国机械工程，2014（15）：2044-2048.

［62］ DING S，HUANG X D，YU C J，et al. Indentification of different geometric error models and definitions for the rotary axis of five-axis machine tools［J］．International Journal of Machine Tools and Manufacture，2016，100：1-6.

［63］ 丁爽，黄筱调，于春建，等．自由曲面加工全局干涉检验与刀位修正［J］．南京工业大学学报（自然科学版），2015，37（2）：59-64.

第四章

回转支承试验装备设计及试验研究

第一节　回转支承性能检测项目及参数

国内开始研究大型回转支承试验台的来源是因为风电机组零部件 20 年寿命要求及巨额赔偿，风力发电机轴承的过早失效一直是影响风力发电机运行可靠性的主要因素之一，偏航变桨回转支承更是其中非常重要的一环。世界风力发电机用轴承的市场一直由 SKF、FAG、NSK、罗特艾德（Rothe Erde）等世界著名轴承制造商主导，各公司有自己的检验标准和试验设备，作为各公司的商业机密，很难找到完整的资料。南京工业大学技术团队从 2008 年开始为国内风电厂商研制风电回转支承综合性能试验台，在摸索中探讨相关技术和标准，以及研发试验装备，由风电行业拓展到工程机械、盾构掘进装备等领域。

一、回转支承性能表征参数

衡量回转支承性能的参数指标主要有承载能力和起动力矩。

1. 承载能力

承载能力又分为静承载能力和动承载能力。静承载能力是指回转支承静止时允许承受的极限载荷；动承载能力则指回转支承运动时允许承受的极限载荷。承载能力与回转支承的旋转直径、截面尺寸以及滚珠滚子的形状和数量有关。通常，在轴承旋转直径和截面尺寸基本相同的情况下，静承载能力的大小由高到低依次为三排圆柱滚子组合回转支承、四点接触球回转支承、交叉圆柱滚子回转支承和双排异径球回转支承。动承载能力的大小由高到低依次为三排圆柱滚子组合轴承、交叉圆柱滚子轴承、四点接触球轴承和双排异径球轴承。

2. 起动摩擦阻力力矩

回转支承的起动摩擦阻力力矩简称起动力矩。起动力矩是代表回转支承的灵活性的指标，分为空载起动力矩和静载起动力矩。空载起动力矩是指无负载时，起动回转支承旋转的最小摩擦力矩。空载起动力矩一般是回转支承在组装车间组装完毕后测量的，相同规格的回转支承，空载起动力矩在一定的范围内波动。而静载起动力矩则是在一定的负载条件下，推动回转支承旋转的最小力矩。相同规格的回转支承，静载起动力矩在一定的范围内波动，静载起动力矩小说明灵活性好，需要根据实际工况进行合理选择。起动力矩的大小主要受滚子的形状影响，与滚道的接触条件有关。通常球轴承起动力矩小于滚子轴承，单排滚动体优于多排滚动体，有保持架优于无保持架。

二、回转支承试验标准

回转支承在各行业都得到了应用，但极大地促进了国内回转支承生产、试验标准的发展的原因却是风力发电机组的广泛应用。自 2008 年后因风电产品的巨大市场潜力和国家在风力发电方面的政策扶持，国内许多厂家投入风电回转支承的生产，由于缺乏统一的风电回转支承的技术要求、设计理论和生产工艺，因此至今还没有一个得到广泛认可的标准。自 2008 年以来，南京工业大学技术团队参与了国内多家回转支承综合性能试验台的研制，到 2021 年风电回转支承各厂家的试验依据标准如下：

Guideline for the Certification of Wind Turbines Edition 2010；

GB/T 29717—2013	滚动轴承　风力发电机组偏航、变桨轴承
JB/T 10471—2017	滚动轴承　转盘轴承
GB/T 24611—2020	滚动轴承　损伤和失效　术语、特征及原因
GB/T 3098.1—2010	紧固件机械性能　螺栓、螺钉和螺柱
ISO 6336-1：2019	Calculation of load capacity of spur and helical gears — Part 1：Basic principles，introduction and general influence factors
GB/T 10095.1—2008	圆柱齿轮　精度制　第 1 部分：齿轮同侧齿面偏差的定义和允许值
GB/T 10095.2—2008	圆柱齿轮　精度制　第 2 部分：径向综合偏差与径向跳动的定义和允许值
GB/T 18254—2016	高碳铬轴承钢
GB/T 308.1—2013	滚动轴承　球　第 1 部分：钢球

因为各主机厂和国外产品所提的试验方案不尽相同，回转支承属于轴承类的部件，可以参考滚动轴承的试验来总结和归纳适合回转支承的试验方案。

（一）回转支承标准

我国在 1978 年首次发布回转支承标准 JB/T 2300—1987，该标准来源于徐州回转支承公司引进的德国克虏伯 HRE 公司的回转支承的标准，后来该标准经过洛阳 LYC 轴承有限公司、安徽马鞍山方圆精密机械有限公司等的不断完善和修订，有了 JB/T 2300—1999、JB/T 10705—2007、JB/T 2300—2011、JB/T 10471—2017、JB/T 2300—2018 等标准。其中目前现行的 JB/T 10471—2017 和 JB/T 2300—2018 两个标准都规定了回转支承的术语和定义、符号、代号方法、结构型式、外形尺寸、技术要求、检测方法、检验规则、标志、包装、运输、贮存、安装和保养。其中，JB/T 10471—2017 则声明其适用于风电回转支承的生产检验和用户验收，而 JB/T 2300—2018 表明该标准可以适用于工程机械、矿山机械、港口机械、建筑机械及其他需要两部分相对回转运动的机械。

JB/T10705—2007《滚动轴承　风力发电机组主轴轴承》和 GB/T 29717—2013《滚动轴承　风力发电机组偏航、变桨轴承》明确规定：用于偏航回转支承结构形式为四点接触球式，变桨回转支承为双排同径四点接触球式。而美国国家可再生能源实验室（NREL）发布的《Guideline DG03 wind turbine design yaw and pitch rolling bearing life》中则说明：四点接触球式或单排交叉滚珠式都可以用于风机偏航、变桨轴承。

（二）滚动轴承寿命标准

我国发布的工程机械回转支承寿命的标准 JB/T 2300—1999，以工程机械回转支承为主要对象，规定回转支承寿命为 30000r，后来又出现了 JB/T 2300—2011 和 JB/T 2300—2018 这两个以工程机械回转支承的生产检验标准，JB/T 10705—2007 风电轴承标准则是风电回转支承的生产检验标准，上述几个标准都并未明确地说明回转支承的试验方法和回转支承的使用寿命。

回转支承寿命试验方法在回转支承标准文件中表述极其简略，JB/T 2300—2018 在附录中给出了寿命试验方法，摘录如下：一般情况下回转支承优先选择随主机进行寿命试验，判定合格性由双方协定；如果用户要求，可以在试验台上进行寿命试验，试验方案由双方协定。风电回转支承的寿命试验在 GBT 29717—2013 的 8.9 条，仅指示一个受力示意，当用户有特殊要求时，由制造厂和用户之间协商确定。

在查阅德国罗德艾德产品手册中，回转支承的寿命时间与使用的工况有关系，见表 4-1，那么我国的回转支承实际能够使用的寿命到底是多长时间呢？

表 4-1　德国罗德艾德产品手册中回转支承的使用寿命

应　　用		静 力 系 数	寿 命 系 数	满载寿命/r
浮式起重机（货运）		1.10	1.00	30000
移动式起重机（货运）				
塔式起重机	$M_{kru}<0.5M_k$	1.25	1.00	30000
	$0.5M_k \leqslant M_{kru} \leqslant 0.8M_k$		1.15	45000
	$M_{kru}>0.8M_k$		1.25	60000
	回转起重机（货运）		1.15	45000
	船厂起重机			
钢厂起重机		1.45	1.50	100000
移动式起重机（抓斗或重型爪）			1.70	150000
桥式起重机（抓斗/磁铁）				
斗轮挖掘机主要回转支承			2.15	300000

注：表中，M_k 为最大半径倾覆力矩（N·m），M_{kru} 为塔式起重机在无载荷条件下设备的预制倾覆力矩（N·m）。

由于回转支承与滚动轴承类似，下文就针对滚动轴承的寿命试验方法进行分析。1977年，国际标准化组织（ISO）首次以 Lundberg 等的 L-P 理论为基础制定滚动轴承寿命的标准，并命名为：滚动轴承额定动载荷和额定寿命（ISO 281：1977）。1984 年，Ioannides 和 Harrix 提出了 I-H 寿命理论，并对滚动轴承寿命公式重新进行了修订。1990 年，国际标准化组织接着重新制定了标准文件 ISO 281：1990。1996 年，Tallian 综合当时国际上寿命试验研究结果，把材料、冶炼工艺、表面粗糙度、表面缺陷、弹流润滑油膜、应力场特性（如残余应力）、环境洁净度和保养状况等多方面的因素作为概率系数来修正 L-P 的计算模型，称为 T 理论。2007 年，国际标准化组织根据 T 理论，再一次重新修订并制定了沿用至今的标准文件：ISO 281：2007。

其后各国标准机构依据 ISO 281：2007 的基本内容，并结合各国具体国情制定了自己的标准。其中，我国国家标准 GB/T 6391—2010《滚动轴承　额定动载荷和额定寿命》、英国标准 BS ISO 281：2007、瑞典标准 SS-ISO 281：2017、德国标准 DIN ISO 281：2010、印度标准 IS 3824：2014 等可与 ISO 281：2007 等效，规范内容相同。

ISO 281：2007 规定了滚动轴承基本额定动载荷的计算方法，适用于尺寸范围符合有关标准规定、采用当代常用优质淬硬轴承钢按良好的加工方法制造，且滚动接触表面的形状基本上为常规设计的滚动轴承。ISO 281：2007 还规定了基本额定寿命的计算方法，该寿命是与 90% 的可靠度、常用优质材料和良好加工质量以及常规运转条件相关的寿命。此外，ISO 281：2007 还规定了考虑不同可靠度、润滑条件、被污染的润滑剂和轴承疲劳载荷的修正额定寿命的计算方法，即

$$L_{nm} = a_1 a_{ISO} L_{10} \tag{4-1}$$

式中，a_1 为可靠度修正系数；a_{ISO} 为基于寿命系统方法的修正系数；L_{10} 为 L-P 理论计算失效率为 10% 的轴承寿命。

由于 Lundberg 的试验表明：滚子轴承和球轴承在不同压力下寿命分布不同，所以美国轴承制造商协会所制定的美国滚动轴承国家标准文件将两种标准文件分开，分别为 ANSI/ABMA 11：2014《Load rating and fatigue life for roller bearings》和 ANSI/ABMA 9：2015《Load rating and fatigue life for ball bearings》。两个标准文件都规定了具体类别轴承寿命及额定动载荷的符号定义、基本额定动载荷的计算方法、当量动载荷计算方法等。

现行的日本国家标准 JIS B1518：2013 是日本工业标准调查会以 ISO 281：2007 为基础，通过增加了术语及定义等变更技术内容而制定的日本工业标准。JIS B1518：2013 规定了轴承材料能够得到最佳合金钢硬度的淬火方法、滚动轴承的基本额定动载荷和规定的寿命计算方法。

现行俄罗斯标准文件 GOST 18855—1994 由苏联解体后成立的独联体标准化组织所拟定。该标准规定了以标准为基础的动态计算载荷的方法，以标准为基础的滚动轴承的具体结构和形式。与式（4-1）相同，俄罗斯标准规定了与轴承可靠度为 90% 的轴承寿命计算方法。

（三）滚动轴承试验分类标准

根据 GB/T 24607—2009《滚动轴承　寿命与可靠性试验及评定》，滚动轴承试验按试验目的分类见表 4-2。JB/T 50013—2000《滚动轴承　寿命及可靠性试验规程》则将滚动轴承试验分为鉴定试验、验收试验和验证试验，验收试验与定期试验用途不变。

表 4-2　滚动轴承试验按试验目的分类

试 验 分 类	用 途	说 明
鉴定试验	当轴承结构、材料、工艺变更时的试验	一般采用完全试验或截尾试验方法
定期试验	大批量生产的轴承,制造厂应定期向用户提供的试验	其质量要求同验证试验
验证试验	轴承用户的验收试验,行业及第三方认证机构的试验	一般采用截尾试验或序贯试验方法

　　GB/T 24607—2009 中还按滚动轴承试验方法进行了分类,见表 4-3。其中,截尾试验又可以细分为定时(数)截尾试验和分组淘汰试验。

表 4-3　滚动轴承试验按试验方法分类

试 验 分 类	试 验 方 法
完全试验	一组轴承样品,在相同试验条件下全部试验至失效
截尾试验	一组轴承样品,在相同试验条件下部分试验至失效
序贯试验	一组轴承样品,在相同试验条件下逐次对失效样品进行判定。一般失效套数达到 5 套,即可停试

　　试验主体的设计、加工及组装应当符合图样要求。试验样品安装后应转动灵活,不存在阻滞现象。滚动轴承试验调试过程中转速及载荷的误差应控制在±2%范围内。

(四)滚动轴承试验测量标准

滚动轴承试验测量标准见表 4-4。

表 4-4　滚动轴承试验测量标准

标 准 名 称	标 准 编 号	规 定 内 容
滚动轴承　测量和检验的原则及方法	GB/T 307.2—2005	确立了滚动轴承尺寸和旋转精度的测量准则,旨在概述所使用的各种测量和检验原则的基本原理
滚动轴承　振动测量方法	GB/T 24610.1—2019	规定了在所确立的测试条件下,旋转的滚动轴承的振动测量方法以及相关测量系统的标定
滚动轴承　摩擦力矩测量方法	GB/T 32562—2016	规定了滚动轴承摩擦力矩的测量方法
滚动轴承　振动(加速度)测量方法	JB/T 5314—2013	规定了滚动轴承振动(加速度)的测量方法
滚动轴承零件　表面粗糙度测量和评定方法	JB/T 7051—2006	规定了滚动轴承零件表面粗糙度的测量方法和评定方法
滚动轴承　清洁度评定方法	JB/T 7050—2005	规定了滚动轴承成品的清洁度评定方法

(五)滚动轴承试验物理量标准

　　不同类型的滚动轴承在寿命试验中施加的载荷形式都不同,标准文件中指出应当按照当量动载荷作为衡量试验载荷的方法。GB/T 24607—2009 中指出,当量动载荷 P 一般为额定动载荷 C 的 20%~30%。王坚永研究基准载荷选择 $0.22C$、$0.25C$、$0.28C$ 时,加速倍数介于 1.1~2 之间。孟瑞等介绍了目前大多数回转支承厂家采用 $0.25C$ 作为疲劳试验载荷,$0.5C$ 作为加速试验载荷。

　　在我国黑色冶金行业标准文件 YB/T 5345—2014《金属材料　滚动接触疲劳试验方法》和机械行业标准文件 JB/T 10510—2005《滚动轴承材料接触疲劳试验方法》中提及,对于轴承钢材料，试验压力应当按照接触应力进行选取，应在零件实际工作应力范围内选择 4～5 级的应力水平。最低试验应力选择实际工作应力的下限，然后逐级上升确定各试验应力。相邻两级应力的级差根据接触方式确定，点接触应力级差宜比线接触的大，点接触的应力级差选择 250～400MPa，线接触的应力级差选择 180～300MPa 为宜。由于回转支承应用于风机偏航、变桨轴承中属于四点接触球式，应当参考 JB/T 10510—2005《滚动轴承材料接触疲劳试验方法》中给出的点接触最大应力计算方法，见式（4-2），通过点接触最大应力的值可以计算出在合理范围内施加载荷的最大值。

$$\sigma_{max} = \frac{852.6}{\alpha\beta} \sqrt[3]{(\sum\rho)^2 F} \tag{4-2}$$

式中，σ_{max} 为最大接触应力（MPa）；F 为接触点所受法向载荷（N）；$\sum\rho$ 为试样与陪试件接触处的主曲率之和（mm^{-1}），$\sum\rho = \rho_{11} + \rho_{12} + \rho_{21} + \rho_{22}$；$\alpha$、$\beta$ 为点接触变形系数。

滚动轴承寿命试验中转速的选取，根据 JB/T 50013—2000，在寿命试验中转速不应超过轴承极限转速的 60%，而 GB/T 24607—2009 中直接表明：试验转速为极限转速的 20%～60%。

（六）滚动轴承试验失效标准

试验过程中，美国可再生能源实验室以回转支承滚道出现第一个剥落点为失效判定准则。在滚动轴承方面，失效判别为剥落深度或剥落面积达到一定程度，不同标准对轴承的疲劳失效判别稍有不同，见表 4-5。除此之外 GB/T 24607—2009 规定：①轴承样品零件散套、断裂、卡死。②密封件变形。③润滑脂泄漏、干结等都应当算为失效。

表 4-5　滚动轴承试验疲劳失效标准

标 准 名 称	标 准 编 号	规定疲劳失效判定方法
滚动轴承　寿命与可靠性试验及评定	GB/T 24607—2009	剥落深度≥0.05mm；剥落面积：球轴承零件≥0.5mm²，滚子轴承零件≥1.0mm²
滚动轴承　寿命及可靠性试验规程	JB/T 50013—2000	
金属材料　滚动接触疲劳试验方法	YB/T 5345—2014	深层剥落面积≥3mm²；麻点剥落（集中区），在 10mm² 面积内出现麻点率达 15% 的损伤
滚动轴承材料接触疲劳试验方法	JB/T 10510—2005	试样应力循环带上出现疲劳剥落总面积≥0.5mm²；陪试件上出现疲劳剥落总面积≥0.2mm²

目前国内在回转支承疲劳剥落总面积上没有明确规定，但是要求试验遵守 GB/T 24607—2009 中剥落深度≥0.05mm，剥落面积：球轴承零件≥0.5mm² 的要求。为检测滚动轴承疲劳失效，需要每隔 50h 或 100h，把轴承拆卸一次，进行检查，这对于小轴承来说可以方便做到，但是对于直径在 1m 及以上的大型回转支承来说，由于回转支承及其试验台非常巨大，拆卸安装一次非常不容易，所以这个指标检测非常难以执行。因此，本书提出采用测试参数的变化来进行评价，详细内容见第五章和第六章。

（七）直驱风力发电机组 偏航、变桨轴承型式试验技术规范

在 2018 年，多家风机的主机厂和部件厂共同制定了 NB/T 31141—2018《直驱风力发电机组　偏航、变桨轴承型式试验技术规范》，这是目前我国在大型风力发电机中制定最为详细的试验大纲标准。随着绿色能源的使用越来越多，装机的风力发电机从 2019 年的 3～4MW 的装机机型快速发展到 2021 年的 8MW 主力机型，很多头部的主机厂都开始了 13MW、

15MW、16MW 的研制，该标准为未来我国风电相关技术的发展起到了巨大的推动作用。

NB/T 31141—2018 的说明：

型式试验是为了验证轴承采用的设计方法、制造工艺能否保证轴承产品满足设计使用要求。有下列情况之一时，应进行型式试验或评估是否应进行型式试验。

1）轴承的设计方法、制造工艺未能通过验证或未进行验证时。

2）轴承的设计方法、制造工艺发生重大的变更，可能影响轴承的性能时。

3）轴承的设计结构、原材料、润滑油脂、密封等发生重大变化，可能影响轴承的性能时。

注意：润滑油脂发生重大变化是指润滑油脂未经行业验证、广泛使用的情况。

若产品的设计方法、制造工艺已经通过型式试验验证，采用相同设计方法、制造工艺的新型号产品可以不进行型式试验，但应向用户提供详细的计算、验证报告，并得到用户认可。

偏航、变桨轴承型式试验项目包括：外圈疲劳强度评估试验、极限载荷试验、疲劳寿命试验、微动磨损试验（选做）、密封性能试验。

以上是对国内回转支承试验标准的一些综述，实际应用时在试验标准的基础上，各主机厂和部件厂由于关注内容不一样，所以在每一次进行试验前，制订的具体试验大纲会有所不同。

三、回转支承试验大纲及监测参数

（一）回转支承试验目标

回转支承在进行国产化的道路中，试验台发挥了巨大的作用。回转支承在生产初期，主要是根据国外图样加工，不同国家及不同生产厂家要求的试验大纲并不相同，而我国并没有统一的试验标准，所以试验方案基本是由生产厂家和主机厂协商解决，因此回转支承的试验大纲种类繁多。南京工业大学根据查阅国外资料，整理出来几种试验大纲：研发型试验、型式试验、出厂试验等提供给相关生产厂家使用；后来国内各回转支承生产厂家根据自己以往的轴承生产工艺，形成了有本厂工艺特点的型式试验和出厂试验大纲。目前，由于海上风机正在开发的 8MW 以上主力机型是直驱、半直驱风机，所采用的试验规范以 NB/T 31141—2018 为准，以极限载荷试验、疲劳寿命试验为主，由风机主机厂相关技术人员提出的试验方案是与部件厂家协商后确定。

（二）试验大纲分类

1. 型式试验、出厂试验

例 1：甲公司 2020 年型式试验大纲目标

为了验证 2D 机型风力发电机组变桨轴承是否符合设计和使用要求，尤其是验证变桨轴承以下性能是否满足要求，所以对变桨轴承做全寿命型式试验。

1）检验成品轴承参数是否满足会签图样的要求。

2）检验轴承在实际平均载荷下的运行性能、刚性、密封性能。

3）检验轴承是否能够承受用户提供的风机极限载荷。

4）检验轴承在等效疲劳载荷作用下是否会出现异常磨损。

例 2：乙公司 2020 年出厂试验大纲目标

1）检验成品轴承参数是否满足会签图样中的安装要求。

2）检验轴承在承受疲劳等效载荷作用下的运行性能。

3）对比试验前后轴承各零部件状态，是否存在异常。

2. 全寿命试验和加速疲劳试验

例1：丙公司 2012 年 2.5MW 变桨轴承的疲劳寿命试验

为获取回转支承全寿命数据，轴承疲劳试验以 GL2010 版风机认证 S-N 曲线，按材料疲劳极限的应力循环次数为 10^6 进行寿命计算；以 DF110-2500 风机疲劳载荷谱中 $m=9$ 的载荷作为变桨轴承加载载荷；轴承试验转速取风机变桨最大转速。通过出厂试验，试验台载荷系数修正为 1.2。理论计算轴承寿命为 1684h，约 70 天。疲劳寿命自 2012 年 3 月 26 日 8：00 开始，以温度平衡为计时依据，至 2012 年 6 月 15 日 9：00 结束，轴承共满载运行 71.6 天。

例2：南京工业大学 2013 年工程机械回转支承加速疲劳寿命试验

某公司工程机械用 QNA-730-22 内齿式单排四点接触球回转支承作为试验对象，其相关特性见表 4-28，该试验在南京工业大学 1000 型试验台上进行。

本回转支承主要用于 6t 挖掘机，以倾覆力为主要研究目标。查阅国标，最相近的 QNA-710-20 承载能力基本在回转支承加载能力范围内，取轴向力 96kN、倾覆力矩 240kN·m 为 100%极限载荷，试验中按 25%、50%、75% 和 100% 逐级递增加载，直至回转支承损坏为止，共持续 12 天。

例3：南京工业大学 2018 年开展的三排柱回转支承疲劳寿命

为获取全寿命试验数据，为三排柱回转支承仿真和故障诊断积累试验数据，对回转支承满载连续运转，直至遇到明显故障停机，获得回转支承疲劳寿命，验证疲劳寿命理论和疲劳寿命仿真有效性。

3. 特殊要求研究性试验（测试转矩、承载能力）

例1：某公司为测试变桨、偏航轴承摩擦力矩试验轴承信息（2018 年）。

通过变桨轴承和偏航轴承的型式试验台测试变桨轴承和偏航轴承在几种水平载荷下的驱动力矩，以分析总结出变桨轴承和偏航轴承的摩擦力矩。

例2：南京工业大学为研究四点球轴承、三排柱回转支承的承载能力，进行静态受力条件下测量应力和变形。

对三排柱回转支承内圈内侧圆周方向应变分布进行了检测，旨在了解回转支承在静力状态构建内侧圆周方向的应变分布情况，将应变转化为应力，获得回转支承的载荷分布，与回转支承非线性弹簧模型进行对比，验证非线性弹簧代替滚子模型、非线性弹簧和壳单元代替滚子模型的有效性，寻找代替滚子有限元简化计算的最佳方法。

4. 选做试验

经过近十多年的风电装机，发现风机偏航轴承相对损坏不多，而变桨轴承的损坏主要是部分几个齿不断在叶片微动的作用下发生反复磨损，或是由于叶片的振动在齿根部的变桨回转支承滚道产生微动磨损。因此在 NB/T 31141—2018 中，增加了可以选做的微动磨损试验，微动磨损试验中分为滚道微动磨损试验和齿面微动磨损试验。国内一些实力雄厚的主机厂可对轴承厂所提供的变桨轴承进行质量对比，开始对滚道和齿面的微动磨损进行研究，而有实力的轴承厂家也选择用带轮毂的单叶片变桨回转支承试验台对所开发的轴承在优化轴承滚道、轮齿的设计，以及保证承载能力的前提下，提高滚道、轮齿抵抗微动磨损的能力。

(三) 监测参数

回转支承试验台测试参数见表4-6。

表4-6　回转支承试验台测试参数

序　号	检测参数名称	记录格式	备　注
1	加载的轴向力、径向力和倾覆力矩	低速采集/保存	等间隔保存，采样频率10~100Hz
2	运行驱动转矩	低速采集/保存	等间隔保存
3	轴承实时转速	低速采集/保存	等间隔保存
4	轴承运转的圈数	低速采集/保存	等间隔保存
5	轴承的振动加速度	高速采集/每小时保存3~5min采样数据	采样频率必须>1kHz
6	运行温度和环境温度	低速采集/保存	等间隔保存
7	内、外圈相对偏移变形量	低速采集/保存	等间隔保存
8	有无卡阻点、有无异常声音（采用听筒、耳听或手持声级计）	手工记录	每小时记录一次

四、试验项目及操作步骤

(一) 加载方式

根据回转支承类型，选择施加径向力、轴向力和倾覆力矩载荷。

(二) 轴承试验载荷计算

1. 风电回转支承试验载荷

某变桨回转支承疲劳载荷与极限载荷见表4-7。

表4-7　某变桨回转支承疲劳载荷与极限载荷

疲 劳 载 荷			极 限 载 荷		
径向力/kN	轴向力/kN	倾覆力矩/kN·m	径向力/kN	轴向力/kN	倾覆力矩/kN·m
199.5	439.0	6170.1	447.5	948.6	14056.7

加速疲劳寿命载荷：根据加速因子计算出加速疲劳载荷。

2. 工程机械回转支承试验载荷

根据 JB/T 2300—2018 中的回转支承承载能力曲线，以四点球轴承为例，折线1和折线2分别为静态曲线和寿命曲线，在折线 ABC 下方的安全区域选择施加载荷轴向力 F_a 和倾覆力矩 M，因径向力 F_r 较小，可以不加。如图4-1所示，回转支承承载能力曲线与螺栓的强化等级有关系。

(三) 加载试验过程

1. 型式试验

某公司以表4-8所示方式加载，总累积试验时间不少于5.5h。

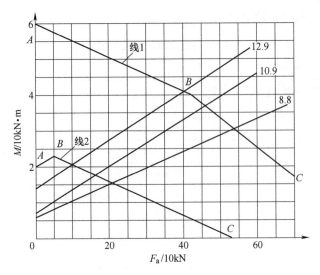

图 4-1　回转支承承载能力曲线

表 4-8　型式试验加载

序号	载　荷			运转时间 /min	运转速度 /(r/min)
	径向力/kN	轴向力/kN	倾覆力矩/kN·m		
1	25%疲劳载荷	25%疲劳载荷	25%疲劳载荷	10	1（摆动）
2	50%疲劳载荷	50%疲劳载荷	50%疲劳载荷	10	1（摆动）
3	75%疲劳载荷	75%疲劳载荷	75%疲劳载荷	10	1（摆动）
4	100%疲劳载荷	100%疲劳载荷	100%疲劳载荷	18000	1（摆动）

2. 极限载荷加载

采用逐步加载方式，按 25%、50%、75%、100%的比例加载至径向、轴向、倾覆极限载荷，加载时间分别为 2min、2min、2min、1min，见表 4-9。疲劳试验前、后各加载 1 次。

表 4-9　极限载荷加载

序号	载　荷			运转时间 /min	运转速度 /(r/min)
	径向力/kN	轴向力/kN	倾覆力矩/kN·m		
1	25%极限载荷	25%极限载荷	25%极限载荷	2	1（摆动）
2	50%极限载荷	50%极限载荷	50%极限载荷	2	1（摆动）
3	75%极限载荷	75%极限载荷	75%极限载荷	2	1（摆动）
4	100%极限载荷	100%极限载荷	100%极限载荷	1	1（摆动）

3. 加速疲劳加载

根据轴承疲劳载荷逐步加载并进行加速疲劳试验，见表 4-10。

表 4-10　加速疲劳载荷加载

序号	加速疲劳载荷			运转时间 /min	运转速度 /(r/min)
	径向力/kN	轴向力/kN	倾覆力矩/kN·m		
1	25%	25%	25%	10	1.5（摆动）
2	50%	50%	50%	10	1.5（摆动）
3	75%	75%	75%	10	1.5（摆动）
4	100%	100%	100%	21910	1.5（摆动）

注意：试验载荷误差应控制在±10%范围，转速误差应控制在±5%范围内，具体以试验机实际数据为准。加速疲劳载荷的大小与加速因子有关，计算方法见本章第五节及第六章第二节。

在疲劳加载试验中，各厂家试验的时间不尽相同，采用100%极限载荷的情况下，有的加载365h，有的加载480h，有的是连续运转，有的是正反交替。试验类型不统一，表明各厂家试验目标不同，对各自产品的设计要求不同，因而回转支承产品可靠性求证方法也不同。持续时间长短目前尚无严格理论作为支撑，但是如何与实际寿命对应，还需要严格的理论证明。

4. 全寿命试验

（1）定时截尾试验　考核回转支承在额定载荷下运转一定的圈数，如果未出现故障即视为产品合格。

如某公司风电回转支承70天疲劳寿命试验，以滚珠转动 10^6 次所运行的圈数为评价标准。

如工程机械回转支承考核回转支承在额定载荷下运转30000r，如果未出现故障即视为产品合格，如南京工业大学的加速疲劳试验。

（2）完全试验　回转支承在额定载荷下运转，直到出现故障为止。此故障可以是温度异常，或是回转支承卡死无法运转为止，如南京工业大学的工程机械加速寿命试验。

（四）试验流程

1. 试验准备

回转支承应经出厂检测合格，检测结果应存档，以便与试验后结果进行对比。检测项目需至少包含以下项目（检测设备需在有效检定日期内）。

1）试验设备检查，确认试验台满足试验要求。

2）检查回转支承连接螺栓的数量、直径、性能等级、预紧力满足技术要求。

2. 试验安装

将试件按照风电轴承安装使用说明书进行安装，轴承内圈软带置于水平位置。

3. 试验测试

按表4-8~表4-10加载，完成型式试验、极限载荷加载、疲劳载荷加载。

4. 试验记录

（1）手动记录　型式试验及极限载荷加载试验期间，每间隔5min手动记录一次轴承运转状态（不满5min，按照实际间隔时间记录）；进行疲劳载荷试验时，第1天每间隔0.5h记录一次数据，第2~7天按照每间隔1h记录1次纸质记录，1星期后按照每间隔2h记录1

次纸质记录。试验数据记录应统一制定表格格式，记录应详细、清晰，以便检查。手动记录应作为试验文件之一提交给用户。

（2）自动化记录　试验过程中自动采集同一时间节点的驱动转矩、试验轴承转速、加载载荷、轴承温度、环境温度和湿度，如果要进行振动分析，需要对加速度进行数据采集等。自动化记录一般要打印出来作为试验文件之一提交给用户。详见第四章第四节。

五、试验记录表

试验完毕后要做好试验报告，管理规范的生产厂家一般有下列记录表，图文并茂，并拍摄相关试验过程和拆卸后的照片，填写被试件相关检测参数和描述文字。记录表内详细内容不做赘述。

1）设计参数检验记录表。

2）极限承载试验记录表。

3）轴承内外滚道性能检测记录。

4）轴承钢球性能检测记录。

5）轴承保持架性能检测记录。

6）轴承密封条性能检测记录。

7）轴承油脂性能检测记录。

第二节　国外回转支承试验台现状

回转支承尺寸巨大、规格多样、受载复杂，导致回转支承试验台开发的技术难度大、成本高，为此世界上很多科研院所和国际著名的大型回转支承研发制造企业已经建立回转支承试验系统。

一、斯洛文尼亚卢布尔雅那大学试验台

斯洛文尼亚卢布尔雅那大学机械系的 Zupan、Pribel 等长期以来一直从事回转支承相关技术的研究，在 2008 年以前基于研究目的开发了一套小型回转支承试验系统，如图 4-2 和

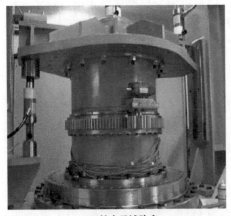

a) 回转支承试验台　　　　　　　　　　　b) 滚道磨损试验

图 4-2　卢布尔雅那大学回转支承试验台及滚道磨损试验系统

图 4-3 所示。该试验系统可对单一规格
（φ644mm）的回转支承做综合性能的试
验研究，除了可对回转支承进行复杂载荷
的组合加载，在试验过程中回转支承还做
一定的回转运动。研究者通过对回转支承
运行过程中的振动、摩擦阻力矩、磨损量
等重要参数的测量，估计回转支承的运行
状态、破坏程度等，并在此基础上提出了
一些具有创新性的观点，对回转支承的优
化设计具有一定的指导作用。

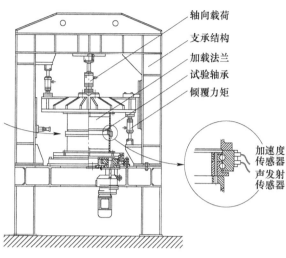

图 4-3　卢布尔雅那大学试验台的结构简图

　　该回转支承试验装置的被测回转支承
水平放置，通过 3 个液压缸来实现轴向力
F_a、径向力 F_r 和倾覆力矩 M 的加载。试
验台上部分固定并加载轴向力和倾覆力
矩，连接回转支承的下部分旋转通过液压
马达驱动。试验台能够实现部分主要参数的连续数据测量，包括倾覆力矩变化、测试轴承的
滚动阻力、静态结构和轴承圈的压力、预紧螺栓应力变化和变形、轴承套圈温度、振动加速
度、裂纹监测等。

二、德国 Rothe Erde 回转支承试验台

　　德国 Rothe Erde 公司是世界上最著名的回转支承制造企业之一，其风电回转支承产品的
质量也已得到世界的公认，其成绩的取得离不开其完善的试验系统，如图 4-4 所示。该试验
系统的主要特征在于回转支承模拟变桨轴承的实际工作状态，采用竖式安装，数据采集的结
果更接近变桨回转支承的实际工作数据。

三、德国 FAG 大型风电机组轴承试验机

　　针对大型风电机组，德国 FAG 公司的大型轴承试验机获选德国"创想之国 365 地标"
称号，如图 4-5 所示。该试验台投资约 700 万欧元，于 2011 年 11 月投入使用。

图 4-4　Rothe Erde 变桨回转支承试验台

图 4-5　德国 FAG 公司的大型风电机组轴承试验机

该试验机试验尺寸：长 16 m，宽 6 m，高 5.7 m，模拟真实工况试验，可以测量直径 3.5 m、重达 15 t、6MW 的风机主轴轴承。该轴承试验机具备翻转功能，方便安装，能够模拟不同工况、不同场合下大型风电轴承的工作载荷；试验台主要包括五个组件：驱动系统、装载架、辅助轴承、试验轴承和张紧框架，其加载方式为液压驱动加载，试验台由 8 个径向和轴向油缸模拟现实负载，大约 500 个螺栓用于安装辅助轴承和试验轴承。径向液压缸模拟带转子叶片的转子轮毂的重量，轴向液压缸仿真风的作用力。每一个径向液压缸能够产生最大为 1MN 的力，轴向能够提供 1.5MN 的加载力，可提供静态和动态加载力，试验台的转速为 10~30r/min。试验台中有 300 多个传感器，可提供轴承的温度、润滑情况和磨损量等信息。

四、德国弗劳恩霍夫 BEAT6.1 试验台

德国的弗劳恩霍夫风能系统研究所近年来在回转支承试验台方面取得了一定突破，该机构所研发的 BEAT6.1 试验台（见图 4-6）可对 10MW 风机的回转支承开展耐久性试验，已于 2018 年完成调试，并对直径 5m 的双排球回转支承开展了高加速寿命试验，计划通过 6 个月试验模拟其 20 年的使用寿命。该试验台运行过程中，可通过 7 个液压缸对转子叶片与风力涡轮机旋转所产生的负载进行模拟，最大可施加 50MN·m 的静态倾覆力矩，具有 500 个高分辨率测量通道和冗余数据库的测量系统。

五、SKF 风机主轴轴承试验台

SKF 公司在 2017 年研制出了一个大型主轴轴承试验台，如图 4-7 所示。它不仅可以测试单个风力发电机轴承（外径最大为 6 m），而且能测试包括配套的用户部件在内的完整轴承组件。该巨型测试台外形尺寸约为 9 m×11 m×8 m，重约 700 t，配备了多达 64 个径向和轴向排列的液压缸。该液压缸通过分组组合加载，可以实现无级变换加载，多个液压缸工作可以实现的最大动载荷为轴向力 8000kN、径向力 8000kN、倾覆力矩 40000kN·m，轴承转速可达 30r/min。此设备除了能够模拟轴承的实际工况，还能够检测试验轴承的各种润滑剂的分布、摩擦性能、弹性变形、轴承温升以及其他轴承参数，并能在试验时回收设备余热并将其输入附近 SKF 工厂的供热系统。

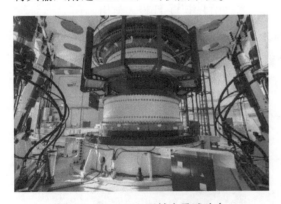

图 4-6　BEAT6.1 回转支承试验台

图 4-7　SKF 主轴轴承试验台

六、日本 NTN 风电机组轴承试验机

日本 NTN 公司 2012 年在三重县自社工厂设计建造了世界上最大的风电机组轴承试验机，名为 WIND LAB，如图 4-8 所示，现已正式投入使用。

该轴承试验台的主轴外圈直径可达 4.2 m，尺寸约为 14 m（长）×9 m（宽）×7 m（高），适用于 2~10MW 的风机轴承。加载方面使用六个液压缸在竖直和水平方向上对轴承施加载荷，以再现实际风力发电机工作的环境，进行轴承的详细技术分析和规格测试。除了正常工况外，该试验台还能在极限载荷下进行测试，可以监测不同型号的轴承，如球面滚子轴承和圆锥滚子轴承，满足用户的实际需求。该试验台具备独自开发的远程智能状态监控系统，可用于结构紧凑化的风力发电装置，可保证对支承叶片旋转的超大直径和变速器发电机用中小直径等机舱内各类型轴承，进行完整的诊断解析及高强度耐久性测试。

七、日本 KOYO（NSK）盾构机回转支承试验台

日本 KOYO（NSK）公司在 2009 年以前设计了如图 4-9 所示的盾构机回转支承试验台，通过分析整体式和分体式回转支承的使用性能，发现在盾构机应用领域中，分体式回转支承具有更突出的优势，该公司对盾构机回转支承进行了不同工况下的试验研究。该试验台使用背对背的安装方式，通过液压缸进行加载，采用液压马达驱动，对回转支承进行振动、温度和力的测量。

图 4-8　日本 NTN 大型风电机组轴承试验机[48]　　　图 4-9　日本 KOYO（NSK）盾构机回转支承试验台

八、韩国首尔国立大学偏航轴承的性能测试试验台

韩国首尔国立大学研发了偏航轴承的性能测试试验台，如图 4-10 所示。该试验台能够评估轴承的疲劳寿命和静态加载性能，可以再现实际操作条件，例如 6 个自由度的动态载荷和两个方向的轴承旋转。结构分析和初步摩擦力矩测试表明，该试验台适用于 2.0~3.0MW 级风力涡轮机的变桨和偏航轴承。该试验台主要包括 7 个主要部分：顶部主组件、顶部框架侧组件、底座组件（用来安装轴承）、竖直支承组件（支持轴向力的加载）、水平支承组件（支持径向力的加载）、顶部框架支承组件、更换轴承支承组件。

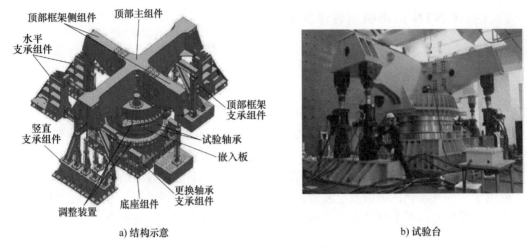

a) 结构示意　　　　　　　　　　　　　　　　b) 试验台

图 4-10　韩国首尔国立大学偏航轴承试验台

九、澳大利亚卧龙岗大学试验台

澳大利亚卧龙岗大学在 2015 年研制了回转支承试验台，如图 4-11 和图 4-12 所示。该试验台旨在复制回转支承在钢厂制造中的实际工作环境：低转速、高负荷和多灰尘等特点。该试验台进行了疲劳寿命加速试验，测量的参数包括温度、加速度以及声信号，为研究实际工况下的回转支承工作状态奠定了基础。

图 4-11　卧龙岗大学回转支承试验台

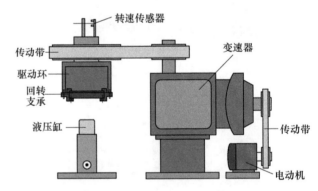

图 4-12　试验台的工作原理

十、法国 LGMT 实验室回转支承试验系统

法国 LGMT 实验室回转支承试验系统如图 4-13 所示。该试验系统只能对某一特定规格的回转支承做静载试验，通过在安装结构和螺栓位置贴应变片对相关位置的应力、应变做检测，测试一周中螺栓和结构的应力分布情况，试验过程中回转支承不做回转运动。该试验系统加载方式简单，只能按一定比例加载轴向力和倾覆力矩，不能模拟回转支承复杂的受载情况。

图 4-13　法国 LGMT 实验室回转支承试验系统

第三节　国内回转支承试验台现状

从 2008 年开始，国内的风电行业发展迅速，进口回转支承已不能满足国内高速增长的需要，国内风电回转支承生产厂家如雨后春笋般出现。随着风电行业 20 年寿命的要求，使得国产厂家也非常关注回转支承使用寿命问题，同时为了研发新产品，检验新产品的性能，一些大型的回转支承厂家开始研发回转支承试验台。2008 年受三一集团委托，南京工业大学技术团队开始进行回转支承试验台研发，2009 年我国第一台全自动回转支承综合性能试验台在马鞍山方圆精密机械有限公司投入使用，随后洛阳 LYC 轴承有限公司、上海欧际科特回转支承有限公司、大连冶金轴承股份有限公司以及成都天马铁路轴承有限公司等各大回转支承的生产厂家也建造了适合风力机的回转支承试验台。随着风力发电覆盖区域的扩大，风机从陆上向海上扩张，研发的风机装机功率从 1MW、1.5MW 发展到现在的 16MW，我国主流风机的装机功率从 1.5MW 扩大到现在的 8MW，其中 2021 年，中国东方电气集团有限公司的 7MW 风电变桨回转支承也已生产下线，并进行了出厂试验，部分主机厂也在研发 10MW 及以上的风机，其中 16MW 风机在 2022 年 11 月下线。

回转支承的设计从最初国内主机厂购买国外回转支承图样进行生产到现在自主研发，走过了艰难的路程，特别是回转支承从风机到港口机械，再到挖掘隧道的盾构机，逐步国产化，回转支承试验台为我国自行研发关键部件回转支承发挥了巨大的作用。2021 年元旦，国内最大的回转支承试验台：洛阳 LYC 轴承有限公司的盾构风电回转支承试验台投入使用，这是目前国内最大也是全亚洲最大的回转支承试验台。2023 年 20MW 风电变桨轴承试验台也在研发文中。

本节内容总结国内出现过的主要回转支承厂家及其试验台，进而总结其设计特点。

一、三一集团索特传动设备有限公司 3MW 风电回转支承试验台

三一集团索特传动设备有限公司（以下简称三一索特）是我国最早提出回转支承试验台研发的单位，在 2008—2009 年由南京工业大学和三一索特相关技术人员共同研发的国内第一台多功能回转支承试验台（见图 4-14），开始了国内相关技术的研究和探索。该试验台

通过对三一索特生产的回转支承相关产品的梳理，在 2008 年，以超前的 3MW 风电回转支承为试验研究对象，从而确定了试验台的结构尺寸范围、加载载荷及转动速度的大小，该试验台功能虽然不是非常完善，但这是我国后续回转支承试验台的雏形。该试验台采用了多液压缸加载，双驱动头驱动，载荷和转速可调，可以对多种规格（2000～3800mm）的回转支承进行试验，是国内当时相对先进的试验装置。该试验台的技术参数见表 4-11。

图 4-14　三一索特 3MW 风电回转
支承试验台（2008 年）

表 4-11　三一索特 3MW 风电回转支承试验台的技术参数

序　号	参 数 项 目	参 数 指 标
1	最大加载轴向力/kN	6525（推），3141（拉）
2	最大加载径向力/kN	1500
3	最大加载倾覆力矩/kN·m	10000（拉），28903（推）
4	液压马达最大转速/（r/min）	20
5	试验回转支承最大直径/mm	1500～3800
6	试验回转支承最大幅高/mm	800
7	总功率/kW	75（驱动），37（加载）
8	试验台外形尺寸（长度×宽度×高度）/mm	9000×5700×3450
9	试验台质量/t	不详
10	出厂时间	2008 年 12 月

二、马鞍山方圆精密机械有限公司回转支承试验台

（一）工程机械回转支承试验台

马鞍山方圆精密机械有限公司是我国工程机械回转支承行业的领头羊，主要产品集中在直径 500～2000mm，2009 年受马鞍山方圆精密机械有限公司委托，南京工业大学技术团队为其主流产品开发 1.6m 工程机械回转支承试验台，其外形如图 4-15 所示，技术参数见表 4-12。

该试验台安装筒体直径为 1.6m，可以通过转接盘缩小和扩大试验件试验范围，该试验台集成了各种反映回转支承在试验过程中的参数性能变化的传感器：加载力、转速、转矩、滚道油脂温度、回转支承振动加速度、试验台

图 4-15　马鞍山方圆精密机械有限公司 1.6m
工程机械回转支承试验台（2009 年）

功率等，是国内第一台严格意义的综合性能回转支承试验台。南京工业大学为此对四点球轴承回转支承的结构、承载能力、摩擦力、振动监测、故障诊断方法、故障产生机理等方面进行了深入的研究。

表 4-12　马鞍山方圆精密机械有限公司 1.6m 工程机械回转支承试验台的技术参数

序　号	参数项目	参数指标
1	最大加载轴向力/kN	400~2000
2	最大加载径向力/kN	40~200
3	最大加载倾覆力矩/kN·m	800~4000
4	液压马达输出最大转矩/kN·m	20
5	液压马达最大转速/(r/min)	5~20
6	驱动马达个数	2
7	试验回转支承最大直径/mm	500~2000
8	试验回转支承最大幅高/mm	不详
9	总功率/kW	200
10	试验台外形尺寸（长度×宽度×高度）/mm	10000×3000×3000
11	试验台质量/t	约40
12	出厂时间	2009 年 2 月

（二）3~5MW 偏航、变桨试验台

随着 2008 年后中国风电行业的异军突起，风电回转支承的需求与日俱增，马鞍山方圆精密机械有限公司于 2012 年后也开始进入风电行业，随着风电功率的加大，回转支承的尺寸也随之增大，因此在 2015 年委托南京工业大学开发可以进行 3MW 极限试验和 5MW 疲劳试验的风电回转支承试验台。该偏航、变桨试验台采用 2 个机械本体，但共用液压系统、测控系统，该偏航、变桨试验台于 2018 年投产。该试验台是在南京工业大学已有十年回转支承试验台设计的基础之上进行的改进，在结构设计、测试功能、数据分析等方面都比较成熟。马鞍山方圆精密机械有限公司 3~5MW 偏航试验台的外形如图 4-16 所示，技术参数见表 4-13。马鞍山方圆精密机械有限公司 3~5MW 变桨试验台的外形如图 4-17 所示，技术参数见表 4-14。

图 4-16　马鞍山方圆精密机械有限公司 3~5MW 偏航试验台（2018 年）

表 4-13　马鞍山方圆精密机械有限公司 3~5MW 偏航试验台的技术参数

序　号	参 数 项 目	参 数 指 标
1	最大加载轴向力/kN	500~3000
2	最大加载径向力/kN	250~1560
3	最大加载倾覆力矩/kN·m	4000~21000
4	液压马达输出最大转矩/kN·m	不详
5	液压马达最大转速/(r/min)	0.05~6
6	驱动马达个数	2
7	试验回转支承最大直径/mm	1200~3800
8	试验回转支承最大幅高/mm	不详
9	总功率/kW	600
10	试验台外形尺寸（长度×宽度×高度）/mm	8000×6000×4000
11	试验台质量/t	200
12	出厂时间	2018 年 12 月

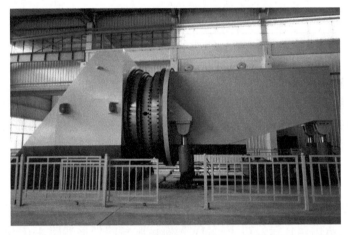

图 4-17　马鞍山方圆精密机械有限公司 3~5MW 变桨试验台（2018 年）

表 4-14　马鞍山方圆精密机械有限公司 3~5MW 变桨试验台的技术参数

序　号	试验台技术参数	试验台指标
1	最大加载轴向力/kN	400~1920
2	最大加载径向力/kN	100~660
3	最大加载倾覆力矩/kN·m	4000~21000
4	液压马达输出最大转矩/kN·m	不详
5	液压马达最大转速/(r/min)	0.1~6
6	驱动马达个数	2
7	试验回转支承最大直径/mm	1200~3500
8	试验回转支承最大幅高/mm	不详

(续)

序　号	试验台技术参数	试验台指标
9	总功率/kW	600
10	试验台外形尺寸（长度×宽度×高度）/mm	10000×4500×5000
11	试验台质量/t	200
12	出厂时间	2018 年 12 月

三、上海欧际柯特回转支承有限公司 3~5MW 风电回转支承试验台

南京工业大学技术团队开发的上海欧际柯特回转支承有限公司（以下简称欧际柯特）3~5MW 风电回转支承试验台如图 4-18 和图 4-19 所示。该试验台于 2010 年年底交付，实际运行效果良好。该试验系统具有完善的加载系统和测控系统，可以模拟各种复杂载荷的组合，试验过程中回转支承做回转运动，同时监测回转支承的滚道振动、润滑脂温度、滚道磨损、齿根弯曲应力、回转动态阻力矩等信号，为回转支承的运行状况分析提供了充足的数据。该组试验台分为偏航、变桨试验台采用 2 个机械本体，共用液压系统、测控系统。

（一）欧际柯特 3~5MW 偏航回转支承试验台

欧际柯特 3~5MW 偏航回转支承试验台的外形如图 4-18 所示，技术参数见表 4-15。

图 4-18　欧际柯特 3~5MW 风电回转支承试验台（2010 年）

表 4-15　欧际柯特 3~5MW 风电回转支承试验台的技术参数

序　号	参 数 项 目	参 数 指 标
1	最大加载轴向力/kN	500~2000
2	最大加载径向力/kN	300~1500
3	最大加载倾覆力矩/kN·m	3000~15000
4	液压马达输出最大转矩/kN·m	0.1~50
5	液压马达最大转速/（r/min）	0.04~0.2
6	试验回转支承最大直径/mm	1000~4000
7	试验回转支承最大幅高/mm	不详
8	总功率/kW	200
9	试验台外形尺寸（长度×宽度×高度）/mm	15000×9000×5000
10	试验台质量/t	80
11	出厂时间	2010 年 2 月

（二）欧际柯特 3~5MW 变桨回转支承试验台

欧际柯特 3~5MW 变桨回转支承试验台的外形如图 4-19 所示，技术参数见表 4-16。

图 4-19　欧际柯特 3~5MW 变桨回转支承试验台（2010 年）

表 4-16　欧际柯特 3~5MW 变桨回转支承试验台的技术参数

序　　号	参 数 项 目	参 数 指 标
1	最大加载轴向力/kN	300~2000
2	最大加载径向力/kN	100~500
3	最大加载倾覆力矩/kN·m	3000~15000
4	液压马达输出最大转矩/kN·m	0.1~50
5	液压马达最大转速/(r/min)	0.04~2
6	试验回转支承最大直径/mm	1000~4000
7	试验回转支承最大幅高/mm	不详
8	总功率/kW	200
9	试验台外形尺寸（长度×宽度×高度）/mm	15000×5000×3000
10	试验台质量/t	80
11	出厂时间	2010 年 2 月

四、洛阳 LYC 轴承有限公司和洛阳新能轴承制造有限公司回转支承试验台

（一）2MW 风电偏航回转支承试验台

洛阳 LYC 轴承有限公司是我国四大轴承制造商之一，其大型回转支承产品主要集中在风电行业和盾构机回转支承行业。在 2008 年我国第一次风力发电建设的高潮中，考虑到大多数装机的风力发电机主要是 2MW，受洛阳 LYC 轴承有限公司委托，2009 年南京工业大学技术团队为其开发了 2MW 风电偏航回转支承试验台，于 2010 年投入使用，其外形如图 4-20 所示，技术参数见表 4-17。该试验台考虑到试验人员操作方便，机械本体和液压系统被安装在地下 1.5m 的地坑里，露出地面的机械部件便于工人安装操作。

图 4-20 洛阳 LYC 轴承有限公司 2MW 偏航试验台（2010 年）

表 4-17 洛阳 LYC 轴承有限公司 2MW 偏航试验台的技术参数

序　号	参 数 项 目	参 数 指 标
1	最大加载轴向力/kN	400～1920
2	最大加载径向力/kN	100～660
3	最大加载倾覆力矩/kN·m	4000～21000
4	驱动马达个数	2
5	液压马达最大转速/（r/min）	0.1～6
6	试验回转支承最大直径/mm	1200～3500
7	试验回转支承最大幅高/mm	不详
8	总功率/kW	200
9	试验台外形尺寸（长度×宽度×高度）/mm	10000×4500×5000
10	试验台质量/t	50
11	出厂时间	2010 年 2 月

（二）掘进设备回转支承试验台

该试验台是洛阳 LYC 轴承有限公司自己设计制造的，其外形如图 4-21 所示，技术参数见表 4-18。该试验台可用于直径在 3 m 以下风电变桨及盾构回转支承的试验，其驱动结构是单个回转支承，加载臂随回转支承的旋转而旋转。

图 4-21 洛阳 LYC 轴承有限公司掘进设备回转支承试验台（2009 年）

表 4-18　洛阳 LYC 轴承有限公司掘进设备回转支承试验台的技术参数

序　号	参 数 项 目	参 数 指 标
1	最大加载轴向力/kN	0
2	最大加载径向力/kN	800
3	最大加载倾覆力矩/kN·m	6700
4	液压马达输出最大转矩/kN·m	30
5	液压马达最大转速/(r/min)	3
6	试验回转支承最大直径/mm	3000
7	试验回转支承最大幅高/mm	400
8	总功率/kW	11（电动机+减速器驱动，电动机功率 5.5kW，液压加载功率 5.5kW）
9	试验台外形尺寸（长度×宽度×高度）/mm	10500×6000×3500
10	试验台质量/t	80
11	出厂时间	2009 年 2 月

（三）盾构、风电回转支承试验台

随着海上风电功率的提高，风机叶片长度的增加，承载载荷进一步增大。受洛阳 LYC 轴承有限公司委托，2019 年南京工业大学技术团队为其开发了盾构、风电变桨回转支承试验台，于 2020 年投入使用。该试验台的设计是为完成新型 3MW 风电回转支承极限试验、5MW 风电回转支承疲劳试验以及 6.4 m 盾构机回转支承试验所设计的多功能试验台。该试验台可以加载的回转支承的尺寸范围和载荷大小，以及试验台的外形尺寸，到 2020 年为止，堪称亚洲最大，其外形如图 4-22 所示，技术参数见表 4-19。

图 4-22　盾构、风电回转支承试验台（2020 年）

表 4-19　洛阳 LYC 轴承有限公司盾构、风电回转支承试验台技术参数

序　号	参 数 项 目	参 数 指 标
1	最大加载轴向力/kN	35000
2	最大加载径向力/kN	5000
3	最大加载倾覆力矩/(kN·m)	40000
4	液压马达输出最大转矩/(kN·m)	841
5	试验件最大转速/(r/min)	4
6	试验回转支承最大直径/mm	内径 2000~4500，外径 2400~5200

（续）

序　号	参　数　项　目	参　数　指　标
7	试验回转支承最大幅高/mm	200～520
8	总功率/kW	800
9	试验台外形尺寸（长度×宽度×高度）/mm	27000×14000×7000
10	试验台质量/t	400
11	出厂时间	2020 年 10 月

五、大连冶金轴承股份有限公司轴偏航、变桨、主轴轴承试验台

2013 年大连理工大学公布了一种风电轴承试验台方案，如图 4-23 所示，技术参数见表 4-20。该试验台设计有翻转装置，使轴承工装以及力加载装置可以翻转 90°，理论上可以对 1.5～3MW 的包含偏航、变桨和主轴轴承在内的所有轴承进行试验。在 2015 年该试验台应用于大连冶金轴承股份有限公司，用于风电变桨、主轴轴承进行出厂试验、型式试验和疲劳寿命试验。

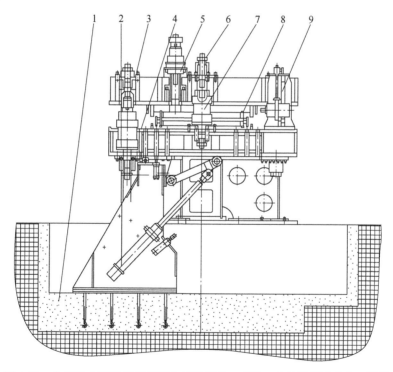

图 4-23　大连冶金轴承股份有限公司轴偏航、变桨、主轴轴承试验台二维图

1—地基及机座　2—翻转装置　3—倾覆力矩加载装置　4—加载试验台　5—加载试验盘　6—试验轴承驱动装置
7—轴向力加载装置　8—试验轴承及工装　9—径向力加载装置

表 4-20　大连冶金轴承股份有限公司轴偏航、变桨、主轴轴承试验台的技术参数

序　号	参　数　项　目	参　数　指　标
1	最大加载轴向力/kN	6000
2	最大加载径向力/kN	1500

（续）

序　号	参数 项目	参数 指标
3	最大加载倾覆力矩/kN·m	15000
4	液压马达输出最大转矩/kN·m	不详
5	液压马达最大转速/(r/min)	0.4~22
6	试验回转支承最大直径/mm	3200
7	试验回转支承最大幅高/mm	500
8	总功率/kW	不详
9	试验台外形尺寸（长度×宽度×高度）/mm	不详
10	试验台质量/t	不详
11	出厂时间	2015 年

六、瓦房店轴承集团有限责任公司直径 3.6m 回转支承试验台

瓦房店轴承集团有限责任公司 2009 年承担了 "863" 计划 "大型风力发电机专用轴承试验台" 项目，其风电主轴轴承试验机技术在国内同行业属于首创，通过风电机组主轴轴承和试验台的开发，瓦房店轴承集团有限责任公司建立了风电配套主轴轴承试验平台、检测试验标准、试验规程，全方位保证了国产风电配套轴承跟上国外同类产品的同等水平，现已为广东明阳、VESTAS 等国内外众多用户提供了 1.5MW、2MW、2.5MW 和 3MW 风机配套主轴轴承。瓦房店轴承集团有限责任公司自主研发的风电轴承试验机有两种：主轴轴承、变桨偏航轴承试验台，其中变桨偏航轴承试验机技术较为成熟，部分技术可供主轴轴承试验机参考。瓦房店轴承集团有限责任公司设计的一种直径 3.6m 的风电变桨偏航轴承试验台，可根据标准试验规范对轴承的加载后工况、噪声、振动等进行试验，为轴承寿命计算、失效分析等提供参考依据，辅助完善轴承试验体系，并指导生产。试验全程参数由计算机实时监控，其适合轴承最大外径 3600mm，最大径向加载能力 500kN，最大轴向加载能力 5000kN，倾覆力矩 25000kN·m，轴承最高转速 30r/min，可在 0.8~30r/min 之间无级可调。其主轴轴承试验机尚处于研发阶段，有整机专利且主轴轴承试验机研制成功，其主轴轴承试验机的设计方案如图 4-24 所示。该试验台径向加载预计达到 6000kN，轴向加载预计达到 3000kN。瓦房店轴承集团有限责任公司直径 3.6m 风电变桨偏航轴承试验台技术参数见表 4-21。

表 4-21　瓦房店轴承集团有限责任公司直径 3.6m 风电变桨偏航轴承试验台的技术参数

序　号	参数 项目	参数 指标
1	最大加载轴向力/kN	5000
2	最大加载径向力/kN	500
3	最大加载倾覆力矩/kN·m	25000
4	液压马达输出最大转矩/kN·m	不详
5	液压马达最大转速/(r/min)	0.8~30
6	试验回转支承最大直径/mm	3600
7	试验回转支承最大幅高/mm	500

（续）

序　号	参 数 项 目	参 数 指 标
8	总功率/kW	不详
9	试验台外形尺寸（长度×宽度×高度）/mm	不详
10	试验台质量/t	不详
11	出厂时间	2014 年

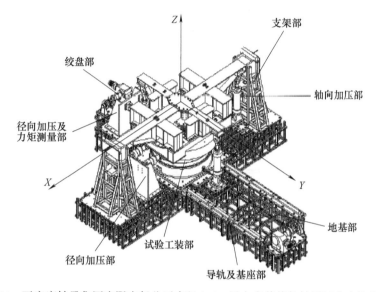

图 4-24　瓦房店轴承集团有限责任公司直径 3.6m 风电变桨偏航轴承试验台结构示意

此外，大连冶金轴承股份有限公司、洛阳 LYC 轴承有限公司和华锐风电科技（集团）股份有限公司等都对风电机组轴承试验台进行了研究，但主要集中在研究偏航变桨轴承。

七、南京工业大学回转支承试验台

南京工业大学工程机械回转支承综合性能试验台的外形如图 4-25 所示，主要技术参数见表 4-22。

图 4-25　南京工业大学工程机械回转支承综合性能试验台（2011 年）

表 4-22　南京工业大学工程机械回转支承综合性能试验台的主要技术参数

序　号	参 数 项 目	参 数 指 标
1	最大加载轴向力/kN	879
2	最大加载径向力/kN	101.8
3	最大加载倾覆力矩/kN·m	879
4	液压马达输出最大转矩/kN·m	不详
5	液压马达最大转速/(r/min)	0~5
6	试验回转支承最大直径/mm	1200
7	试验回转支承最大幅高/mm	300
8	总功率/kW	35
9	试验台外形尺寸（长度×宽度×高度）/mm	4000×1600×2500
10	试验台质量/t	6
11	出厂时间	2011 年

第四节　国内外回转支承试验台比较

一、试验台机械结构工作原理

(一) 试验件单独安装结构型式

单独回转支承方式：试验台只有一个回转支承工作，如图 4-26 和图 4-27 所示。这种方式轴承的驱动大多是模仿实际驱动，小齿轮与轴承内齿啮合驱动。倾覆力矩加载方式是通过液压缸作用在长臂上，力臂在试验过程中随试验件运转，驱动负载比较大。而轴向力和径向力则是在试验轴承圆周附近设置液压缸，通过过渡机构将力加载到轴承上。

图 4-26　单一轴向加载液压缸位于悬臂后端试验台

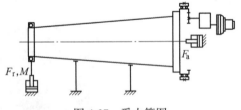

图 4-27　受力简图

优势：加载方式简单，只有一个回转支承，便于计算摩擦力。

劣势：该类试验台由于受到机械结构的限制，倾覆力矩加载范围相对较小，适合中小型回转支承的受力。

（二）试验件背靠背安装结构

背靠背安装指的是将试验轴承和陪试轴承背靠背安装通过过渡机构连在一起，NSK 的盾构机回转支承试验台非常典型，如图 4-28 和图 4-29 所示。试验台的顶盖与定圈相连，通过液压缸的收缩和伸长，施加力在顶盖或是加载盘上，实现对两个轴承的拉和压。驱动由内齿啮合或外齿啮合驱动。这种结构方式是最常见的型式，南京工业大学所开发的所有试验台都采用这种结构型式。

图 4-28　NSK 背靠背回转支承试验台结构

优势：试验时两个试验件的动圈旋转，定圈及其连接结构分别固定在两侧机架上，消除了轴承试验件本身旋转副对机架的影响。受力均在安装轴承工装的机架之间，为整个试验台的内力，可降低试验机的基础结构设要求。设计多组安装孔可以进行多种轴承试验。

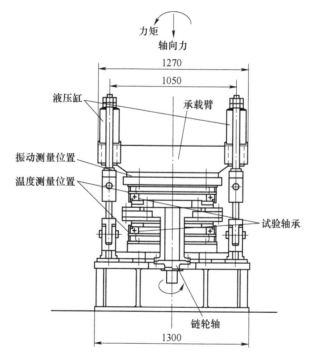

图 4-29　NSK 试验台受力简图

劣势：需要设计专门工装、多一个轴承需要增加驱动成本，回转支承摩擦力矩计算只能算平均值，特别当试验件与陪试件规格尺寸不一样的时候，对回转支承摩擦力矩的计算相对比较困难。

（三）水平和竖直加载分离型式

风电回转支承试验台分为偏航和变桨两台机械结构，如图 4-16 和图 4-17 所示。偏航试验台回转支承水平安装，变桨试验台轴承竖直安装，两套试验台共用一套液压与测控系统。

目前，马鞍山方圆精密机械有限公司、上海欧际柯特回转支承有限公司的风电回转支承试验台采用这种方式。

优势：两台试验台机械机构共用液压回路和测控系统，可减少投资成本。

劣势：机械结构较大，占用空间大。

（四）水平加载和竖直加载合型式

目前，国内大连冶金轴承股份有限公司偏航、变桨、主轴轴承试验台设计有翻转装置，使轴承工装以及力加载装置可以翻转90°，这样既可以水平加载，也可以竖直加载。

优势：试验台主体部分可以旋转90°，可以适应风电偏航、变桨、主轴轴承的试验要求，有不同尺寸分布的安装孔，使更换工装较为简单。

劣势：径向力较小，翻转系统设计难度较大，需设计缓冲装置进行安全保护。因整体机械结构需要翻转，不仅需要重点考虑保护装置，而且有可能出现而刚性不足而导致试验件振动。

（五）加载盖整体方式和分体式

由于SKF试验机的轴承工装过重，用吊装方式将超过该车间的行车吨位，因此加载盖为可分离结构，将轴承工装安装在下半部分基座上，再将基座上部分安装，具体方式如图4-30所示。其他国内大多数试验台都采用整体加载盖方式。

图4-30　SKF风电轴承试验机分体式加载盖

二、加载与驱动方式对比

（一）液压缸加载

大多数回转支承试验台，其加载方式根据受力分解为轴向力 F_a、径向力 F_r、倾覆力矩 M 三个分量，通过液压缸进行组合加载。当加载力非常大，通常是对多个液压缸进行分组，比如 F_a 的10个液压缸分成每组5个液压缸共2组，F_r 的4个液压缸1组，M 的10个液压缸分成5个液压缸共2组，每组回路独立控制相应的加载压力。在试验过程中，F_a、F_r、M 三个分量的大小可以变化，但是受力方向不变，如南京工业大学开发的试验台。

目前也有 F_a、F_r、M 三个分量的大小可以变化，其方向也可以改变。比如2017年SKF的主轴轴承试验台，该试验台主要对主轴轴承进行试验，它在轴向圆周和径向圆周都布置了超量的液压缸，可以适应多种轴承的加载力要求，轴承受力方式与实际工况更为贴切。多个液压缸分组配合，可以适应单个轴承的无级变载要求。在圆周上实现周期加载来模拟风机轴承在叶片旋转时对轴承产生的类似于正弦波加载力。

（二）驱动方式比较

1）液压马达驱动：回转支承因使用工况为低速、重载，所以在试验台上多数采用液压马达驱动，液压驱动平稳、精度高，适合低速、大转矩工况，一般转动速度低于10r/min。

2）电动机驱动：在有的回转支承试验台上，因需要进行加速疲劳试验，转速高达 40~60r/min，此时采用电动机驱动比较有优势，电动机动态特性好、响应快，不过驱动力相对液压马达小，适合高速、小转矩工况。

三、测控功能对比

回转支承试验台是一个大型测控系统，要实现试验台液压缸的正反加载运动和马达的起动、旋转和正反向控制，以及调速、调压的功能，对于被研究对象——回转支承，还要监测试验过程中的加载力、回转支承回转速度、振动、温升及噪声等参数的变化，所以可以从设备的控制和试验的监测参数角度对测控系统进行设计。

（一）测控方式对比

1. 直接控制方式

早期的试验台一般使用直接控制系统，计算机直接承担控制任务，测控功能的硬件通过计算机的内总线进行数据交换，如图 4-31 所示。

这种基于内总线的方式，可采用 PCI 或 PCI express 总线，该总线传输速度快，计算机首先通过模拟量输入数据采集卡（AI）和开关量输入卡（DI）实时采集数据，然后按照一定的控制规律进行计算，最后发出控制信息，并通过模拟量输出数据采集卡（AO）和数字量输出卡（DO）直接控制试验过程。由于直接控制系统中计算机直接承担控制任务，

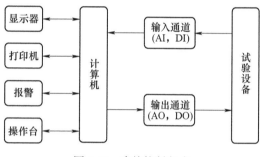

图 4-31　直接控制方式

所以要求其实时性好、可靠性高和适应性强，适合于控制回路较少，且控制系统与试验设备距离比较近的场合。

2. 主从分布式

图 4-32 所示为典型的主从分布式测控系统方案。

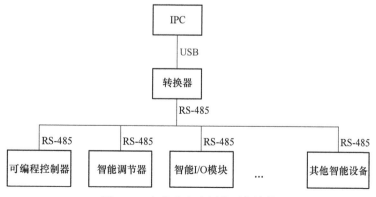

图 4-32　主从分布式测控系统结构

工控机（IPC）作为测控系统的主站，可编程控制器、智能调节器、智能 I/O 模块等装置通过 RS-485 总线可作为测控系统的从站。这些不同的测控装置作为从站分别执行各自的

测控功能，然后通过 RS-485 总线将数据集成到一起汇总到转换器中，最后传送到 IPC 上，各种不同的从站可以执行不同的功能，是控制系统目前比较常用的一种方式。RS-485 总线是一种长距离慢速的通信方式，不能测量加速度、噪声等高频参数。

3. 远程控制方式

远程控制是通过本地计算机通过以太网对远方计算机进行操作。图 4-33 所示为洛阳 LYC 轴承有限公司的国内最大盾构、风电轴承试验机的测控系统简图，系统整体采用分布式控制。该系统采用控制分散、操作和管理集中的基本设计思想，采用多层分级、合作自治的结构型式。系统总体分成现场设备层、集中监控层、信息管理层和远程控制层，PLC 负责执行控制逻辑和部分测试功能，应变采集箱和变送箱负责采集各种数据，最后所有数据统一汇总到 IPC 上，由一台计算机进行数据收集和逻辑控制。系统最后一层为远程控制层，由网线通过交换机将远程控制层和信息管理层的两台计算机相连，远程计算机接入信息管理层工控机桌面，不仅能实现远程操作，还可以通过远程操作将数据传输到指定计算机上。由于采用了工业以太网通信，所以对于高频和低频的信号都可以进行采集和控制。远程控制特别适合现场环境嘈杂、试验危险系数较高的场合。

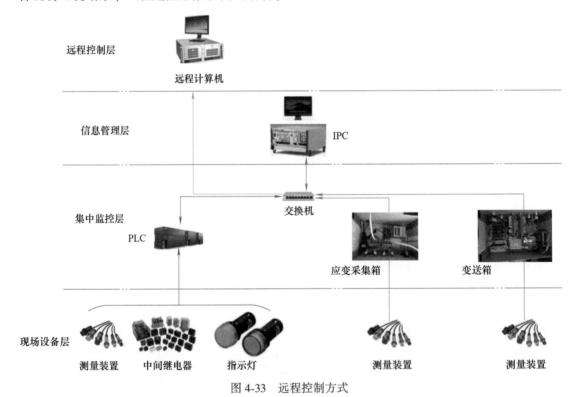

图 4-33 远程控制方式

(二) 测控软硬件组成比较

1. 方案 1：测控分离

硬件：PC+PLC+数据采集模块

控制软件：WinCC+STEP7

测试软件：LabVIEW（数据采集）+MATLAB 或 Python（数据分析）

说明：在试验台设计过程中，如果下位机硬件采用不同厂家的设备，测试部分采用高速数据采集板卡，控制部分采用低速 PLC 系统，其中软件由两部分组成，控制软件由上位机的 WinCC 和下位机的 STEP7 实现，测试软件由上位机的 LabVIEW 实现数据采集，以及由 MATLAB 或 Python 实现复杂的数据分析，如故障诊断、寿命预测等功能。

优点：测控部分独立采用不同厂家的软硬件，可靠性高，编程方便。

缺点：测控软件分离，WinCC 和 LabVIEW 分别有自己独立的数据存储空间，数据传输不方便，特别是在完成试验后自动生成试验报表的时候，各种设备的参数和试验参数不便于从两个软件中交互。

2. 方案 2：上位机软件测控一体化，下位机采用不同厂家的硬件

硬件：PC+PLC+数据采集模块

控制软件：LabVIEW+ STEP7 +OPC

测试软件：LabVIEW（数据采集）+MATLAB 或 Python（数据分析）

说明：本系统硬件采用工控机作为上位机，数据采集板卡和 PLC 作为测控系统的下位机。上位机软件统一由 LabVIEW 实现，测试功能软件采用 LabVIEW 和 MATLAB 开发，可以支持不同厂家的数据采集板卡，控制 PLC 的软件由 STEP7 通过 OPC 协议与上位机的 LabVIEW 通信完成数据交换。

优点：测控部分独立采用不同厂家的硬件，上位机软件统一，试验参数和采集的试验数据保存在统一的数据库之中，对于出具报表文件非常方便。

缺点：要求软件开发人员要熟练掌握 OPC 协议和上位机的 LabVIEW 软件。

3. 方案 3：软硬件测控一体化

硬件：PC+PAC 系统

软件：LabVIEW + realtime

说明：本方案的硬件组成上位机为工控机，下位机采用 PAC 系统，测控系统为一家产品，比如美国 NI 的 CRIO 系统及 PXI 系统或德国倍福的测控系统等。

软件：如果采用 NI 的 PAC 系统，上位机软件可以采用 LabVIEW + realtime 实时模块，开发测控一体化的软件；如果采用倍福的基于 PC 的测控产品，可以使用其相关组态软件。

优点：真正意义的测控一体化，采用一个厂家的软硬件产品，兼容性好，可靠性高，对于数据保存、做报表等都非常方便。

缺点：组态软件价格偏高，系统成本上升。

4. 数据保存

在回转支承试验台开发过程中，对试验数据的保存是非常重要的一环。由于试验系统中既有高频参数（采样频率达 1~5 kHz），如加速度、噪声、应变等参数，也有压力、温度、流量、转速等低频参数（采样频率达 10Hz~1 kHz）；另外由于采样频率不同，保存时间间隔不同，对于长时间的疲劳寿命试验来说，试验数据的存储量非常巨大，所以，在长时间的寿命试验中，根据采集数据后处理的需要，可采用不同的存储方式。建议如下：

1）高频数据，如加速度、噪声等，采集的数据用于做后处理，如频谱分析、故障诊断和寿命预测等，建议以小时为单位，每小时保存局部数据（1~2min 实际采样频率的数据）。

2）低频数据，如温度、压力、转矩等参数，变化缓慢，一般用于趋势分析，所以可以取 10min 保存一个数据点，用户可以方便观察试验趋势。这样处理，可以保证不同类型的数据都能有效保存和使用，让其产生有效的作用，既保存了数据，也可有效节约存储空间。

3）数据保存格式：有 txt 文本、excel 表格、CVS、DTMS 和 SQL 数据库等几种格式。如果试验时间短，可以采用 txt 文本、excel 表格、CVS 保存数据；如果试验时间长，高频参数比较多，可以在 NI 的 LabVIEW 软件开发的系统中保存为二进制的 DTMS 格式，但 DTMS 格式对一般试验台用户来说，使用不方便，所以采用 SQL 数据库则是更多软件开发的首选，配合 SQL 数据库查询界面，用户可以非常方便地获取所需要的数据。

南京工业大学技术团队开发的试验系统，一般采用两种保存方式：一种是给用户使用的 10min 保存一次的趋势数据；另一种是给研究人员使用的方式，即高频数据可选等时间间隔保存，每小时保存 1~2min，低频数据 10min 保存一次。

四、国内外各种试验台比较

国内外各种试验台比较见表 4-23 和表 4-24。

表 4-23　国内外试验台性能参数对比分析

试验台类型	适用直径范围/mm	轴向载荷/kN	径向载荷/kN	倾覆力矩/kN·m	转速/(r/min)
1. FAG 大型风电轴承试验台	3500	0~6000	0~4000	6000	4~20
2. NTN "WIND LAB" 主轴轴承试验台	4200	不详	不详	不详	不详
3. SKF 大型主轴、变桨轴承试验台	6000	0~8000	0~8000	40000	0~30
4. 上海欧际科特回转支承有限公司风电变桨回转支承试验台	1000~4000	300~2000	100~500	3000~15000	0.04~2
5. 洛阳 LYC 轴承有限公司盾构、风电试验台	2400~5200	35000	5000	40000	0~4
6. 马鞍山方圆精密机械有限公司偏航、变桨回转支承试验台	1200~3800	500~3000	250~1560	4000~21000	0.05~6
7. 大连冶金轴承股份有限公司偏航、变桨和主轴轴承试验台	3200	6000	1500	15000	0~20
8. 瓦房店轴承集团有限责任公司直径3.6m回转支承试验台	3600	5000	500	25000	0.8~30

表 4-24　国内外大型轴承试验台功能比较

实验室单位	试验件规格	主要特点
1. LGMT 实验室	小，单一规格	结构简单，静态加载，不做回转
2. 卢布尔雅那大学	小，单一规格	规格较小，测控相对完善
3. IMO 公司	大，规格可变	针对极限环境下的风电回转支承
4. Rothe Erde 公司	大，规格可变	变桨回转支承，测控相对完善
5. SKF 试验台	大，规格可变	主轴轴承，测控功能完善
6. FAG 试验台	大，规格可变	主轴轴承，测控功能完善
7. 洛阳 LYC 轴承有限公司	大，规格可变	盾构、变桨，测控功能完善
8. 马鞍山方圆精密机械有限公司	大，规格可变	偏航、变桨，测控功能完善

此外，德国 RENK 公司所设计的 SKF 的主轴轴承试验台工作原理和外观类似，最大动载荷轴向力 8000kN，径向力 8000kN，倾覆力矩 60000kN·m，转速 30r/min，是目前调研的

国外最大主轴轴承试验台。国内随着海上风电的突飞猛进，越来越大的风电轴承试验台将在近年异军突起。部件厂和主机厂都在开发自己的试验系统，由于部件厂关注回转支承的生产，所以，本书所介绍的是适合部件厂进行试验的试验台，而主机厂则会开发带轮毂的试验台，以模拟风电偏航和变桨回转支承在风场的运行状态，或对不同厂家的回转支承进行对比。

第五节　加速寿命试验及分析

一、加速寿命研究现状

20 世纪 60 年代美国罗姆航展中心给出了加速寿命的定义：加速寿命试验（ALT）是在进行统计假设和合理工程的基础上，借助与物理失效规律的相关统计模型对在超过正常应力水平的加速环境下获得的试样可靠性信息进行转换，得到试件在额定或正常应力水平下的、可靠性特征的、可复现的、数值估计的试验方法。通过采取加速应力水平进行样品的寿命试验，可以明显地提高试验的效率，缩短试验的时间，降低试验的成本。

按照寿命试验的专业术语，研究人员把施加在试样上的一些试验条件，即造成试样失效的外部因素叫作试验应力。正常条件下的应力水平，叫作正常（或额定）应力水平；超过正常应力水平的应力，叫作加速应力水平。

按照试验时应力加载方式的不同，加速寿命试验一般可以分为恒定应力加速寿命试验、步进应力加速寿命试验以及序进应力加速寿命试验。

恒定应力加速寿命试验简称为恒加试验。恒加试验是先选择一组不同的加速应力水平，例如 S_1，S_2，…，S_m，且 $S_0<S_1<S_2<\cdots<S_m$，将一定数量的试验样品分为 m 组，每组样本数量可以相同，也可以不同。在对应的加速应力水平 S_i 下进行寿命试验，试验到每组均有一定数量试验样本发生失效为止。如图 4-34 所示，恒加试验由多个寿命试验组成，采用截尾寿命试验可以缩短试验的时间，特别对应力水平低的寿命试验可明显缩短试验的时间。

步进应力加速寿命试验通常简称为步加试验。步加试验也是先选择一组加速应力水平，且 $S_0<S_1<S_2<\cdots<S_m$，将全部数量的样本置于应力水平 S_1 下进行寿命试验，试验一段时间，如 t_1 后，将失效的样品剔除，其余样本置于 S_2 应力水平下继续进行试验一段时间，如 t_2 后，将失效的样品剔除，其余样本置于 S_3 应力水平下继续试验，反复重复上述步骤，直到满足试验要求后停止试验，如图 4-35 所示。

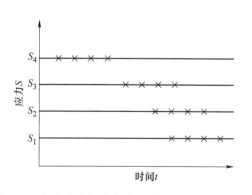 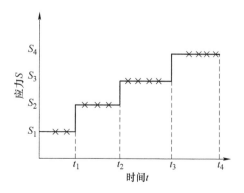

图 4-34　恒定应力加速寿命试验（×表示样品失效）　图 4-35　步进应力加速寿命试验（×表示样品失效）

序进应力加速寿命试验简称序加试验。序加试验与步加试验的原理基本上是相同的，不同之处体现在序加试验的加速应力水平随着试验时间连续上升，如图 4-36 所示。

上述三种加速寿命试验在实际中都有应用，由于恒加试验研究比较早，理论比较成熟，操作方法比较简单，故其往往是研究者的首选。

目前加速寿命试验的研究主要包括统计分析方法、优化设计技术和工程应用三个层面。

1. 统计分析方法

在恒加试验统计领域，Francis Pascual 对威布尔分布下的加速寿命试验统计方法进行了研究。Hirose 等对统计分析模型，Bugaighis 和 Watkions 等对参数估计方法，Wang 和 Kececioglu 等从分布参数约束等方面分别对恒加试验的统计分析方法进行研究，从而提高恒加试验的统计分析精度。

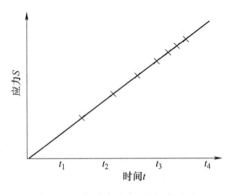

图 4-36　序进应力加速寿命试验
示意图（×表示样品失效）

因为恒定应力加速试验最低应力水平一般接近正常应力，所以试验的时间比较长并且效率比较低。与恒加试验比较，步加试验可以提高试验效率，缩短试验时间，同时减少了试样数量。Nelson、Tang、Bhattacharyya、Sun 等分别从累积失效模型、线性累积模型和累积失效率模型等方面对上述问题进行了深入的研究。

加速寿命试验技术于 20 世纪 70 年代初开始进入我国，引起众多领域的广泛兴趣。茆诗松、张志华从中间估计量之间的相关性出发对恒定应力加速试验分析估计方法进行了改进，从而提高了分析的精度。武东对步进应力加速试验的贝叶斯方法进行了深入的研究。李新翼，吴云顺分别对序进和恒定加速寿命试验的优化设计进行了研究。陈文华、张学新对步进、序进加速寿命的统计分析进行了深入的研究。

2. 优化设计技术

序进加速应力试验的特点是试验应力随时间不断连续上升，使试验样本更快失效，进一步缩短加速寿命试验时间，提高试验效率。1958 年，Kimmel 首先尝试了将序进应力试验方法应用于电子产品的可靠性研究中。在加速寿命试验迅速发展的基础上，如何对加速寿命试验最优化设计引起了研究人员的极大关注，Chernoff、Higgins、Meeker、Khamis、Nelson、Yeo 和 Tang 等分别从不同角度对恒定应力加速试验和步进应力加速试验的最优化设计问题进行了大量的研究工作。在工程应用领域，俄罗斯学者对 20 多个与导弹贮存相关的腐蚀过程模型进行了描述，开发了相应的软件应用于试验方案的设计。

徐东将滚动轴承加速寿命试验分为 5 个部分，包括试验前的准备、试验数据的采集流程、试验条件一致性检验、试验步骤、试验数据分析等。试验一致性保证了滚动轴承在试验中失效机理保持不变。王坚永研究了深沟球轴承加速寿命试验方法，试验将 203 套轴承分为若干组，再将其分别在正常应力水平及三组加速应力水平下进行试验，结果表明，除 S_3 应力水平外，其余应力作用下试验满足加速寿命试验要求。王坚永、郭峻、马海训等分别从试验流程、加速寿命理论、失效分析、数据分析等几个方面研究了轴承加速寿命试验技术。

3. 工程应用

目前，加速寿命试验技术的研究在许多地方还需要进一步完善，但是在我国加速寿命试验的技术已经取得了广泛应用，其应用范围涉及机械电子、武器装备、航空航天等众多领域。天津电子仪表质量中心对某变容二极管进行了加速寿命试验。洛阳轴承研究所王坚永、庄中华、吴秀鸾等将加速寿命试验技术应用于轴承寿命研究中。在家用电视机的寿命评估中，也可使用加速寿命试验技术。张苹苹等将加速寿命理论应用于航空系统的燃油泵、液压泵和输油泵的寿命研究中。

二、大型回转支承加速寿命试验方法

根据 ISO 281：2007 和 GB/T 6391—2010，滚动轴承的基本额定寿命为一组相同型号轴承在同一条件下运转，其可靠度为90%时，所能达到或者超过的寿命，其计算公式为

$$L_{10} = \frac{10^6}{60n}\left(\frac{C}{P}\right)^{\varepsilon} \tag{4-3}$$

式中，L_{10} 为基本额定寿命；C 为额定动载荷；P 为当量动载荷；n 为轴承的工作转速；ε 为寿命指数，球轴承 $\varepsilon = 3$，滚子轴承 $\varepsilon = 10/3$。

目前，关于大型回转支承加速寿命试验的研究未见相关文献报道。回转支承在本质上也是一种结构特殊的轴承，轴承作为机械设备的关键零部件，其加速寿命试验的研究已经相对比较成熟。对于回转支承加速寿命试验，可借鉴回转支承寿命试验方法及轴承的加速寿命试验方法。但回转支承不同于一般轴承，回转支承尺寸大，工作转速低，价格昂贵，试验成本高，用于试验的回转支承数量稀少，普通轴承加速寿命试验基本理论和方法并不能完全适用于回转支承加速寿命试验中。

关于回转支承加速寿命试验目前亟待解决的问题有：①试验样本稀少。②试验装置的可靠性。③试验载荷。④回转支承失效判定。⑤试验的停止时间。

（一）试验载荷的确定

由于风力发电机工作环境复杂，风速、风向是随机变化的，风电回转支承所受的载荷和转速也是随机变化的，所以在试验中无法准确地模拟风力发电机回转支承受载情况。对于偏航和变桨回转支承，各种复杂的外界载荷都可以简化为倾覆力矩、径向力和轴向力的组合。试验载荷可从回转支承承载能力曲线图或者回转支承载荷谱选取。王坚永在轴承加速试验中将三种轴承的基准载荷分别设定为 0.22C、0.25C、0.28C。康乃正将轴承常规试验的载荷设定为 0.28C，强化试验的载荷设定为 0.40C、0.49C、0.54C。目前大多数研究机构采用 0.25C 作为回转支承疲劳试验的载荷，0.5C 作为回转支承加速寿命试验的载荷。轴承试验载荷见表4-25。

表 4-25　轴承试验载荷

试 验 类 型	轴承加速寿命试验	轴承强化试验	回转支承疲劳试验	回转支承加速寿命试验
试验载荷	$(0.2 \sim 0.3)C$	$(0.4 \sim 0.5)C$	$0.25C$	$0.5C$

通过加大载荷是回转支承进行加速寿命试验的一种方法，回转支承寿命可以通过当量动载荷或回转支承承载能力曲线法求得。由于回转支承与普通轴承类似，所以研究人员就利用轴承的寿命理论求解回转支承的寿命。用回转支承当量动载荷求解回转支承的寿命时，首先应先求解回转支承所承受的当量动载荷值和轴承额定动载荷值，确定回转支承寿命调整系数，最后计算出回转支承的寿命。用承载曲线法求解回转支承寿命时，首先在回转支承承载能力曲线图

中，找到回转支承所受倾覆力矩及轴向力的交点 N，过该交点和坐标原点作直线与承载曲线交于点 M，如图 4-37 所示，求 OM 与 ON 的距离值比，回转支承寿命即为该比值与曲线额定寿命的乘积。从回转支承当量动载荷及回转支承承载曲线法可以看出，适当加大回转支承的试验载荷可以明显地缩短试验时间，因此在不改变回转支承的失效机理时可以适当增加载荷。

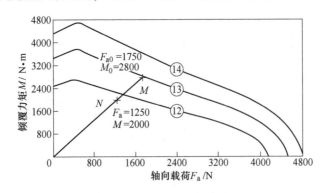

图 4-37   回转支承承载能力曲线

(二) 试验时间及转速的确定

加速寿命试验可以选择定时截尾或定数截尾两种类型。高学海等选择定时截尾的方法，同时认为回转支承试验转速决定试验时间，为避免回转支承的失效机理发生改变，试验过程中的最大转速不应超过回转支承极限转速，试验所需时间计算如下：

$$T=\frac{2\times10^7}{60Zn_{max}} \tag{4-4}$$

式中，n_{max} 为回转支承试验时的最大转速 (r/min)；Z 为回转支承单排滚动体的数目；T 为试验所需的时间 (h)。

也可以根据试验中多传感器信号异常，例如加速度、转矩、温度、电动机功率超出设定阈值等来确定试验时间。利用多参数数据融合的方法与故障类型相结合分析，需要大量的试验数据积累，研究数据特征，作为评判回转支承试验的依据，从而更具有科学性。

由式 (4-3) 可以看出，在保持回转支承试验参数都不发生改变的条件下，适当提高回转支承试验时的转速，可以明显减少试验时间。为了保持回转支承失效机理不发生改变，回转支承的滚动体和滚道之间的润滑脂供应必须充足。另外，随着回转支承转速的提高，其他影响回转支承寿命的因素也会出现，例如提高回转支承转速，将导致滚动体的离心力加大，剥落可能首先在滚道之外的地方出现；风电回转支承是以承受最大载荷为目的而设计的低速轴承，且都存在着极限转速，因此研究人员在设计回转支承时，并没有考虑回转支承其他组成部分 (保持架、滚动体) 在高转速下的性能；回转支承转速提高时，温度也将急剧上升，从而导致回转支承的尺寸、游隙，滚道截面参数发生改变；温度上升对润滑脂的温度性能要求更严格。

回转支承加速寿命试验是以回转支承的失效机理不发生改变为前提的，通过提高回转支承转速，虽然能缩短试验时间，同时也带来了一些其他方面的因素，影响或者直接改变回转支承的失效机理。然而运动时离心力对其寿命和强度有很大影响，不仅使试验的一致性被破坏，而且较大的离心力可能导致组件产生分裂和承载滚动体数量的减少，使轴承偏离预期的失效模式。此外在高转速下，由于轴承疲劳主要受油膜润滑的主导而不是受转速所主导，所以通过提高转速对回转支承进行加速寿命试验并不是合理的选择。

（三）失效判定及检测方法

工程上以滚道塑性变形不超过滚动体直径的万分之三或万分之一作为回转支承失效的判断准则，然而该准则在实际研究中很难应用。NREL 以回转支承滚道出现第一个剥落点为回转支承失效判定准则，其后又改为回转支承不能合理工作。不同的研究机构和生产厂家有不同的判断标准，这就为回转支承的研究带来了困难。然而经过对国内大型回转支承厂家的调研，得出以回转支承卡死不能正常工作作为回转支承失效的判断准则较为合理。所谓卡死即回转支承滚道滚球发生剥落、磨损，产生的金属颗粒滞留在滚道中，阻碍回转支承运转，转动时的回转支承产生的摩擦阻力远大于驱动力矩。对于一些工作要求不高的工程机械，该准则可以将回转支承的利用率达到最大化，然而对于风力发电机偏航及变桨轴承，该准则显然过于宽松，如果产生如此故障，将带来极大的维修成本。在回转支承运行的过程中，由于回转支承拆装比较困难，所以可借助试验过程参数监测判断，如试验过程中油脂的温升、电动机功率的上升、回转支承内外圈偏移量，以及试验过程中噪声的异常变化停机拆卸回转支承，观察内外圈滚道及滚球有无明显压痕、点蚀等现象。

目前常见的回转支承失效检测方法有声响法、温升监测法和磁性监测法等。

声响法是研究人员在试验时，通过简单的工具接触回转支承，听回转支承转动时的声音变化，根据回转支承的声音来判断回转支承是否被破坏。该方法操作简单，但受到研究人员的经验和外界环境的影响比较大，准确率比较低。

温升监测法：回转支承工作时，滚球与内外圈滚道之间摩擦产生热量，回转支承内外圈的温度将从原始温度逐渐上升。回转支承工作一段时间后，产生的热量与散发的热量达到平衡，温度基本就保持不变，当回转支承发生疲劳失效时，滚球与内外圈之间的摩擦加剧，产生的热量急剧增加，温度不断上升。利用温度的变化特性对回转支承的失效进行监测的方法就是温升监测法。在回转支承试验中一般将温度传感器安装于回转支承内外圈。温升法受环境影响较大，评判条件建立在实际试验的基础上。

磁性监测法：回转支承疲劳失效一般是由回转支承内外圈表面金属剥落或过度磨损引起的，回转支承疲劳失效剥落的金属屑会随回转支承的转动而移动。在回转支承的滚道中安装磁性监测系统，用于收集回转支承滚道中的疲劳失效切屑，以收集到的切屑颗粒大小及多少来判断回转支承是否失效。该方法只适合在实验室离线进行试验，在风场还不能有效在线应用。

回转支承具有尺寸大、造价高、使用工况复杂等特点，进而试验台研制成本费用高，疲劳试验周期长，回转支承的设计寿命一般为 20 年。现阶段，回转支承的研究主要集中在理论方面，关于回转支承的试验研究较少。针对上述问题，以下章节将以某公司 033.50.2410 型风电回转支承和工程机械 QNA-730-22 回转支承为研究对象，通过加大载荷的方式对其进行加速寿命试验。

三、风电回转支承加速寿命试验及分析

本案例采用 2012 年某公司对 033.50.2410 型风电变桨回转支承进行加速寿命试验。该型回转支承为双排四点接触球式，其外圈为齿轮圈。由 GL2010 版风机认证 $S\text{-}N$ 曲线，当应力循环 100 万次以后达到材料的理论疲劳极限，试验中回转支承最大转速为 1.5r/min，50% 极限载荷，由疲劳极限及轴承参数计算共运行 71.6 天。被试回转支承的特性见表 4-26。

表 4-26　被试回转支承的特性

滚道中心直径 D/mm	滚球直径 d/mm	初始压力角 α_o/(°)	曲率比 e	滚球数量 Z	轴向游隙 δ_a/mm	最大轴向力 F_a/kN	最大径向力 F_r/kN	最大倾覆力矩 M/kN·m
2410	50	45	1.06	140	0.12	50%极限载荷	50%极限载荷	50%极限载荷

　　进行以上加载疲劳试验后分解回转支承，检查钢球及滚道损伤情况，钢球无损伤。图 4-38 和图 4-39 所示为试验结束时回转支承内圈滚道、外圈堵头（软带）位置出现区域性剥落损伤，其余内外圈滚道表面光滑，局部有少量轻微压痕，未出现点蚀等其他破坏现象。

图 4-38　内圈滚道剥落

图 4-39　外圈软带剥落

（一）摩擦阻力矩趋势分析

　　本次加速寿命试验中，摩擦阻力矩变化规律如图 4-40 所示。摩擦阻力矩的大小经历从大到小的变化再变大，从拟合曲线得到其趋势并分析，主要原因是风电回转支承运行之初为负游隙配合，此时摩擦阻力矩最大，随着各部件之间的磨合而负游隙减小，摩擦阻力矩相应减小，30 天后间隙开始增加而摩擦阻力矩继续减小，56 天时摩擦阻力矩达到最小，为

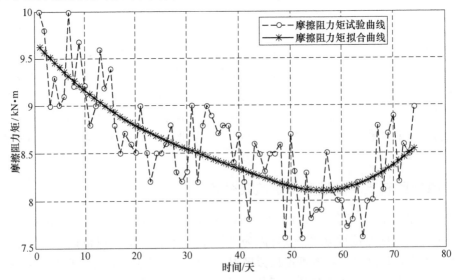

图 4-40　风电回转支承疲劳试验摩擦阻力曲线及拟合曲线

8.096kN・m。随着滚道内软带由于磨损出现点蚀，破损的切屑落入润滑脂中，导致摩擦增大，后续摩擦阻力矩开始上升。因此，摩擦阻力矩信号可以作为评判回转支承滚道磨损情况的有效参数，如果需要进行实时判断，需要建立数学模型进行定量评判。

（二）滚道油脂温升变化分析

抽取每日相同时间点的温度与环境温度的差值作为回转支承的温升。本次滚道润滑脂温升的变化趋势及其拟合曲线如图 4-41 所示。在温升变化趋势中，温度上下波动比较严重，由拟合曲线可知，滚道润滑脂温度的温升变化趋势是在试验初始的磨合阶段，由于风电回转支承为负游隙配合，摩擦阻力矩较大，产生的热量也大，因而是上升趋势。在 18 天左右到达平稳阶段，在 30 天后负游隙减小以及各部件磨合后，摩擦生热下降，温度还有下降的趋势，56 天后，温度又开始上升，可能是由于滚道故障出现，导致温升加剧，因此，温升可以作为监测回转支承滚道产生故障的非常有效的评判参数。

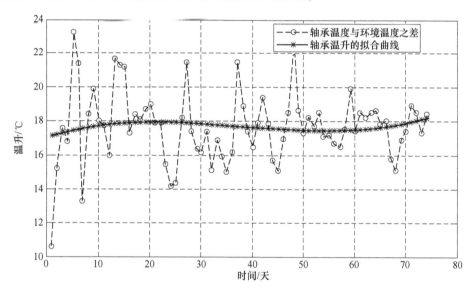

图 4-41　风电回转支承疲劳试验的润滑脂温升曲线

（三）振动加速度变化分析

图 4-42 所示为振动加速度时域曲线，风电回转支承是负游隙配合，由于磨损的加剧，所以在运行初期振动比较大，随着机械磨合，振动幅值趋于缓慢下降，当磨合完成后，振动

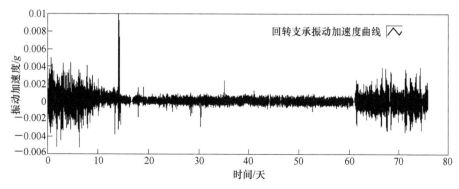

图 4-42　风电回转支承疲劳试验的轴向加速度曲线

趋于平缓，振动幅值趋于平衡，当有滚道故障产生或者磨损继续加剧，振动再次增加。从振动加速度包络线（图4-43）也可得知，与转矩的变化规律有相似之处，先下降，再上升。

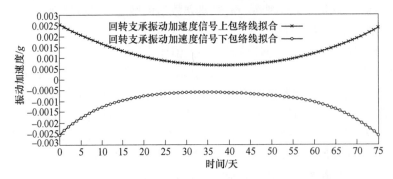

图4-43　风电回转支承疲劳试验的轴向加速度包络线

（四）联合判断

结合驱动摩擦阻力矩、滚道润滑脂温升和振动包络线进行联合评判，如图4-44所示。

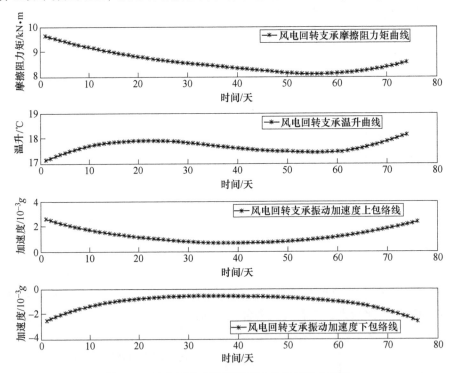

图4-44　风电回转支承疲劳试验参数的联合判断

由图4-44可知，摩擦阻力矩和温度在56天时上升的拐点是一致的，说明结合润滑脂温升和摩擦阻力矩的趋势可以确定滚道故障产生的时间。

根据以上分析可以得出以下结论：根据试验结果，风电回转支承运行中的监测参数中润滑脂温度、摩擦阻力矩、加速度可作为回转支承的表征参数，其中三者联合判定故障是否发生比单独判定具有更高的可信度。

如果要进行风电回转支承实时故障诊断，在试验数据方面要进行更加深入的研究。如果要进行阈值判断，需要多次试验结果的积累，才能对试验结果进行较为准确的判断。但风电回转支承试验成本高，还需要在少量的试验数据中寻找合适的试验数据处理方法。同时回转支承的设计寿命为 20 年，在实验室进行疲劳试验，需要进行加速试验，建立监测参数与回转支承寿命的关系模型，从而对回转支承进行寿命预测，最终实现大型设备的健康监测。对于大型、特大型回转支承，如风电、盾构机回转支承，由于产品数量稀少，所以一般都是单件或小批量生产，常规小轴承中大规模的疲劳寿命试验方法将不能适用。

四、工程机械回转支承加速寿命试验及分析

（一）试验方案与现象描述

本试验是南京工业大学团队在 2013 年南京工业大学 1000 型试验台上进行的。选取某公司工程机械用 QNA-730-22 内齿式单排四点接触球回转支承作为试验对象，其相关特性见表 4-27，试验台如图 4-45 所示。

表 4-27　被试回转支承 QNA-730-22 的特性

滚道中心直径 D/mm	滚球直径 d/mm	初始压力角 α_o/(°)	曲率比 e	滚球数量 Z	轴向游隙 δ_a /mm	最大轴向力 F_a/kN	最大径向力 F_r /kN	最大倾覆力矩 M /kN·m
730	22	45	1.06	96	0.12	96	35	246

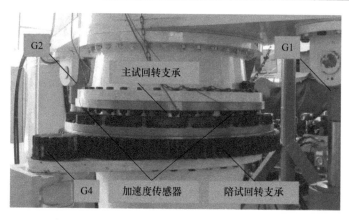

图 4-45　南京工业大学 1000 型回转支承试验台

主试回转支承加速度传感器及受载简图如图 4-46 所示，两两相位差 90°的安装方式也一定程度上避免了振动数据冗余。

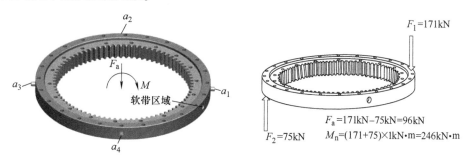

图 4-46　加速度传感器位置及受载简图

该型号回转支承主要用于 6 t 挖掘机，以倾覆力矩为主要研究目标。查阅国标，最相近的 QNA-710-20 承载能力基本在回转支承加载能力范围内，取轴向力 96kN、倾覆力矩 240kN·m 为 100% 极限载荷，试验中可按 25%、50%、75%、100% 逐级递增加载，见表 4-28。据此，对主试回转支承被施以轴向力 F_a = 96kN、倾覆力矩 M = 246kN·m 的极限设计载荷后，以 4r/min 的转速进行加速寿命试验。

表 4-28   试验加载载荷谱

步　骤	加载范围	轴向力/kN	倾覆力矩/kN·m	液压缸1压力/MPa 下拉	液压缸2压力/MPa 上推	转速/(r/min)	持续时间
1	25%	24	60	1.99	0.578	4	30min
2	50%	48	120	3.36	1.69	4	30min
3	75%	72	180	5.2	2.505	4	30min
4	100%	96	240	6.9	3.3	4	2min
5	100%	96	240	7	3.278	4	7 天

加速寿命试验共进行了 11 天，至试验结束时主试回转支承已因滚道严重失效而卡死。温度和转矩的变化趋势分别如图 4-47a、b 所示，振动加速度如图 4-47c 所示。

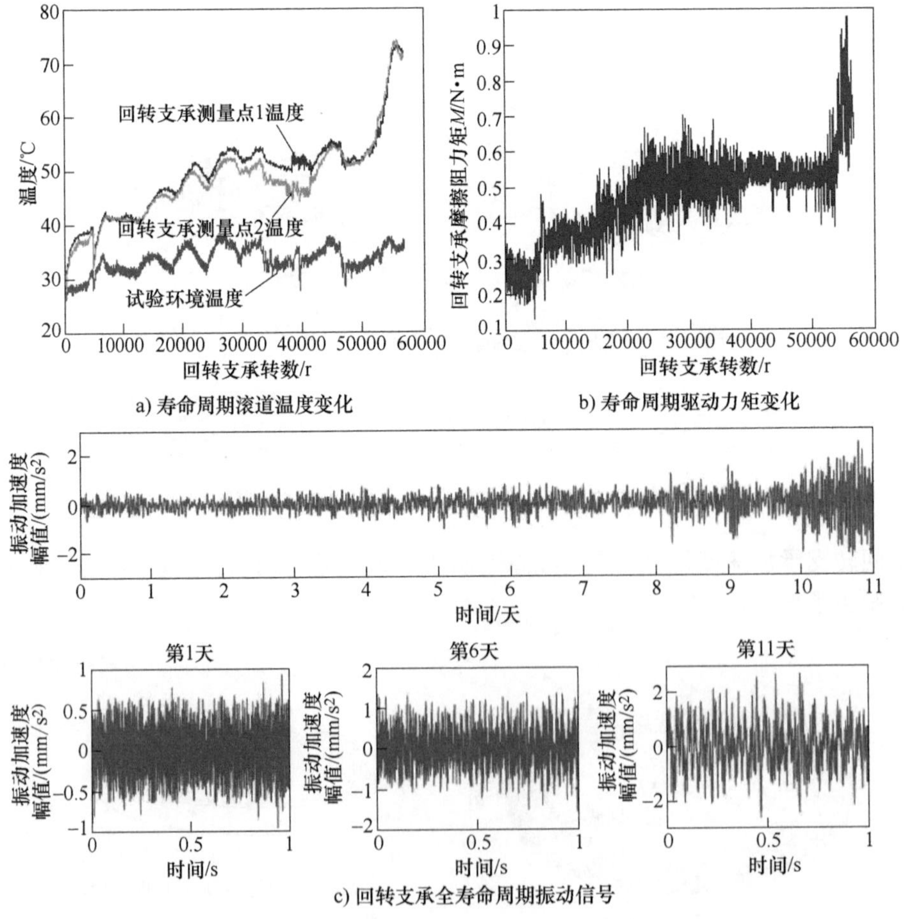

a) 寿命周期滚道温度变化

b) 寿命周期驱动力矩变化

c) 回转支承全寿命周期振动信号

图 4-47   试验过程中温度和驱动力矩、加速度的变化

试验初期，回转支承初始磨合，润滑脂温度和驱动力矩持续上升，而温度随着昼夜温差波动；试验进行至第 7 天时，出现了一根螺栓的疲劳断裂，此时进行了拆机，发现外圈（定圈）软带附近滚道由于疲劳已经出现了区域小幅滑移，而内圈（动圈）上则只是出现了轻微点蚀，分别如图 4-48a、b 所示，这与前文的推论是一致的，即定圈载荷分布固定，应力

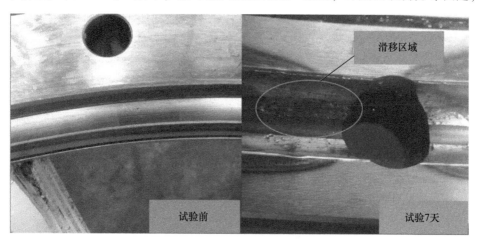

a) 试验7天后定圈滚道出现区域滑移

b) 试验 7 天后动圈滚道出现点蚀

c) 受损的定圈滚道、滚球和动圈滚道

图 4-48　疲劳受损的回转支承部件

较大处损伤较为严重，而动圈载荷相对均匀，损伤程度较低。由于此类轻微的缺陷并不影响回转支承继续服役，因此更换了失效的螺栓并加注了润滑脂后继续装机试验，此时回转支承经过停机冷却且润滑条件改善，温度和驱动力矩均大幅下降；但第 9 天之后，润滑脂温度和驱动力矩均急剧上升，至第 11 天试验结束时，回转支承已经完全失效卡死，外圈滚道出现了严重的疲劳剥落和磨损，部分滚球甚至产生了疲劳断裂，而动圈滚道的点蚀程度仅比试验 7 天时略为加深，如图 4-48c 所示。

（二）滚道磨损量测试试验

对回转支承进行了满载荷全寿命试验后，取 $n=4$ 种应力水平，每个应力水平 4 个样本，将回转支承损伤严重的定圈（外圈）按照图 4-49 分割成 16 个滚道区域；然后，将一个同批次同型号全新的回转支承也按图 4-49 进行切割（见图 4-50），并用低倍扫描电镜对各段滚道区域的横截面进行扫描作为试验前的底层图片。之后，以相同的分辨率将被试回转支承对应序号的滚道截面扫描图覆盖在之前的底片之上，即可观察到被试回转支承试验后每段滚道的磨损情况，见表 4-29。其中，第 1 段和第 4 段滚道截面扫描如图 4-51 所示，可以明显看到试验后的滚道出现了大幅的不均匀磨损。

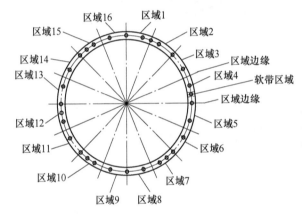

图 4-49　回转支承外圈切割示意

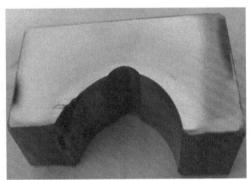

图 4-50　金相试样切片实物

表 4-29　回转支承损伤记录

序　号	内　圈	外　圈
1	损伤严重，出现点蚀、剥落、胶合	损伤严重，出现点蚀、剥落、胶合
2	无明显损伤	无明显损伤
3	较小的压痕	较小的压痕
4	大量的剥落斑点	大量的剥落斑点
5	大量的剥落斑点	大量的剥落斑点
6	大量的剥落斑点	大量的剥落斑点
7	少量的剥落斑点	剥落斑点及胶合
8	少量的剥落斑点	剥落斑点及胶合
9	少量的剥落斑点	少量的剥落斑点

（续）

序　号	内　圈	外　圈
10	较小的压痕	少量的剥落斑点
11	较小的压痕	少量的剥落斑点
12	少量的剥落斑点	大量的剥落斑点
13	大量的剥落斑点	大量的剥落斑点
14	大量的剥落斑点	大量的剥落斑点
15	大量的剥落斑点	大量的剥落斑点
16	轻微压痕	少量的剥落斑点

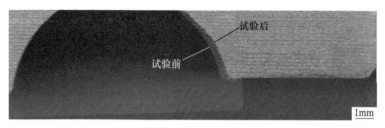

a) 定圈第1段滚道区域的磨损情况

b) 定圈第4段磨损量测量

图 4-51　定圈滚道区域的磨损情况

为了获得各段滚道的磨损量，采用 OLYMPUS 9 体视显微镜对各段滚道进行观察和记录，并用专业的 Q-capture pro 成像系统和驱动及分析软件对滚道接触区域的磨痕宽度位置和深度进行定量分析，最终获取到各段滚道的体积磨损量分布如图 4-52 所示。

由图 4-52 可以看出，定圈第 1、8、9、16 段滚道的磨损最为严重，其中第 1 段滚道的体积磨损量最高达到了 2.264mm³。结合图 4-49、图 4-50 和图 4-51 可知，各段滚道体积磨损量与其滚道接触载荷的分布具有高度的一致性，即定圈滚道中载荷越大的区域磨损越严重，这一现象说明回转支承的滚道磨损是符合 Archard 磨损模型中的假设的，因此，可将其用于滚道载荷与磨损量关系模型的建立等相关研究中，此部分的理论研究见第六章。

（三）滚道磨损金相分析

从表 4-29 中的统计结果可以看出，回转支承内外圈出现明显的损伤，部分区域出现大

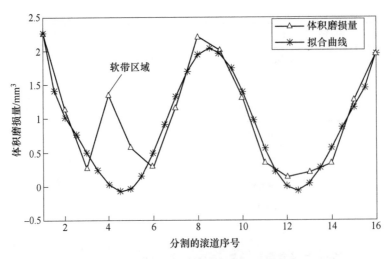

图 4-52　定圈各滚道区域体积磨损量分布

量的剥落点，有些区域出现甚至出现胶合、压痕等现象。试验过程中，区域 5 和区域 6 处于液压缸 1 处，区域 13 和区域 14 处于液压缸 2 处，回转支承受力对称，为了减少工作量，对区域 1~8 相同部位进行微观结构观察。从金相分析的结果可得，回转支承淬火组织的主要成分为马氏体，基体组织的主要成分为索氏体与铁素体，不完全淬火区组织的主要成分为马氏体+索氏体+少量铁素体。由于回转支承区域 5 处于载荷最大处，所以损伤最为严重。图 4-53 所示为滚道侧面淬火区低倍形貌和滚道底部淬火区低倍形貌，当金属颗粒从回转支承滚动体和滚道剥落时，表明回转支承已发生滚动接触疲劳。对于制造良好和润滑充分的回转支承，剥落一般起始于表面下的裂纹，然后扩展到滚道表面，最后在滚道表面形成剥落或麻点。

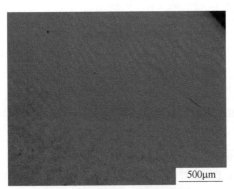

a) 滚道侧面淬火区低倍形貌

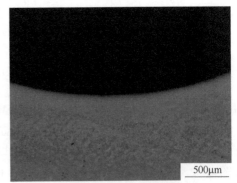

b) 滚道底部淬火区低倍形貌

图 4-53　滚道淬火区低倍形貌

图 4-54 所示为未经硝酸乙醇侵蚀的硬化层裂纹和经硝酸乙醇侵蚀的硬化层裂纹。裂纹表明回转支承在交变载荷作用下，产生了显微组织变化，且裂纹方向与回转支承滚道上表面摩擦力方向大致成 40°~50°，裂纹的扩展取决于应力循环次数与应力大小。图 4-55 所示为区域 1 的金相组织，区域 1 位于软带处，出现疲劳裂纹，且基体中有金属碎屑插入。

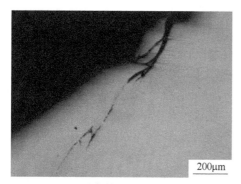
a) 未侵蚀的硬化层裂纹

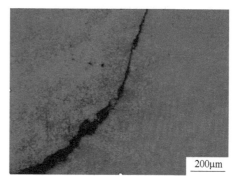
b) 侵蚀的硬化层裂纹

图 4-54　硬化层裂纹

a) 金属碎屑插入基体

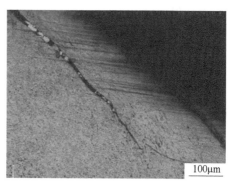
b) 侵蚀的硬化层裂纹

图 4-55　区域 1 的金相组织

图 4-56 所示为试验加速度信号，图 4-56a 所示为 a_1 位置加速度的时域图，图 4-56b

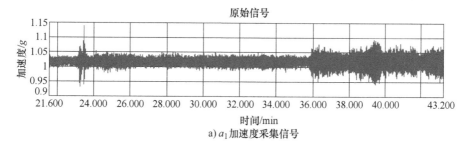
a) a_1 加速度采集信号

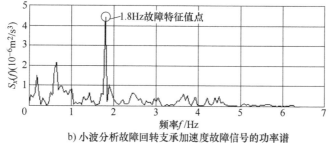
b) 小波分析故障回转支承加速度故障信号的功率谱

图 4-56　加速度传感器信号分析

所示为故障回转支承采用小波分析后的加速度故障信号的功率谱图，在图 4-56b 中有一个 1.8Hz 的故障特征值，但是，同一加速度信号，在不同时刻，此频率却不是恒定出现的。

在数据处理中，相同一组振动信号在进行频谱分析的过程中，出现某一频率振动幅值忽大忽小现象，特征值不明显。寻求特征值不明显产生的原因，金属材料的裂纹是产生振动的主要原因，而裂纹的产生，并非连续性变化，而是间断性的，因此在分析振动信号的过程中，将会出现特征频率间断出现的现象；其次，大型回转支承振动速度慢，振动频率极低（<10Hz），采用传统的数据分析方法，如快速傅里叶、功率谱等频谱分析手段极难获得故障特征，这为后续人工智能的分析方法指明了方向。

以上两个案例都在 2018 年以前完成，不能代表最新的加速寿命试验方法，目前 NB/T 31141—2018《直驱风力发电机组　偏航、变桨轴承型式试验技术规范》对偏航、变桨轴承的试验从试验项目、监测参数和试验流程，都做了一系类的严格要求和指导，可以借鉴到回转支承加速寿命的试验中来。

参 考 文 献

［1］ Germanischer Lloyd. Guideline for the certification of wind turbines［R］. Hamburg：Germanischer Lloyd，2010.

［2］ HARRIS T，RUMBARGER J H，BUTTERFIELD C P. Guideline DG03 wind turbine design yaw and pitch rolling bearing life［R］.［S. l.：s. n.］，2009.

［3］ LUNDBERG G，PALMGREN A. Dynamic capacity of rolling bearings［J］. Mechanical Engineering Series，1947，1（3）：7.

［4］ IOANNIDES E，HARRIS T A. A new fatigue life model for rolling bearing［J］. Journal of Tribology，1985，107（3）：367-378.

［5］ TALLIAN T E. A data-fitted rolling bearing life prediction model-partII：experimental database［J］. Tribology Transactions，1999，39（2）：259-268.

［6］ TALLIAN T E. A data-fitted rolling bearing life prediction model-part IV：model implementation for current engineering use［J］. Tribology Transactions，1996，39（4）：957-963.

［7］ 王坚永. 深沟球轴承可靠性加速试验方法［J］. 轴承，1989（2）：47-52；64.

［8］ 孟瑞，陈捷，王华，高学海. 风电转盘轴承加速寿命试验研究［J］. 组合机床与自动化加工技术，2013（12）：83-85.

［9］ 殷凤龙. 基于加速寿命试验的滚动轴承寿命预测研究［D］. 北京：国防科学技术大学，2012.

［10］ ŽVOKELJ M，ZUPAN S，PREBIL I. EEMD-based multiscale ICA method for slewing bearing fault detection and diagnosis［J］. Journal of Sound and Vibration，2016，370：394-423.

［11］ KUNC R，ZEROVNIK A，PREBIL I. Verification of numerical determination of carrying capacity of large rolling bearings with hardened raceway［J］. International Journal of Fatigue，2007，29（9-11）：1913-1919.

［12］ CAESARENDRA W，PRATAMA M，KOSASIH B，et al. Parsimonious network based on a fuzzy inference system（panfis）for time series feature prediction of low speed slew bearing prognosis［J］. Applied Sciences，2018，8（12）：2656.

［13］ VADEAN A. Bolted joints for very large bearings：numerical model development［J］. Finite Elements in Analysis and Design，2006，42（4）：298-313.

［14］ 刘贝贝. 兆瓦级风电变桨偏航和主轴承试验机的研制［D］. 大连：大连理工大学，2013.

［15］ 邵阳. 3.6 m 大型风机轴承试验台研发［J］. 哈尔滨轴承，2015，36（4）：3-4；11.

［16］何家群．风力发电机组轴承的抗疲劳制造［J］．轴承，2010（12）：50-54.

［17］张春华，温熙森，陈循．加速寿命试验技术综述［J］．兵工学报，2004，25（4）：485-490.

［18］葛广平．我国加速寿命试验研究的现状与展望［J］．数理统计与管理，2000，19（1）：25-29.

［19］茆诗松．加速寿命试验［M］．北京：科学出版社，1997.

［20］LEVENBACH G J. Accelerated life testing of capacitors［J］. IRE Transactions on Reliability and Quality Control，1957，PGRQC 10（1）：9-20.

［21］李海波．加速寿命试验方法及其在航天产品中的应用［J］．强度与环境，2007，34（1）：1-10.

［22］陈循，张春华．加速试验技术的研究、应用与发展［J］．机械工程学报，2009，45（8）：130-136.

［23］MAZZUCHI T A，SOYER R. Dynamic models for ststistical inference from accelerated life tests［C］.［S. l.：s. n.］，1990.

［24］HIROSE H. Estimation of threshold stress in accelerated life-testing［J］. IEEE Transactions on Reliability，1993，42（4）：650-657.

［25］WATKINS A J. Review：Likelihood method for fitting weibull log-linear models to accelerated life-test data［J］. IEEE Transactions on Reliability，1994，43（3）：361-365.

［26］BUGAIGHIS M M. Exchange of censorship types and its impact on the estimation of parameter of a Weibull regression model［J］. IEEE Transactions on Reliability，1995，44（3）：496-499.

［27］MCLINN J A. New analysis methods of multilevel accelerated life tests［C］.［S. l.：s. n.］，1999.

［28］WANG W，KECECIOGLU D B. Fitting the Weibull log-linear model to accelerated life-test data［J］. IEEE Transactions on Reliability，2000，49（2）：217-223.

［29］张志华，茆诗松．恒加试验简单线性估计的改进［J］．高校应用数学学报，1997，12（4）：417-424.

［30］武东，汤银才．Weibull 分布步进应力加速寿命试验的 Bayes 估计［J］．应用数学学报，2013，36（3）：495-501.

［31］李新翼．部分加速寿命试验的理论与方法［D］．温州：温州大学，2014.

［32］吴云顺．Weibull 分布下定数截尾恒加试验的一种最优设计［J］．数学理论与应用，2011，31（4）：52-57.

［33］陈文华，杨帆，刘俊俊，等．步进应力加速寿命试验方案模拟评价理论与方法［J］．机械工程学报，2012，48（22）：177-181；188.

［34］张学新，费鹤良．Weibull 分布下多组序进应力加速寿命试验的统计分析［J］．高校应用数学学报，2009，24（2）：175-182.

［35］YIN X K. Some aspects of accelerated life testing by progressive stress［J］. IEEE Transactions on Reliability，1987，36（1）：150-155.

［36］NELSON W. Accelerated life testing：step-stress models and data analysis［J］. IEEE Transactions on Reliability，1980，29（2）：103-108.

［37］BHATTACHARGGA G K，SOEJOETI Z A. A tampered failure rate model for step-stress accelerated life test［J］. Communications in Statistics Theory and Method，1989，18（5）：1627-1643.

［38］TANG L C，SUN Y S. Analysis of step-stress accelerated-life-test data：a new approach［J］. IEEE Transactions on Reliability，1996，45（1）：69-74.

［39］CHEROFF H. Optimal accelerated life designs for estimation［J］. Technometrics，1962，4（3）：381-408.

［40］MEEKER W Q，NELSON W. Optimum accelerated life tests for the weibull and extreme value distributions［J］. IEEE Transactions on Reliability，1975，24（5）：321-332.

［41］徐东，徐永成，陈循，等．滚动轴承加速寿命试验技术研究［J］．国防科技大学学报，2010，32

　　　　（6）：122-129.

［42］王坚永，庄中华，吴秀鸾，等．滚动轴承可靠性加速寿命试验研究［J］．轴承，1996（9）：23-28.

［43］郭峻．对步进应力加速寿命试验的实施和讨论［J］．应用概率统计，1988，4（3）：327-331.

［44］马海训，秘自强，张和平．黑白电视机的温度步进加速寿命试验［J］．应用概率统计，1994，10
　　　　（4）：442-445.

［45］张苹苹．航空产品加速寿命试验研究及应用［J］．北京航空航天大学学报，1995，21（4）：124-129.

［46］张苹苹，卢建生，张增良，等．输油泵加速寿命试验方法及可靠性研究［J］．北京航空航天大学学
　　　　报，1992，18（1）：65-71.

［47］高学海，王华．风电机组转盘轴承的加速疲劳寿命试验［J］．风能，2012（11）：76-80.

［48］康乃正，毛志远．高应力水平下滚动轴承疲劳寿命试验研究［J］．材料科学与工程，1996，14（3）：45-49.

［49］高学海．风电转盘轴承滚道承载能力研究［D］．南京：南京工业大学，2012.

［50］殷凤龙．基于加速寿命试验的滚动轴承寿命预测研究［D］．北京：国防科学技术大学，2012.

第五章

回转支承故障诊断原理与方法

第一节　回转支承故障诊断研究现状

　　随着大型回转机械的广泛应用，人们对其核心部件运行状态的重视程度日益加强。由于早期设计制造、加工工艺存在一定程度的缺陷，以及国内在线监测和运行维护理念的相对落后，导致对回转支承运行维护管理的成本较高，极大地增加了企业运营成本。尽管目前国内外对于中高速运行的滚动轴承故障诊断方法研究理论比较成熟，但对工作条件为低速、重载的回转支承故障诊断研究方法较少。借鉴滚动轴承故障诊断相关研究理论方法可知，对回转支承故障研究方法主要包括数据获取及信号降噪处理、特征提取及特征矩阵建立、特征信息压缩降维以及人工智能诊断模型的建立与识别。回转支承故障诊断方法研究技术路线如图 5-1 所示。

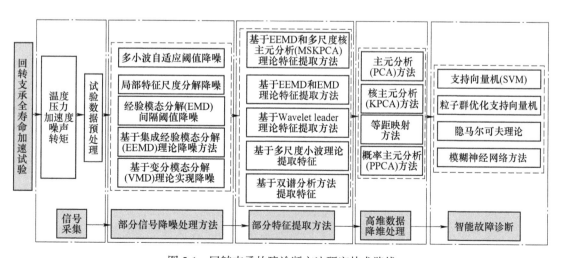

图 5-1　回转支承故障诊断方法研究技术路线

一、回转支承信号降噪处理方法

针对回转支承工作载荷大，运行速度低（风电偏航回转支承运动<1r/min，变桨回转支承运动<24r/min，振动频率在 10Hz 以下），工作环境恶劣，故障特征信息具有比较微弱、容易被外界环境噪声所淹没，以及不易识别的特点，在对回转支承振动信号进行分析处理之前需对其进行降噪预处理，去除干扰信息，提取有效的故障信息。目前比较常用的降噪方法主要包括：时频降噪法、自适应降噪法、小波降噪法、小波包降噪法、自相关降噪法，其中时频域降噪包括 EMD 降噪、EEMD 降噪、局部均值分解（LMD）降噪、变分模态分解（VMD）降噪等。北京工业大学张建宇等提出多小波自适应阈值降噪方法进行回转支承降噪处理，相比单小波降噪方法，多小波具有高阶消矩性、紧支性、正交性和对称性等优点，通过仿真试验进行分析比较，结果表明多小波自适应阈值技术具有更好的降噪效果。湖南大学杨宇等采用局部特征尺度分解（LCD）方法对故障信息降噪处理，通过借助互相关法对信号进行分析处理，剔除噪声信号，保留有效信息并对信息进行重构，达到降噪的效果。石家庄铁道大学马增强等采用变分模态分解（VMD）方法获得若干不同频率的本征模态分量并依据峭度准则筛选有效分量重构信息，并利用快速独立成分分析（FastICA）对重组信息再次进行降噪处理，从而提取出有效故障特征信息。中北大学潘宏侠等结合局域波理论和双谱分析对具有短时冲击特性的振动信号进行降噪处理分析，通过对自动机故障进行诊断分析证实了这种方法的有效性。内蒙古科技大学王建国等针对轴承振动信号特点，提出了采用自相关函数对振动信号处理的自相关降噪方法，并通过试验证明了所提降噪方法的有效性。重庆大学陈海周等针对滚动轴承故障信号主要是冲击波形的特性，通过最小熵解卷积（MED）算法对故障信号进行降噪处理，增强了信号中的有用信息，实现了较好的降噪效果。西安交通大学周智等结合 EMD 间隔阈值降噪和极大似然估计相结合的方法对振动信号进行降噪分析，通过仿真信号与试验验证了该方法比 EMD 间隔阈值的硬阈值和软阈值降噪法及小波降噪法具有更好的降噪效果。南京工业大学杨杰等提出将 EEMD 与主元分析方法相结合的降噪处理方法，通过与基于峭度准则和基于相关系数准则的 EEMD 降噪方法进行比较，证明了基于多尺度主元分析的 EEMD 降噪方法具有更好的降噪效果。南京工业大学封杨等结合 EEMD 和 PCA 方法对比分析回转支承运行初期振动信号和整个寿命周期的信号，以筛选出信号中影响相对比较大的几个固有模态函数（IMF）分量完成信号重构，从而实现降噪的目的。

与一般的单一小波降噪方法相比，多小波分析具备小波函数和多个尺度函数，在信号处理上具有更好的效果。EMD 和 LMD 方法都可以实现对振动信号的降噪处理，但这两种方法都存在一定的不足之处：EMD 方法在处理振动信号时会出现欠包络、过包络和频率混淆等问题；LMD 在处理信号时会出现信号突变和端点效应问题。相比 EMD 方法，EEMD 方法在 EMD 分解时通过多次添加高斯白噪声并求取平均值的方式解决了 EMD 存在的缺陷问题，但同时也造成了因无法完全去除高斯白噪声而导致重构误差较大的问题。LMD 方法在端点效应以及分解时间方面较 EMD 算法均有较明显的优势。VMD 方法在信号处理方面能将信号分解转换成非递归、变分模态，具有较好的噪声鲁棒性。

二、振动信号特征信息提取

信号处理方法一般是从时域、频域和时频域的角度出发，常用的时域特征包括最大值、最小值、均值和均方根等时域参数；频域特征包括幅值谱、功率谱和倒频谱等频域参数；时频域分析方法包括小波变换（WT）、小波包分析、基于多尺度主元分析的聚类经验模态分解等方法。沈阳航空航天大学艾延廷等采用小波降噪方法对故障轴承的声发射信号进行降噪处理，采用 EEMD 对降噪后信号进行分解以获取固有模态函数（IMF），最后借助马氏距离方法消除虚假 IMF 分量，提取出反映故障特征信息的有用 IMF 分量。南京工业大学杨杰等通过多尺度小波对回转支承故障信号进行分解，并采用频谱分析法对故障频率集中的低频段进行分析，最后利用小波能量谱对回转支承进行诊断分析。南京工业大学陈捷等基于双谱分析方法对回转支承振动信号进行特征提取，结合支持向量机（SVM）实现对故障信息的诊断识别，并通过试验验证了方法的可行性。斯洛文尼亚卢布尔雅那大学的 Matej Zvokelj 等结合 EEMD 和 MSKPCA 方法对滚动轴承振动信号进行处理，通过对非线性信号进行多尺度分析以提取复杂信号中的有用信息，从而提高轴承故障检测的可靠性。澳大利亚卧龙岗大学的 Wahyu Caesarendra 采用 EMD 和 EEMD 方法对低速运行的回转支承进行特征提取，并利用试验证明了该方法在特征提取方面的效果优于一般的提取方法。南京工业大学赵阳等首先利用低通滤波器对振动信号预处理，然后通过 EMD 构造多通道测试信号，并利用峭度指标筛选出最优测试信号作为 FastICA 的输入以提取出源信号，最后通过模拟试验验证了该方法能较好地获取振动信号的故障特征。上海交通大学的李彦明等提出多重分形特征可以表征振动信号的几何结构特征，相比其他多重分形计算方法，Wavelet leader 具有良好的数学基础，计算简便，因此提出基于 Wavelet leader 多分形振动信号特征提取的方法，通过试验证明了基于 Wavelet leader 方法具有良好的特征提取效果。南京工业大学赵祥龙采用 Wavelet leader 对回转支承进行多分形特征提取的应用效果良好。

三、高维特征信息压缩、降维处理方法

机械振动信号中通常包含大量的特征信息，导致数据的维数较高，高维数据中通常包含大量冗余信息。因此，需要通过降低特征数据的维数来去除无用信息，保留有效信息，从而降低模式分类器的计算量和存储量，提高计算的效率。降维方法一般分为线性降维和非线性降维两种方法：线性降维主要包括线性判别分析（LDA）、局部保留投影（LPP）、主元分析（PCA）等方法；非线性降维主要包括类似核主元分析（KPCA）、概率主元分析（PPCA）等基于核的降维方法和基于流行学习的降维方法。西安交通大学的郑晴晴分别获取振动信号的频域指标、时域指标以及小波包能量构成特征向量，然后采用主元分析对多维特征向量进行降维处理，获取包含主要信息的低维特征向量矩阵，极大地降低了后续故障分类的计算量，提高了效率。南京工业大学的陆超等采用概率主元分析（PPCA）方法对高维特征向量进行降维，并通过试验证明了该方法相比主元分析（PCA）具有更好的降维效果。青岛理工大学的徐卫晓等采用核主元分析（KPCA）方法对多维特征进行降维处理，缩短了诊断时间，并提高了诊断的正确率。Lu Chao 等通过 PCA 对多参数特征向量进行融合，以获取振动信号的有效信息，同时结合最小二乘支持向量机完成回转支承退化性能的评估，并通过试验证明了所提方法的准确性和高效性。等距映射（ISOMAP）作为典型的流行学习方法，在机器学

习、信号处理等领域具有广泛的应用前景。Benkedjouh 等利用 ISOMAP 对基于小波分解获取的高维特征向量进行降维分析，以获得表征轴承寿命信息的特征指标，最后通过试验证明了该方法在轴承剩余使用寿命预测方面的有效性。重庆大学的陈法法等利用 ISOMAP 建立了齿轮箱故障特征指标，并结合 KNN 分类器进行故障模式识别，结果表明该方法具有很好的识别结果。

四、智能故障诊断研究方法

智能故障诊断常用的方法主要包括统计学习方法和人工智能方法，统计学习方法包括隐马尔可夫模型和支持向量机模型等。南京工业大学的钮满志等将转矩信号、温度信号和小波能谱构造成特征向量，借助支持向量机模型对正常状态、单个螺栓断裂、多个螺栓断裂 3 种状态实现状态识别，结果识别率均达到 100%。南京工业大学的陆超等为了正确诊断出回转支承寿命状态，提取多参数特征构造特征向量，并通过粒子群优化的支持向量机（PSO-SVM）模型进行寿命状态识别，相比一般单参数支持向量机识别，该方法具有较好的识别效果。由于支持向量机采用不等式约束的算法，计算过程较复杂，Lu Chao 采用最小二乘法改进的支持向量机模型（LSSVM）进行回转支承退化趋势预测，并通过试验证明了该方法的高效性和可靠性。南京工业大学孙炎平等对故障信号进行 EMD 分析，以获取其固有模态函数能量作为故障特征向量，并通过隐马尔可夫分类器实现模式识别，通过试验证明了该方法可准确识别故障类型。人工智能方法中应用较为广泛的是人工神经网络方法。武汉科技大学的褚青青等通过多分形方法获取振动时间序列的多分形谱和广义分形维数，并将其作为神经网络的输入进行故障诊断，并通过试验证明了该故障诊断方法具有较高的识别率。内蒙古工业大学的司景萍等提出基于模糊神经网络的智能故障诊断系统，并通过仿真试验对发动机振动信号进行分析处理，结果表明该方法不仅学习速度快，而且诊断精度高。南京工业大学的封杨等提出了以平方预测误差（SPE）作为判断设备性能退化趋势的指标，并将多组 SPE 组合起来获得连续平方预测误差（C-SPE），最后建立了基于 C-SPE 的相关时域特征的回转支承退化预测模型。

第二节 基于信号处理技术的故障诊断方法

基于信号处理技术的故障诊断是一种较常用的传统诊断方法，此类方法往往从回转支承的振动信号入手，通过对所采集振动信号的频域图谱进行观察，从中寻找不同类型故障对应的故障频率，进而确定故障的类型与部位。同时，为使频域图谱中的故障频率信息更加明显，分析人员往往会选择合适的信号降噪方法对原始信号进行预处理，以减少频谱图中无用的频率成分，如本节中的不同降噪方法，在应用时需视实际情况加以选择。此外还需注意的是，此类方法顺利进行的前提是能够计算出待诊断回转支承中不同部件的故障频率，否则将难以确定故障。

一、时域统计分析

时域统计分析是通过计算设备振动信号的各种时域参数和指标并进行分析，从而初步判断旋转设备的故障。信号时域分析方法就是根据回转支承试验台上传感器测到的信号时间历程的记录波形分析幅值与时间的关系，并用统计分析法提取有效的故障信息。时域分析主要是提供各参量的幅值、分析验证测试结果的可靠性，也可以通过量纲分析和曲线等方法，求出经验公式，得出振动规律。时域分析方法的特点是能比较直观地分析出各测量峰值与时间的关系。

振动信号的很多时域统计特征参量会随着设备故障的出现而发生改变，不同类型的故障以及严重程度会影响这些统计参量的变化。时域特征主要包括两类：有量纲特征指标和无量纲特征指标。有量纲特征指标主要包括方差、方根幅值、峰峰值和均方根值等参数；无量纲指标主要包括波形指标、脉冲指标、峭度指标和歪度指标等参数。有量纲指标一般用于表征机械状态，并且其值受机械设备的结构尺寸、负载转速等因素影响；无量纲指标一般对机械设备的运转并不敏感，其值仅与振动信号的概率密度函数相关。

当回转支承发生故障时，在运转的过程中产生的振动程度会比正常时剧烈，同时，转动阻力矩增大，在故障发生长时间后，润滑液温度也会升高，这些现象都会反应在传感器检测信号中。这样通过对回转支承振动、转矩以及温度信号的时域分析，可以由信号的幅值、峭度等参数与正常运行时对比，可初步判断回转支承是否存在故障。两类时域指标的计算方法见表 5-1 和表 5-2。

表 5-1 时域有量纲指标的计算方法

序号	名称	计算公式	序号	名称	计算公式
1	均值	$\bar{X}=\sum_{i=1}^{n}x_i$	6	歪度	$X_w=\frac{1}{n}\sum_{i=1}^{n}x_i^3$
2	方差	$\sigma_x^2=\frac{1}{n-1}\sum_{i=1}^{n}(x_i-\bar{X})^2$	7	方根幅值	$X_r=\left(\frac{1}{n}\sum_{i=1}^{n}\sqrt{|x_i|}\right)^2$
3	最大值	$X_{max}=\max(x_i)$	8	均方根值	$X_{rms}=\sqrt{\frac{1}{n}\sum_{i=1}^{n}x_i^2}$
4	最小值	$X_{min}=\min(x_i)$	9	绝对平均幅值	$|\bar{X}|=\frac{1}{n}\sum_{i=1}^{n}|x_i|$
5	峭度	$X_q=\frac{1}{n}\sum_{i=1}^{n}x_i^4$	10	峰峰值	$X_{p-p}=\max(x_i)-\min(x_i)$

表 5-2 时域无量纲指标的计算方法

序号	名称	计算公式	序号	名称	计算公式
1	波形指标	$S_f=\frac{X_{rms}}{|\bar{X}|}$	4	峰值指标	$C_f=\frac{X_{max}}{X_{rms}}$
2	脉冲指标	$I_f=\frac{X_{max}}{|\bar{X}|}$	5	裕度指标	$CL_f=\frac{X_{max}}{X_r}$
3	峭度指标	$K_v=\frac{X_q}{X_{rms}^4}$	6	歪度指标	$P=\frac{X_w}{X_{rms}^3}$

二、频域诊断方法

利用幅值域参数指标可以实现对回转支承故障的简易诊断，即判断回转支承是否发生故障，但时域指标参数无法精确判断故障的类型、故障发生的位置，以及故障的严重程度等，这就需要对回转支承的信号进行频域分析，根据频谱图中的频率成分及各有关频率成分处幅值的大小进行诊断。频谱分析的目的是把复杂的时间波形经傅里叶变换后分解为若干谐波量来分析，以获得信号的频率结构以及谐波幅值和相位等相关信息。频谱分析是设备故障诊断和健康管理中应用最广泛的信号处理、特征提取方法之一，常用的频谱分析的方法有功率谱分析、倒频谱分析等。

（一）功率谱分析

功率谱分析是故障诊断中常用的谱分析方法。在频谱分析中，幅值谱通过信号的傅里叶变化直接求得，而功率谱可通过幅值谱的平方求得，另外也可以通过互相关函数的傅里叶变换求得。

功率谱分析包括自功率谱和互功率谱。自功率谱采用快速傅里叶变换（FFT）方法直接从原始数据计算功率谱密度估计，从原理上讲，可以用任意采样长度 N，但是为了减少运算次数，实践中往往采用长度 $N = 2^m$（m 为整数）的记录数据。因此，数据序列必须被截取或者加上零点，以得到所要求的数据点个数。自功率谱能够将实测的复杂工程信号分解成简单的谐波分量来研究。

互功率谱指频谱分析中需要对各个信号本身和相互之间的关系进行探讨，为此，需做各种谱的形状和谱之间的相互分析。求互功率谱有两种方法，直接方法和通过快速傅里叶变换的方法，它们实际上是功率谱密度函数计算方法的推广。

（二）倒频谱分析

倒频谱也称逆谱，它是频域信号的傅里叶积分变换的再变换。由于倒频谱在功率谱的对数转换时，给幅值较小的分量有较高的加权，因此倒频谱既可用来判别谱的周期性，又能精确地测出频率间隔。它有极强的信号识别能力，能将功率谱上无法做出定量估计的成簇边频带谱线转化为倒频谱上的单根谱线，从而较好地检测出功率谱中的周期成分。应用倒频谱分析，能够成功获得齿轮振动信号的调制边频带中的调制频率，反映出故障特征，这样就实现了设备的诊断故障。

倒频谱分析可以处理复杂频谱图上的周期结构，倒频谱分析包括功率倒频谱分析和复倒频谱分析两种形式。功率倒频谱 $C(\tau)$ 的计算公式为

$$C(\tau) = F^{-1}[\lg S_x(f)] \tag{5-1}$$

式中，$S_x(f)$ 为信号 $x(t)$ 的单边功率谱，τ 为倒频率。

倒频谱分析有如下优势：

1）对机械设备进行故障诊断时，传感器检测和采集到的信号实际是振动信号本身与传递函数的综合，而非只有振动信号，然而由于传递途径与振源的倒频谱差别很大，因此很容易区别开来。

2）倒频谱是再现的频谱，在倒频谱图中可以突出反映出边频现象，在进行倒频谱变换时，它能将周期成分从频谱图中分离出来。

三、振动信号降噪方法

由于时域分析方法仅能在时间尺度上表征信号，而频域分析方法则仅能在频率尺度上反映回转支承的退化或故障信息，这两类方法对于故障信息的表征均存在一定的片面性。时频

域分析方法作为一种能够表征时域与频域相互关系的分析方法，十分适用于回转支承非平稳振动信号的分析与处理，诸如小波分析、小波包分解、经验模态分解及集成经验模态分解等，并且常作为一种信号降噪方法被用于传统谱图诊断中。后续章节中，将对回转支承常用的几种时频分析及降噪方法进行介绍。

（一）基于 HHT 的降噪方法

1. Hilbert-Huang 变换（HHT）

HHT 是一种新的数据或者信号处理方法，可以处理非线性非平稳信号。N. E. Huang 等认为任何信号都是由基本信号、固有模态信号或固有模态函数（IMF）组成，IMF 相互叠加就形成复合信号。这种方法主要由两部分组成：一是经验模态分解（Empirical Mode Decomposition，EMD），通过 EMD，将信号分解成一系列 IMF（一般为有限数目）的和；二是在其基础上进行 Hilbert 变换得到的时频谱。

（1）经验模态分解（EMD）　HHT 中的 IMF 必须满足以下两个条件：

1）整个信号中，零点数与极点数相等或至多相差 1。

2）信号上任意一点，由局部极大值点确定的包络线和由极小值点确定的包络线的均值为零。

用 EMD 将信号分解成 IMF 的和的步骤是：先识别信号 ［设为 $x(t)$ 的所有极值点］，然后用所有极大值点和所有极小值点分别拟合出 $x(t)$ 的上包络线 $e_{\text{sup}}(t)$ 和下包络线 $e_{\text{low}}(t)$，满足

$$e_{\text{low}}(t) < x(t) < e_{\text{sup}}(t) \tag{5-2}$$

记上、下包络线的平均值为 $m(t)$，则其定义为

$$m(t) = \frac{e_{\text{sup}}(t) + e_{\text{low}}(t)}{2} \tag{5-3}$$

将 $x(t)$ 减去 $m(t)$ 得

$$c(t) = x(t) - m(t) \tag{5-4}$$

将 $c(t)$ 看作新的 $x(t)$，反复重复上述分解过程，直到满足判止准则为止，就分解出第一个 IMF，得到

$$m_1(t) = x(t) - c_1(t) \tag{5-5}$$

将 $m_1(t)$ 作为新的 $x(t)$，用相同方法可以依次筛选出原信号中的其他 IMF，最终可表示为

$$x(t) = \sum_{k=1}^{n} c_k(t) + m_n(t) \tag{5-6}$$

由上可知，EMD 方法是基于信号的局部特征时间尺度，能把任何一个复杂的信号 $x(t)$ 分解为 n 个固有模态函数 IMF 和一个残余量 r_n 之和，其中，分量 c_1，c_2，$\cdots$，c_n 分别包含了信号从高到低不同频率段的成分，每一频率段所包含的频率成分是不同的，而且是随信号 $x(t)$ 变化而变化的，而 r_n 则表示了信号 $x(t)$ 的中心趋势。

（2）Hilbert 变换　对每个固有模态函数 $c_i(t)$ 做 Hilbert 变换得到

$$H[c_i(t)] = \frac{1}{\pi} \int_{-\infty}^{\infty} \frac{c_i(t')}{t - t} \mathrm{d}t \tag{5-7}$$

构造解析信号

$$z_i(t) = c_i(t) + \text{j}H[\,c_i(t)\,] = a_i(t)\,\text{e}^{\text{j}\varPhi_i(t)} \qquad (5\text{-}8)$$

于是得到幅值函数

$$a_i(t) = \sqrt{c_i^2(t) + H^2[\,c_i(t)\,]} \qquad (5\text{-}9)$$

和相位函数

$$\varPhi_i(t) = \arctan\frac{H[\,c_i(t)\,]}{c_i(t)} \qquad (5\text{-}10)$$

进一步可以求出瞬时频率

$$\omega_i(t) = \frac{\text{d}\varPhi_i(t)}{\text{d}t} \qquad (5\text{-}11)$$

这样，可以得到

$$x(t) = \text{Re}\sum_{i=1}^{n} a_i(t)\,\text{e}^{\text{j}\varPhi_i(t)} = \text{Re}\sum_{i=1}^{n} a_i(t)\,\text{e}^{\text{j}\int\omega_i L(t)\,\text{d}t} \qquad (5\text{-}12)$$

这里省略了残量 r_n，Re 表示取实部，展开上式称为 Hilbert 谱，记作

$$H(\omega,t) = \text{Re}\sum_{i=1}^{n} a_i(t)\,\text{e}^{\text{j}\omega_i(t)\,\text{d}t} \qquad (5\text{-}13)$$

$H(\omega,t)$ 精确地描述了信号的幅值在整个频率段上随时间和频率的变化规律。

（3）HHT 的特点　与传统的信号或数据处理方法相比，HHT 有如下特点：

1）HHT 能分析非线性非平稳信号。传统的数据处理方法，如傅里叶变换只能处理线性非稳的信号，小波变换虽在理论上能处理非线性非平稳信号，但在实际算法实现中却只能处理线性非平稳信号。历史上还出现过不少信号处理方法，然而它们不是受线性束缚就是受平稳性束缚，并不能完全意义上处理非线性非平稳信号。HHT 则不同于这些传统方法，它彻底摆脱了线性和平稳性束缚，非常适用于分析非线性非平稳信号。

2）完全自适应性。傅里叶变换的基是三角函数，小波变换的基是满足"可容性条件"的小波基，在实际工程中，如何选择小波基是一件非常不容易的事情，选择不好，产生的结果会相差很大；然而 HHT 能够自适应产生"基"，避免了上述方法的缺点。

3）不受海森伯（Heisenberg）测不准原理制约。

2. 基于 HHT 的故障诊断研究实例

王然风通过 HHT 对数据采样频率的要求得出，在处理大型复杂机电设备故障诊断时，采用信号的采样频率要为信号的最高频率的 10 倍以上，因为如果仅仅满足香农定理，则信号的时频分布会失去信号的本身意义；当在 6 倍以内时，可获得信号的真实频率信息，但幅值信息反映不真实；当为 10 倍以上时，不仅可获得信号的真实信号频率信息，而且可以获得真实的幅值信息。图 5-2 所示为某次回转支承试验获取的加速度信号。

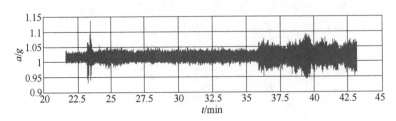

图 5-2　故障回转支承的加速度信号时域图原始图形

经过 12 层分解出的各分量如图 5-3 所示。

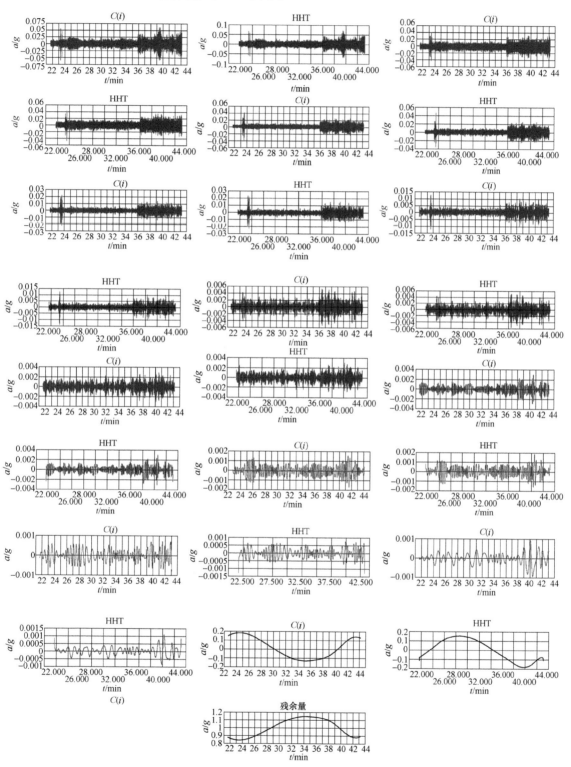

图 5-3　故障回转支承的加速度信号 HHT 分解

在对 $C(i)$ 做 Hilbert 变换后进行功率谱分析；如图 5-4 所示，可以看出在 $C(1)$ 层有一频率为 349.5Hz 的波峰。此波峰与小波分析的波峰相同，通过排查，得出是液压站引起的振动。

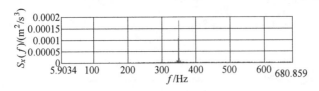

图 5-4　$C(i)$ 的 Hilbert 功率谱

另外，根据回转支承的频率特点及 HHT 中的 $C(i)$ 是从高频到低频变化的，确定发生故障的大概频率段，由此可知故障段主要集中于 $C(8)$、$C(9)$、$C(10)$ 三个波形中，图 5-5 中的故障信号的层边际谱与图 5-6 中的原始信号的相同层边际谱比较得到：边际谱中有一个频率为 1.8Hz 的波峰，这与小波变换得到的频率相同，但是从图 5-5 中可以看出，此图中还有其他与之相近的频率也有波峰，而且在 $C(9)$ 层含有波峰的频率更多。如果单从此方法分析的图中，很难确切地发现故障频率，这是由于测得的振动信号中除了具有反映有关轴承本身的工作状态信息外，还包含了大量的机械设备中其他运动部件和结构的信息，这些信息对于研究回转支承本身的工况与故障来说属于背景噪声。由

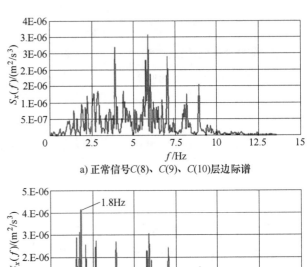

a) 正常信号 $C(8)$、$C(9)$、$C(10)$ 层边际谱

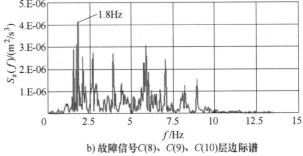

b) 故障信号 $C(8)$、$C(9)$、$C(10)$ 层边际谱

图 5-5　基于 HHT 的加速度信号故障诊断

于背景噪声往往比较大，低频故障信号常常淹没在背景噪声中，而噪声对 HHT 分解影响很大，所以很难找到故障频率。经过小波降噪的 HHT 方法可以验证，经过降噪的分析更清晰，如图 5-6 所示。

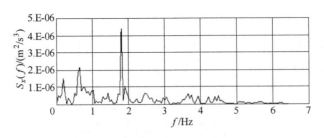

图 5-6　基于 DB 小波降噪的 HHT 加速度信号故障诊断

（二）基于 RLMD 的降噪方法

1. RLMD 的理论

（1）LMD 理论简介　局部均值分解（LMD）是 2005 年由 Smith 提出的一种应用于处理多分量信号的自适应分析方法。其实质是通过从原信号中分离出纯调频信号（FM）和包络信号部分，两者之积便获得了具有物理意义的乘积函数（PF）分量，然后不断迭代直至分解出所有的 PF 分量。假设原信号为 $x(t)$，经过 LMD 算法处理后可获得一系列 PF 分量以及剩余分量 $u_k(t)$，具体的分解过程如下。

1）求取原信号相邻极值 n_i 和 n_{i+1} 的局部均值和局部幅值，如

$$m_i = \frac{n_i + n_{i+1}}{2} \tag{5-14}$$

$$a_i = \frac{|n_i - n_{i-1}|}{2} \tag{5-15}$$

然后使用滑动平均法对获得的一系列的均值 m_i 和包络估计值 a_i 进行平滑处理，分别得到局部均值函数 $m_{11}(t)$ 和包络估计函数 $a_{11}(t)$。

2）在原信号 $x(t)$ 中分离出局部均值函数 $m_{11}(t)$，公式为

$$h_{11}(t) = x(t) - m_{11}(t) \tag{5-16}$$

用式（5-16）中的 $h_{11}(t)$ 除以包络估计函数以实现解调功能：

$$s_{11}(t) = h_{11}(t)/a_{11}(t) \tag{5-17}$$

对 $s_{11}(t)$ 重复以上步骤得到对应的包络估计函数 $a_{12}(t)$，若该值不为 1，则 $s_{11}(t)$ 不是纯调频信号，仍然需要重复上面的迭代过程，直至得到 $s_{1n}(t)$ 为一个纯调频信号。

3）上述迭代过程中的所有包络估计函数之积得到的包络函数就是瞬时幅值函数：

$$a_1(t) = a_{11}(t) a_{12}(t) \cdots a_{1n}(t) = \prod_{q=1}^{n} a_{1q}(t) \tag{5-18}$$

4）包络信号 $a_1(t)$ 和调频信号相乘得到的结果即为物理分量 PF_1：

$$PF_1(t) = a_1(t) s_{1n}(t) \tag{5-19}$$

式中涵盖了原信号中的最高频率成分，瞬时幅值是包络信号 $a_1(t)$，瞬时频率 $f_1(t)$ 则可以通过如下公式求得：

$$f_1(t) = \frac{1}{2\pi} \frac{d[\arccos(s_{1n}(t))]}{dt} \tag{5-20}$$

5）从原信号 $x(t)$ 中不断分离出 PF 分量，直到获得一个单调函数为止，即

$$u_1(t) = x(t) - PF_1(t)$$
$$u_2(t) = u_1(t) - PF_2(t)$$
$$\cdots \tag{5-21}$$
$$u_k(t) = u_{k-1}(t) - PF_k(t)$$

综上，原信号可分解为多个 PF 分量以及一个单调的剩余分量 $u_k(t)$，保证了信号的完整性，即

$$x(t) = \sum_{p=1}^{k} PF_p(t) + u_k(t) \tag{5-22}$$

（2）RLMD 理论简介　RLMD 是近几年提出的基于 LMD 的改进增强算法，与 LMD 相比，RLMD 能够自适应确定信号分解过程滑动平均算法的窗口大小以及筛选过程中的最佳筛选迭代次数。由 LMD 的基本理论可知，边界条件、包络评估和筛选停止标准是 LMD 算法的三个关键部分，而 RLMD 方法是针对这三个部分进行改进，以优化整个算法的结构，提高算法的性能。

1）边界条件。为了有效地处理 LMD 方法中端点极值的选取问题，在 RLMD 方法中引入了镜像扩展算法（Mirror extension algorithm）对边界问题进行改善。具体步骤归纳如下：①首先通过边界值和临近最近的大小关系划分 4 种不同的边界情况，根据不同的边界情况来确定对称点的位置；②将信号通过镜像方式关于对称点进行扩展，扩展率决定了最终扩展信号的长度；③使用扩展之后的数据代表原数据信号进行接下来的移动平均算法处理，然后将超出原始信号长度的部分去掉。

2）包络估计。为了获取精确的包络分析，RLMD 算法提出了基于统计理论的方法自适应选取合理的 λ 值。首先计算出已获得的局部均值 m_i 和局部幅值 a_i 的包络步长，记相邻的两个极值点分别为 e_k 和 e_{k+1}，则步长即为 $(e_{k+1}-e_k)+1$；然后通过直方图的 bin 对步长集计数，分别获得每个 bin 的概率值，记为 $s(k)$，以及 bin 的边缘值，记为 edge(k)。步长集中心值和标准差计算公式为

$$u_s = \sum_{k=1}^{N_b} s(k)S(k) \tag{5-23}$$

$$\delta_s = \sqrt{\sum_{k=1}^{N_b} \left[s(k)-u_s\right]^2 S(k)} \tag{5-24}$$

式中，$s(k)=\left[\text{edge}(k)+\text{edge}(k+1)\right]/2$；$u_s$ 是步长的中心值；δ_s 表示标准差；N_b 是直方图的 bin 的数量。因此，最终获得移动平均算法的参数：

$$\lambda = \text{odd}(u_s+3\delta_s) \tag{5-25}$$

式中，odd 表示将其输入转化为大于或等于输入的最接近的奇数整数。

3）筛选停止标准。LMD 中定义了程序的停止指标原则，但是根据这个原则，有两个问题仍然需要解决：①在该原则指导下，如何以具体的方法描述目标信号；②如何实现算法的自适应能力。为解决以上问题，RLMD 方法中使用如下目标函数来描述 0 基线包络数据，即

$$f = \text{RMS}[z(n)] + \text{EK}[z(n)] \tag{5-26}$$

$$\text{RMS} = \sqrt{\frac{1}{N_s}\sum_{n=1}^{N_s}\left[z(n)\right]^2} \tag{5-27}$$

$$\text{EK} = \frac{\dfrac{1}{N_s}\sum_{n=1}^{N_s}\left[z(n)-\bar{z}\right]^4}{\left\{\dfrac{1}{N_s}\sum_{n=1}^{N_s}\left[z(n)-\bar{z}\right]^2\right\}^2} - 3 \tag{5-28}$$

式中，$z(n)$ 为 0 基线包络值，通过 $a(n)-1$ 获得。

在执行以上的操作之后，再根据先验知识建立一个阈值作为停止标准。但是，不同的阈值会导致算法的分解结果差异，使算法的效率和准确性降低。另外，设置最大迭代次数也是常用的强制停止算法的标准，但是随着迭代次数的增大会造成信号之间的误差累计效应，也

会降低模型的准确性。针对以上问题，RLMD 方法采用以下的方式：在筛选第 i 个 PF 分量时，$a_{ij}(n)$ 是第 j 次迭代中的包络幅值。在每一次迭代中，由式（5-26）得到目标函数 f_{ij}，然后根据连续的目标函数值 f_{ij+1} 和 f_{ij+2} 做出是否停止运算的判断指标。如果 $f_{ij+1} > f_{ij}$，且 $f_{ij+2} > f_{ij+1}$，则筛选过程停止，返回第 $j-1$ 次迭代的相应结果。否则，算法继续运行直至达到事先设定的最大迭代次数。

2. RLMD 的降噪仿真实例

为了验证 RLMD 方法在信号降噪领域的有效性，首先研究其在仿真信号上的表现。经文献查阅可知，通常以周期性的指数衰减的高频震荡信号仿真轴承局部故障信号，因此，采用如下仿真信号来模型回转支承内部的冲击振荡，即

$$x(t) = \sin(100t)\exp(-10t) \tag{5-29}$$

式中，时间 $t = 0 \sim 1\text{s}$，采样频率为 1 kHz。

如图 5-7 所示，图 5-7a 表示原始仿真信号，图 5-7b 表示高斯噪声信号，经过信号叠加得到图 5-7c 所示的含噪声信号。合成信号的整体趋势已被噪声信号覆盖，为了能够有效地提取出原仿真信号的趋势，本文将采用 RLMD 算法对信号进行降噪分解重构处理，同时也选用了常用的降噪方法 EEMD 算法展开了对比研究。除此之外，采用峭度指标 K_v 作为选取重构信号的标准。当峭度指标的数值超过 3 时，则表明信号中包含着故障信息成分。因此分别提出了基于 RLMD-峭度指标和 EEMD-峭度指标的降噪方法对仿真信号展开了如下研究。

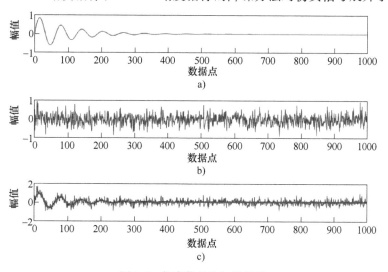

图 5-7　仿真信号和加噪信号

EEMD 方法是 Wu 在 2009 年提出的基于 EMD 方法的改进算法，针对 EMD 方法在处理信号时存在的端点效应和模态混叠的问题，EEMD 通过加入零均值的高斯白噪声的方法，然后进行集合平均的方式解决了 EMD 面临的模态混叠的难题。设原始信号为 $x(t)$，首先需要添加 I 次幅值水平为 k 的高斯白噪声 $n_i(t)$，从而得到加噪后的信号：

$$x_i(t) = x(t) + kn_i(t) \tag{5-30}$$

式中，i 的取值范围是 $[1, I]$，I 一般取值为 $100 \sim 200$；k 值一般取值范围是 $0.01 \sim 0.5$。信号 $x(t)$ 经过 EEMD 分解后的最终结果可以表示为式（5-31），加噪后的信号可以分解为多个 IMF 分量以及残余项 $r(t)$。

$$x(t) = \sum_{h=1}^{H} \mathrm{IMF}_h + r(t) \tag{5-31}$$

EEMD 算法虽然有效地缓解了 EMD 方法存在的问题，但是增加了算法的运算量和运算时间，无法获得相同数量的 IMF 分量，另外也无法彻底消除加入的白噪声的影响，残余噪声造成重构后的结果存在误差。

在使用 RLMD 进行运算时，首先需要设置迭代的最大次数 epo 以及最大分量个数 m，而 EEMD 算法需要设置算法的超参数 I 和 Z。经计算后的 PF 分量和 IMF 分量如图 5-8 和图 5-9 所示，其中经过 RLMD 方法分解后获得了 7 个 PF 分量，EEMD 方法分解后获得了 10 个分量。通过分解的结果对比可以看出，RLMD 方法分解的分量比 EEMD 的分量少，分解出的分量中噪声分量少，噪声分量都集中在分量 PF_1 中，分解效率高。而 EEMD 分解后的分量中含有多个噪声分量，分量数量较大，增加了算法的运算量。

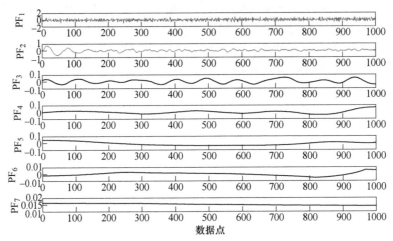

图 5-8　RLMD 方法分解分量

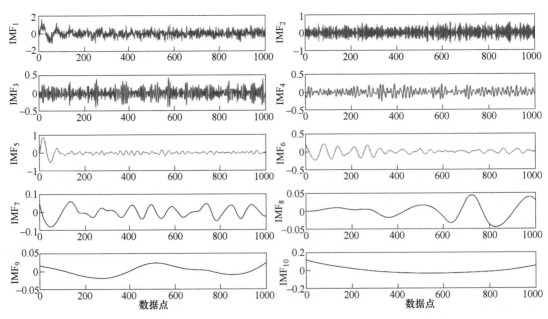

图 5-9　EEMD 方法分解分量

经过计算，每个分量的峭度指标见表 5-3、表 5-4。在 RLMD 分解中，峭度指标>3 的分量有 PF_2 和 PF_4，在 EEMD 方法中，峭度指标>3 的 IMF 分量有 IMF_1、IMF_3、IMF_5、IMF_6、IMF_{10}，将这些分量各自进行重构可以得到如图 5-10 所示的降噪信号。由图 5-10 可以直观看出，经 RLMD 方法分解重构后的信号具有更能还原原始信号的趋势，而 EEMD 方法的结果中仍包含着许多噪声的成分，干扰较多。因此，通过以上分析验证，采用基于 RLMD-峭度的方法对回转支承信号进行降噪处理是可行的。

表 5-3　RLMD 分解分量 PF 的峭度指标

分　量	PF_1	PF_2	PF_3	PF_4	PF_5	PF_6	PF_7
峭度指标	2. 75	8. 23	2. 01	4. 02	2. 4	2. 86	1. 54

表 5-4　EEMD 分解分量 IMF 的峭度指标

分　量	IMF_1	IMF_2	IMF_3	IMF_4	IMF_5
峭度指标	3. 6	2. 29	3. 14	2. 19	18. 96
分　量	IMF_6	IMF_7	IMF_8	IMF_9	IMF_{10}
峭度指标	4. 13	2. 83	2. 9	2	3. 36

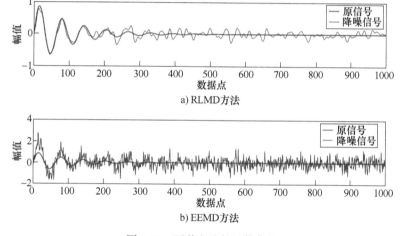

图 5-10　两种方法的重构信号

（三）基于 EEMD-PCA 的降噪方法

1. EEMD 算法基本原理

集成经验模态分解（EEMD）算法的本质是在原始信号中加入高斯白噪声后再进行多次 EMD，在原始信号中加入白噪声的主要目的是利用白噪声频率均匀分布的特性，这样可以消除原始信号中的间歇现象，从而可以有效地抑制信号分解后出现的模态混叠问题。对加入白噪声后的原始信号进行 EMD 后，分解得到的 IMF 分量中将包含随机噪声信号，考虑到白噪声进行多次平均后可以相抵消，根据这一特性便可消除分解得到的 IMF 分量中含有白噪声的影响。EEMD 算法基本步骤如下：

1）给待分析的原始信号加入随机高斯白噪声，即

$$x_m(t) = x(t) + kn_m(t) \tag{5-32}$$

式中，$x(t)$ 为待分析原始信号；k 为白噪声的幅值系数；$n_m(t)$ 为加入的白噪声。

2）对加入白噪声后的原始信号 $x_m(t)$ 进行 EMD 分解得到一系列 IMF 分量。

3）重复1）、2）步骤，但是重复上述过程中每次需加入白噪声序列。

4）计算分解得到的所有 IMF 分量的总体均值，将求取的各个 IMF 分量的均值作为最终的结果，即

$$c_i = \frac{1}{N}\sum_{m=1}^{N} c_{im} \tag{5-33}$$

式中，c_{im} 表示第 m 次 EMD 后得到的第 i 个分量；N 为 EMD 的次数。

（1）主元分析（PCA）的基本理论 主元分析（PCA）的实质是将多维信号数据矩阵投影到能准确表征过程状态的主元子空间和残差子空间中，用少量的主元变量变化过程信息代表所有变量的过程变化信息。信号数据从高维空间投影到低维空间的统计模型中，能更集中地体现原始信号变量所包含的变化信息，去除冗余信息。PCA 常被用于状态识别、信号浓缩和特征提取等方面，其基本思维如图 5-11 所示。

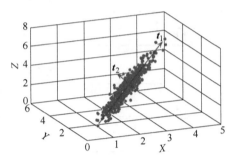

图 5-11 PCA 的基本思维

假定一组特征数值点的分布可以表示成图 5-11，从图中可以看出，特征点沿 t_1 方向比较分散，反映了特征的大部分信息；沿 t_2 方向特征点的分散度较低，反映了特征较少的信息。可以将特征数据投影到 t_1 和 t_2 组成的新坐标系中（主元空间），即可实现特征数据从三维向二维降维的过程，t_1 即是第一主元，t_2 即是第二主元。同时，由于第一主元方向保存了特征数据的绝大部分信息，也可以将特征数据从二维降到一维。PCA 通过以上降维思维，可将多维特征的信息用多个主元来表达。

m 个 n 维的特征向量经过标准化处理后得到 $X_{m \times n}$，构造协方差矩阵 D 并求解特征方程，即

$$D = \frac{1}{m}\sum_{i=1}^{m} X_i X_i^T \tag{5-34}$$

$$DV = \lambda V \tag{5-35}$$

式（5-35）中，λ 为 D 的特征值；V 为 λ 的对应特征向量。

可以得到 n 个特征值 $\lambda_i(i=1,2,\cdots,n)$，将其从大到小排列，并计算累积方差贡献率（CPV），便可确定主元的数量 v，即

$$CPV = \frac{\sum_{j=1}^{v} \lambda_j}{\sum_{j=1}^{m} \lambda_j} \tag{5-36}$$

预先设定累积贡献率 CPV_0，当前 v 个的累积 $CPV > CPV_0$ 时，就可用 v 个主元表示 X，表达式为

$$X = t_1 p_1^T + t_2 p_2^T + \cdots + t_j p_j^T + \cdots + t_v p_v^T + E \tag{5-37}$$

式中，t_j 表示第 j 个主元矩阵$(j \in [1,v])$；p_j 表示第 j 个负荷矩阵；E 表示残差矩阵，反映的是非真实数据和噪声。

设 $\boldsymbol{T}_{m \times v}$ 为主元矩阵, $\boldsymbol{T} = (\boldsymbol{t}_1, \boldsymbol{t}_2, \cdots, \boldsymbol{t}_v)$; $\boldsymbol{P}_{m \times v}$ 为负荷矩阵, $\boldsymbol{P} = (\boldsymbol{p}_1, \boldsymbol{p}_2, \cdots, \boldsymbol{p}_v)$, 则 $\boldsymbol{X}$ 在主元子空间和残差子空间的投影分别为

$$\hat{\boldsymbol{X}} = \boldsymbol{T}\boldsymbol{P}^{\mathrm{T}} = \boldsymbol{X}\boldsymbol{P}\boldsymbol{P}^{\mathrm{T}} \tag{5-38}$$

$$\hat{\boldsymbol{X}}_{\mathrm{Res}} = \boldsymbol{X} - \hat{\boldsymbol{X}} = \boldsymbol{X}(\boldsymbol{I} - \boldsymbol{P}\boldsymbol{P}^{\mathrm{T}}) \tag{5-39}$$

最后计算出特征向量空间 $\boldsymbol{X}$ 中的第 $j(j \in [1, v])$ 个特征对主元特征的贡献度

$$\mathrm{Contribution} = \sum_{i=1}^{m} (x_{ij} - \hat{x}_{ij})^2 \tag{5-40}$$

(2) 基于 EEMD-多尺度主元降噪方法 基于 EEMD 的多尺度主元分析降噪方法利用主元分析 (PCA) 故障检测能力与集成经验模态分解 (EEMD) 自适应分解信号的能力相结合,主要是根据小波多尺度分解算法改进而来的,主要不同点是本方法采用了 EEMD 对原始信号进行自适应多尺度分解来代替了小波分解。由于小波分解并非是一种自适应分解算法,在处理非线性信号时,完全依赖小波基选取的好坏,然而 EEMD 是一种完全根据信号本身特性进行自适应分解的数据驱动方法。因此,利用 EEMD 可以获得非稳态信号的各个尺度信息,再根据 PCA 故障检测统计方法,对非稳态信号各个尺度单独建立主元模型,从而来检测原始信号的各个尺度是否存在故障信息,若某个尺度上 (即 IMF 分量) 信号检测出故障,则以此为依据提取出这一尺度信号,进行信号重构,最终达到降噪的目的。EEMD-多尺度降噪模型如图 5-12 所示。

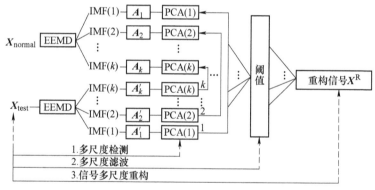

图 5-12 EEMD-多尺度降噪模型

1) 正常样本数据 PCA 模型建立。

① 当监测系统正常运行时,提取其相应的正常样本数据 $\boldsymbol{X}_{\mathrm{normal}}$。

② 将提取的数据样本 $\boldsymbol{X}_{\mathrm{normal}}$ 进行 EEMD,得到 k 个不同时间尺度的 IMF 分量。

③ 将各个 IMF 分量建立相应的矩阵 $[\boldsymbol{A}_1, \boldsymbol{A}_2, \boldsymbol{A}_3, \cdots, \boldsymbol{A}_k]$,然后根据 PCA 原理,对各个尺度矩阵进行主元分析,建立正常的 PCA 模型,然后计算出其正常工况下的检测阈值 $\mathrm{SPE}_{\mathrm{lim}}$ (SPE 是指平方预测误差)。

2) 测试样本

① 采集监测对象的当前数据作为测试样本 $\boldsymbol{X}_{\mathrm{test}}$。

② 将采集得到的当前测试样本数据 $\boldsymbol{X}_{\mathrm{test}}$,进行 EEMD 分解,获得 k 个不同时间尺度的 IMF 分量。

③ 将各个 IMF 分量同样建立起相应的矩阵 $(\boldsymbol{A}_1', \boldsymbol{A}_2', \boldsymbol{A}_3', \cdots, \boldsymbol{A}_k')$,然后将各尺度建立起

的矩阵投影到建立好的正常 PCA 模型中，计算出 SPE 统计量。

④ 根据计算出的 SPE 统计值和正常工况下的 SPE_{lim} 阈值进行比较。如果在某个时间尺度上计算出的 SPE 统计值超过了其相应的阈值，则说明在这个尺度上存在异常情况，极有可能是因为含有故障信息导致其超过正常工况下的阈值。

⑤ 最后，将检测出存在故障的尺度信号提取出来进行重构，从而达到降噪效果。

2. 多尺度检测分析实例

根据上述步骤，对某试验中的回转支承振动加速度信号进行分析，基于 PCA 的多尺度故障检测分析结果如图 5-13 ~ 图 5-18 所示。图 5-13 ~ 图 5-16 所示为正常和故障回转支承加速度原始信号以及降噪后的加速度信号，从分析的结果来看，原本被噪声淹没的有用信息，通过降噪后，滤除了大部分噪声信号成分。尤其是对于回转支承故障样本数据，通过 EEMD 多尺度 PCA 降噪后，其故障冲击成分从时域信号中明显凸显了出来。最后将降噪后的正常和故障样本数据进行 PCA 检测，其分析结果如图 5-17 所示，由图 5-17 可以发现，当回转支承出现故障时，便能立即通过多尺度 PCA 方法检测出回转支承存在故障，其故障工况下的 SPE 统计量明显超出了正常工况下的 SPE_{lim} 阈值。对比图 5-18 中传统 PCA 检测结果，发现传统 PCA 检测结果误差较大，其正常和故障状态下都有部分数据超过了 SPE_{lim} 阈值线，导致其正常和故障状态不能很好地区分。因此，通过仿真和试验都验证了基于 EEMD 的多尺度 PCA 故障检测方法比传统 PCA 检测精度更高、可靠性更好。

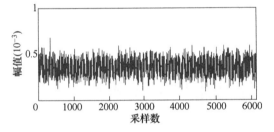

图 5-13　正常样本加速度信号

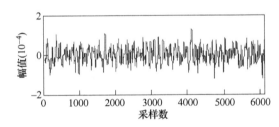

图 5-14　正常样本降噪信号

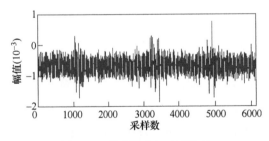

图 5-15　故障样本加速度信号

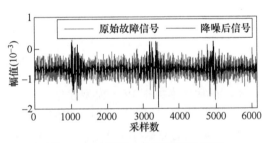

图 5-16　故障样本多尺度降噪信号

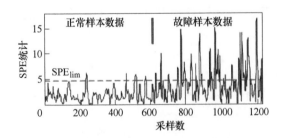

图 5-17　多尺度 PCA 检测

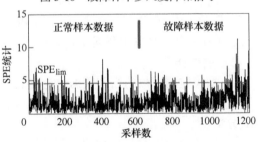

图 5-18　传统 PCA 检测

（四）基于 EEMD-KPCA 的降噪方法

1. 核主元分析（KPCA）方法概述

由上文中对主元分析（PCA）的介绍可知，PCA 是一种基于线性分析的方法，对线性特征提取效果较好。核主元分析（KPCA）实质是通过核函数将原始数据特征空间拓展到高维空间中，使得原始数据的非线性特征通过 KPCA 变换后在高维空间中变得线性可分，从而可以利用 PCA 具有较好的线性分析特点在高维空间中对其做主元分析。因此，可以说 KPCA 是 PCA 的一种线性延伸及改进，KPCA 模型的分析原理如图 5-19 所示。

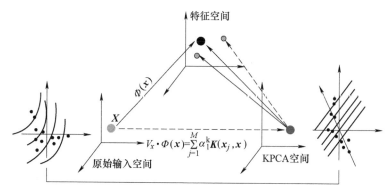

图 5-19　KPCA 模型的分析原理

传统 PCA 方法存在运算量较大，易出现"维数灾难"的问题，而核函数的引入很好地解决了由于样本数据从低维向高维转换过程导致的"维数灾难"，并可简化 PCA 方法中的运算过程。以下将对 KPCA 的基本理论进行介绍。

（1）KPCA 分析基本理论　假设某原始数据矩阵 $X = (x_1, x_2, \cdots, x_k, \cdots, x_M)$，其中 $x_i = (x_{1i}, x_{2i}, \cdots, x_{Ni})^{\mathrm{T}}$，将原始数据空间 $\mathbf{R}^N$ 通过非线性映射函数 Φ 映射到高维空间 F 中，则原始数据向量 x_k 映射到特征空间 F 中的向量变为 $\Phi(x_k)$。假设映射向量数据满足零均值条件，即 $\sum\limits_{k=1}^{M} \Phi(x_k) = 0$，那么根据主元分析原理，映射数据 $\Phi(x)$ 的协方差计算公式可表示为：

$$C = \frac{1}{M} \sum_{i=1}^{M} \Phi(x_i)\Phi(x_i)^{\mathrm{T}} \tag{5-41}$$

对协方差矩阵 C 进行特征值、特征向量分析，其特征方程可表示为

$$CV = \lambda V \tag{5-42}$$

将式（5-41）代入式（5-42）中可得

$$V = \frac{1}{\lambda M} \sum_{i=1}^{M} \Phi(x_i)\Phi(x_i)^{\mathrm{T}} V = \frac{1}{\lambda M} \sum_{i=1}^{M} [\Phi(x_i) \cdot V]\Phi(x_i) \tag{5-43}$$

式（5-43）中 $\Phi(x_i) \cdot V$ 表示点积运算关系。

由于特征向量可以通过特征空间中的样本线性表示，故存在一个系数向量 $\alpha = (\alpha_1, \alpha_2, \cdots, \alpha_M)^{\mathrm{T}}$，使得

$$V = \sum_{j=1}^{M} \alpha_j \Phi(x_i) \tag{5-44}$$

将式（5-41）、式（5-44）代入式（5-42）中，然后式（5-42）两边同时点乘向量 $\boldsymbol{\Phi}(\boldsymbol{x}_k)$ 可得

$$\lambda\left[\boldsymbol{\Phi}(\boldsymbol{x}_k)\cdot\sum_{j=1}^{M}\boldsymbol{\alpha}_j\boldsymbol{\Phi}(\boldsymbol{x}_j)\right]=\boldsymbol{\Phi}(\boldsymbol{x}_k)\cdot\frac{1}{M}\sum_{i=1}^{M}\boldsymbol{\Phi}(\boldsymbol{x}_i)\boldsymbol{\Phi}(\boldsymbol{x}_i)^{\mathrm{T}}\sum_{j=1}^{M}\boldsymbol{\alpha}_j\boldsymbol{\Phi}(\boldsymbol{x}_j) \tag{5-45}$$

式（5-45）中，$k=1,2,\cdots,M$，展开后得到

$$\lambda\left[\sum_{i=1}^{M}\boldsymbol{\alpha}_j\boldsymbol{\Phi}(\boldsymbol{x}_k)\cdot\boldsymbol{\Phi}(\boldsymbol{x}_j)\right]=\frac{1}{M}\sum_{j=1}^{M}\boldsymbol{\alpha}_j\boldsymbol{\Phi}(\boldsymbol{x}_k)\sum_{i=1}^{M}\boldsymbol{\Phi}(\boldsymbol{x}_i)\left[\boldsymbol{\Phi}(\boldsymbol{x}_i)\cdot\boldsymbol{\Phi}(\boldsymbol{x}_j)\right] \tag{5-46}$$

假设定义一个 $M\times M$ 维核矩阵 $\boldsymbol{K}$：

$$\lambda\boldsymbol{K}_{ij}=k(\boldsymbol{x}_i,\boldsymbol{x}_j)=\left[\boldsymbol{\Phi}(\boldsymbol{x}_i)\cdot\boldsymbol{\Phi}(\boldsymbol{x}_j)\right] \tag{5-47}$$

由式（5-47）分析可知：$\boldsymbol{K}_{ij}$ 是一个对称阵，根据 Mercer 定理，点积运算可以通过核函数代替以便缩减计算量，则式（5-46）可化简成

$$M\lambda\boldsymbol{K}\boldsymbol{\alpha}=\boldsymbol{K}^2\boldsymbol{\alpha}\rightarrow M\lambda\boldsymbol{\alpha}=\boldsymbol{K}\boldsymbol{\alpha} \tag{5-48}$$

通过上述分析可知，在高维特征空间 F 中进行主元分析实际就转化为求解式（5-48）的特征值 $\lambda_1,\lambda_2,\cdots,\lambda_M$ 及相对应的特征向量 $\boldsymbol{\alpha}_1,\boldsymbol{\alpha}_2,\cdots,\boldsymbol{\alpha}_M$。协方差矩阵 $\boldsymbol{C}$ 的特征向量可依次求得 $\boldsymbol{V}_1,\boldsymbol{V}_2,\cdots,\boldsymbol{V}_M$，然后对协方差矩阵特征向量进行归一化，即

$$\boldsymbol{V}_k\cdot\boldsymbol{V}_k\leqslant\boldsymbol{V}_k,\boldsymbol{V}_k\geqslant1,k=1,2,3,\cdots,M \tag{5-49}$$

将 $\boldsymbol{V}_k=\displaystyle\sum_{j=1}^{M}\boldsymbol{\alpha}_j\boldsymbol{\Phi}(\boldsymbol{x}_j)$ 代入式（5-49）中得到

$$\boldsymbol{V}_k\cdot\boldsymbol{V}_k=\sum_{i,j=1}^{M}\alpha_i^k\alpha_j^k\boldsymbol{\Phi}(\boldsymbol{x}_i)\boldsymbol{\Phi}(\boldsymbol{x}_j)=\boldsymbol{\alpha}^k\cdot\boldsymbol{K}\boldsymbol{\alpha}^k=\lambda_k(\boldsymbol{\alpha}^k\cdot\boldsymbol{\alpha}^k)=1 \tag{5-50}$$

通过式（5-50）便实现对核矩阵 $\boldsymbol{K}$ 的特征向量 $\alpha_1,\alpha_2,\cdots,\alpha_M$ 的标准化。因此，对于一个样本 $\boldsymbol{X}$，样本 $\boldsymbol{X}$ 在高维空间 F 中映射向量为 $\boldsymbol{\Phi}(\boldsymbol{x})$，在该高维空间中将样本 $\boldsymbol{X}$ 投影到各个主元方向上便可得到各个核主元 $\boldsymbol{t}_k$。其计算公式为

$$\boldsymbol{t}_k=\boldsymbol{V}_x\cdot\boldsymbol{\Phi}(\boldsymbol{x})=\sum_{j=1}^{M}\alpha_1^k\boldsymbol{\Phi}(\boldsymbol{x}_j)\cdot\boldsymbol{\Phi}(\boldsymbol{x})=\sum_{j=1}^{M}\alpha_1^k\boldsymbol{K}(\boldsymbol{x}_j,\boldsymbol{x}) \tag{5-51}$$

另外，在高维特征空间中进行主元分析之前，需先对核矩阵 $\boldsymbol{K}$ 进行标准化，因此，通常用矩阵 $\overline{\boldsymbol{K}}$ 近似地代替核矩阵 $\boldsymbol{K}$，其表达式为

$$\overline{\boldsymbol{K}}=\boldsymbol{K}-\boldsymbol{L}_M\boldsymbol{K}-\boldsymbol{K}\boldsymbol{L}_M+\boldsymbol{L}_M\boldsymbol{K}\boldsymbol{L}_M \tag{5-52}$$

式中，$\boldsymbol{L}_M$ 是一个系数为 $\dfrac{1}{M}$ 的单位矩阵，$\boldsymbol{L}_M=\begin{pmatrix}1 & L & 1\\ M & 0 & M\\ 1 & L & 1\end{pmatrix}$。

对于核矩阵特征向量的选取问题，与主元分析时特征向量选取原理一样，根据事先设定的累积方差贡献率 η_0 来选取其最少个数，当求得的累积贡献率 $\eta\geqslant\eta_0$ 时，则取此时满足该要求的主元个数。然后根据式（5-49）对高维空间特征向量 $\boldsymbol{V}$ 进行标准化，间接对核矩阵 $\overline{\boldsymbol{K}}$ 的特征向量 $\boldsymbol{\alpha}$ 标准化。假设有一训练样本数据 $\boldsymbol{x}_j(j=1,2,\cdots,M)$，其对应的映射向量为 $\boldsymbol{\Phi}(\boldsymbol{x}_j)$，将其投影到高维空间中主元方向 $\boldsymbol{V}^n$ 上，求得各阶非线性主元 $\boldsymbol{y}_{nj}$，计算公式为

$$\boldsymbol{t}_k=\boldsymbol{V}_x\cdot\boldsymbol{\Phi}(\boldsymbol{x})=\sum_{j=1}^{M}\alpha_1^k\boldsymbol{\Phi}(\boldsymbol{x}_j)\cdot\boldsymbol{\Phi}(\boldsymbol{x})=\sum_{j=1}^{M}\alpha_1^k\boldsymbol{K}(\boldsymbol{x}_j,\boldsymbol{x}) \tag{5-53}$$

$$y_{ni} = \boldsymbol{V}^n \boldsymbol{\Phi}(\boldsymbol{x}_j) = \sum_{j=1}^{M} \alpha_j^n \overline{\boldsymbol{K}}, n = 1, 2, \cdots, p \tag{5-54}$$

对于任意的测试样本数据 $\boldsymbol{t}_i$，$\boldsymbol{t}_i \in \boldsymbol{R}^N (i = 1, 2, \cdots, L)$，以及测试样本核矩阵 $\boldsymbol{K}_{i,j}^{\text{test}}$ 的计算，首先得定义两个 $L \times N$ 维由测试样本生成的核函数，其计算分别为

$$\boldsymbol{K}_{i,j}^{\text{test}} = \boldsymbol{\Phi}(\boldsymbol{t}_i) \cdot \boldsymbol{\Phi}(\boldsymbol{x}_j), i = 1, 2, \cdots, L; j = 1, 2, \cdots, N \tag{5-55}$$

然后对式（5-54）中的测试核矩阵进行如式（5-52）类似的处理得到近似测试核矩阵 $\overline{\boldsymbol{K}}^{\text{test}}$ 为

$$\overline{\boldsymbol{K}}^{\text{test}} = \boldsymbol{K}^{\text{test}} - \boldsymbol{L}_{LN}' \boldsymbol{K} - \boldsymbol{K}^{\text{test}} \boldsymbol{L}_{LN} + \boldsymbol{L}_{LN}' \boldsymbol{K} \boldsymbol{L}_{LN} \tag{5-56}$$

式中，$\boldsymbol{L}_{LN}$ 表示 $L \times N$ 维数大小的矩阵，矩阵中各元素值为 $\dfrac{1}{N}$；$\boldsymbol{L}_{LN}'$ 为 $\boldsymbol{L}_{LN}$ 的转置矩阵。

（2）核函数的选择　核主元分析中核函数的选择是建立模型的关键，它能够解决样本数据的非线性问题及维数灾难的问题。KPCA 主要思想是：通过核函数对原始空间样本数据进行升维，使得原始样本中的非线性成分在高维空间中具有线性可分的特点。因此，核函数的计算在整个 KPCA 分析中起着关键作用，只要满足 Mercer 定理的核函数即对应映射空间中的内积。上述核主元分析计算过程中，都是选用的形如 $k(\boldsymbol{x}, \boldsymbol{y}) = \boldsymbol{\Phi}(\boldsymbol{x}) \cdot \boldsymbol{\Phi}(\boldsymbol{y})$ 形式的核函数，可以避免进行复杂的计算。目前较常用的核函数主要有以下 3 种：

1）高斯径向基核函数

$$k(\boldsymbol{x}, \boldsymbol{y}) = \exp(-|\boldsymbol{x} - \boldsymbol{y}|^2 / \sigma^2) \tag{5-57}$$

式中，σ 为参数。

2）多项式核函数

$$k(\boldsymbol{x}, \boldsymbol{y}) = (\boldsymbol{x} \cdot \boldsymbol{y} + 1)^d \tag{5-58}$$

式中，d 为多项式阶数。

3）Sigmoid 核函数

$$k(\boldsymbol{x}, \boldsymbol{y}) = \tanh[v(\boldsymbol{x} \cdot \boldsymbol{y}) + \theta] \tag{5-59}$$

其中，v、θ 为参数。

通过以上核函数的分析发现，对于核主元分析中选择哪种核函数以及核函数中参数的值该设置为多少，能够对后续的核主元分析效果较好，尚没有相关理论研究及准则。大多数学者都是通过经验调试或者优化参数来寻找最优的核函数，从而在一定程度上改善核主元分析效果。

2. 全寿命振动信号 EEMD-KPCA 降噪实例

（1）EEMD-KPCA 降噪流程　大型回转支承的低速大尺寸使其产生的振动信号特征与中小型高速轴承截然不同，现有降噪方法难以适用。为此，不同于现有方法中仅针对短时振动信号的处理，本文利用 EEMD 良好的非线性分解能力和 KPCA 的异常识别能力，提出了一种改进的基于全寿命振动信号的 EEMD-KPCA 降噪方法，其流程如图 5-20 所示。

由前文中的介绍可知，EEMD 将一段振动信号分解后，可得到从高频到低频排列的多个 **IMF**。从整个寿命周期来看，由于随机白噪声的均匀性，高频 **IMF** 在任意时段都不会有太大变化，而包含有效信息的中低频 **IMF** 随着回转支承故障的出现和加剧，在不同时段应当会有明显的变化。根据这一原理，EEMD-KPCA 降噪方法通过观察信号中各 **IMF** 的变化趋

势，并选取性能退化过程明显的 **IMF** 用于降噪。具体步骤如下。

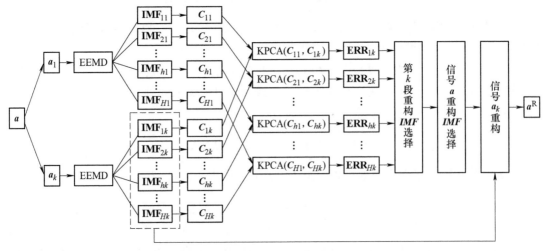

图 5-20　基于全寿命振动信号的 EEMD-KPCA 降噪流程

1）对回转支承进行疲劳寿命试验，获取其整个寿命周期的多组振动信号监测数据，取其中某一组信号 a，等间隔分成 K 段，每段取 N 个数，第 $k(k\in(1,K))$ 段信号用 a_k 表示。

2）对每段信号进行 EEMD，设每次 EEMD 后产生 H 个 **IMF**，令信号 a_k 产生的所有固有模态函数为向量 $\mathbf{IMF}_{hk}(h\in[1,H])$。

3）将每段信号产生的固有模态函数 $\mathbf{IMF}_{hk}$ 拆分成矩阵 C_{hk}，矩阵的维数可任意确定，但是为保证 KPCA 的有效性，建议列数≥3。

4）将第 k 段信号的第 h 个 **IMF** 矩阵 C_{hk} 与第 1 段信号的第 h 个 **IMF** 矩阵 C_{h1} 进行 KPCA，得到平方预测误差 $\mathbf{SPE}_{hk}$，若 $\mathbf{SPE}_{hk}$ 显著大于 KPCA 产生的 SPE 阈值，表示相对于正常信号（第 1 段信号）的第 h 阶 **IMF**，第 k 段信号的第 h 阶 **IMF** 随着时间的推移产生了较大的异常；反之，则结论相反。为量化这一比较过程，取 $\mathbf{SPE}_{hk}$ 均值减去 SPE 阈值，差值可称为 **ERR**，计为 $\mathbf{ERR}_{hk}$。显然，$\mathbf{ERR}_{hk}$ 越大，表明第 k 段信号中第 h 阶 **IMF** 越能表现信号的变化趋势（即设备性能的退化趋势）。

需要指出的是，由于白噪声的均匀性，包含大量噪声的高频段 **IMF** 在不同时段不会有太大变化，因此其 **ERR** 较小，而包含低频有效信息的 **IMF** 在不同时段会有较大变化。因此，对于某一确定的 k，由步骤 2）~4）得到 H 个 **ERR** 值，将其从大到小排列后，可选取占比例超过 80% 的几个较大的 **ERR** 对应的 **IMF** 进行信号重构，而高频噪声由于较小的 **ERR** 会被自动舍去，从而达到降噪的效果。

由于性能退化过程中的随机性，不同时期回转支承产生故障的部件会有所不同，这会导致不同时段的信号 a_k 重构所需的 **IMF** 会不尽相同，为统一信号在所有时间段重构所需的 **IMF**，对所有 K 组选择的 **IMF** 序列进行统计分析，选择其中权值最大的几个 **IMF** 用于整个寿命周期的信号重构，得到重构信号 a^{R}。

通过以上步骤便完成了一组加速度信号的降噪与重构。现有降噪方法多是针对几秒甚至更短时长的信号进行处理，而本方法针对全寿命振动信号，能够更准确地从信号中提取出最能反应回转支承性能退化过程的 **IMF**，从而达到更佳的降噪效果，同时也克服了现有方法中需要人为确定部分经验参数的问题。

（2）试验验证与对比研究　为验证 EEMD-KPCA 降噪方法的有效性，使用回转支承全寿命试验的 4 组振动数据 $a_1 \sim a_4$ 用于验证。由轴承部件故障通过频率经验公式可得，被试回转支承最低的故障频率为 0.34Hz。Caesarendra 等指出，用于分析的振动信号的时长不能低于其最低故障频率的倒数，即选取的信号时长要能够覆盖最低冲击频率。此外，在连续的疲劳寿命试验中，深夜的振动数据能够在更大程度上避免环境温度以及其他设备的干扰。据此，为确保所取振动信号中包含尽量多的信息，在 11 天试验中每个传感器取每天深夜 0 点整 3s（即 6144 个数据点）的数据进行降噪，如图 5-21 所示。

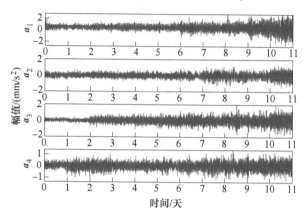

图 5-21　回转支承全寿命试验的 4 组原始振动数据

由图 5-21 可以看出，各振动加速度信号在寿命周期中整体呈增长趋势，但是细节几乎全被噪声覆盖，并没有发现特别明显的冲击信号，这也是回转支承振动信号与中小高速轴承振动信号最大的区别。简单起见，此处仅以 a_1 为例给出详细的降噪过程。首先，将 a_1 按照试验天数分解成 11 段，每段包含 6144 个数据点（3s），将各段进行 EEMD，以第 5 天为例，得到的结果如图 5-22 所示。

将第 5 天的第 1 阶 **IMF** 拆分成一个矩阵 C_{15}，同时将第 1 天第 1 阶 **IMF** 拆分成相同列数矩阵 C_{11}，将 C_{15} 与 C_{11} 进行 PCA，以 C_{11} 为基础样本得到 C_{15} 的平方预测误差向量 **SPE**$_{15}$，求其均值并减去阈值，得到差值 **ERR**$_{15}$。重复以上步骤，便可计算出第 5 天 13 阶 **IMF** 各自的 **ERR**。以此类推，可得到第 2 天至第 11 天信号中每阶 **IMF** 相对第 1 天同阶 **IMF** 的 **ERR**，如图 5-23 和图 5-24 所示。需要指出的是，**ERR** 小于 0 表示系统正常，大于 0 则表示 SPE 超出阈值，系统出现异常，且 **ERR** 越大表明产生的异常或故障越严重。

图 5-23 所示的是各阶 **IMF** 在整个试验过程中 **ERR** 的变化趋势，其中星点标注出的线段是对应各曲线中首次大于 0 的点。可以看出，8~13 阶 **IMF** 均在第 3 天左右首次出现轻微异常，但是随后 **ERR** 幅值有小幅下降，此现象对应的应是回转支承的磨合期；而第 5 天之后，第 5~7 阶 **IMF** 出现了首次异常且 **ERR** 幅值持续增大，与此同时，8~12 阶 **IMF** 均有不同程度的上升，表明回转支承在此期间进入性能退化的主要阶段，不同部件的故障特征反应在不同阶的 **IMF** 上。另外值得注意的是，1~4 阶 **IMF** 在整个试验周期中 **ERR** 幅值始终很低且变化不大，说明这些 **IMF** 并不随着回转支承性能的退化而改变，由此可以推断这些高频 **IMF** 中包含了大量的均匀白噪声，将在 **IMF** 选择阶段舍去。

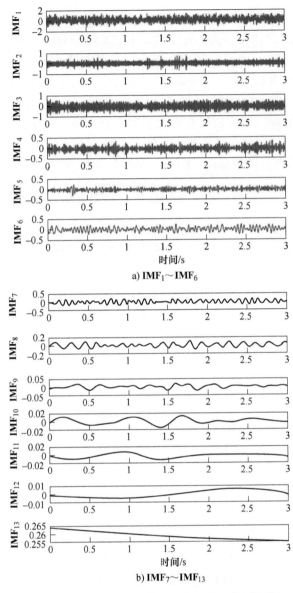

a) IMF₁～IMF₆

b) IMF₇～IMF₁₃

图 5-22　加速度信号 a_1 第 5 天的 EEMD 分解结果

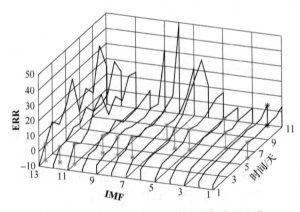

图 5-23　各阶 IMF 在整个试验周期中的变化

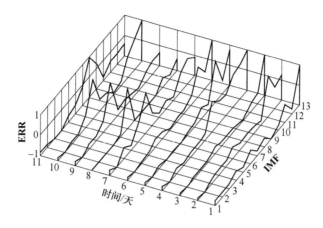

图 5-24 不同时段重构信号所需的 IMF

换个角度看图 5-23，将每天的 13 阶 **IMF** 的 ERR 映射到 $[-1,1]$，可以得到图 5-24 所示的，用于选择重构每天信号所需的 **IMF**。需要说明的是，图 5-24 中不同天数之间的 **ERR** 幅值是不可以直接比较的，因为每天的映射都是独立进行的。从图 5-24 中可以看出，试验初期，10~13 阶 **IMF** 占主要成分，试验中期则是 5~8 阶 **IMF**，而试验结束前，5~8 阶、10~13 阶 **IMF** 都出现了较高的幅值，据此，选择每天重构信号所需的 **IMF** 见表 5-5。

表 5-5 每天重构信号所需的 IMF

试 验 天 数	选择的 IMF	试 验 天 数	选择的 IMF
1	6, 8, 11	7	5, 6, 11, 12
2	11, 12	8	5, 6, 11, 12
3	6, 11, 12	9	5, 6, 8, 11, 12
4	8, 11, 12	10	5~8, 11, 12
5	8~12	11	8, 9, 11, 12
6	5, 6, 11, 12		

统计表 5-5 中选择的 **IMF** 出现的频率，最终选择 $\mathbf{IMF}_{5、6、8、11、12}$ 用于重构整个寿命周期的 $\boldsymbol{a}_1$ 信号。同样的方法也可获得其余几组振动加速度的降噪信号，如图 5-25 所示。

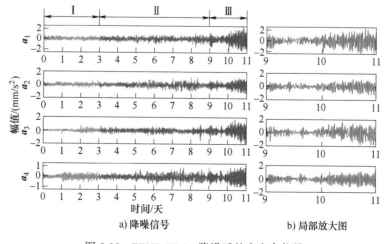

a) 降噪信号　　　　　　　　　　　　b) 局部放大图

图 5-25 EEMD-KPCA 降噪后的全寿命信号

相比图 5-22 中的原始信号，图 5-25 中降噪后的 4 组加速度信号中包含的噪声大幅减少，可依据其幅值的变化趋势分成 3 个阶段：第 I 阶段中幅值较低并有略微增长，对应回转支承的磨合期；第 II 阶段中幅值较第 I 阶段略高但总体保持平稳，在第 7 天时达到局部最大（螺栓断裂），之后略微下降（拆机冷却、润滑改善），对应回转支承的性能退化期；第 III 阶段中幅值出现剧烈振荡，在第 10 天后急剧升高，从局部放大图中甚至可以看到周期性的冲击成分，对应的是回转支承的失效期。这些现象与从图 5-23 中观察的现象是类似的，均符合试验过程的描述以及润滑脂温度和驱动力矩的变化趋势。由此可见，EEMD-KPCA 降噪方法能够对回转支承全寿命振动信号进行有效降噪，降噪信号的可解释性强，能够保留足够的回转支承性能退化信息。

为进行对比研究，以加速度信号 a_1 为例，同时使用了 EEMD 阈值降噪法和主元降噪法进行了降噪，阈值降噪法中第 5 天信号分解的 13 阶 **IMF** 的峭度指标见表 5-6，主元降噪法中各 **IMF** 的贡献度如图 5-26 所示。

表 5-6　第 5 天 IMF 的峭度指标

IMF	IMF_1	IMF_2	IMF_3	IMF_4	IMF_5	IMF_6	IMF_7	IMF_8	IMF_9	IMF_{10}	IMF_{11}	IMF_{12}	IMF_{13}
K_v	3.1	2.1	3.0	2.8	2.9	3.3	2.6	2.7	3.3	2.5	2.4	2.3	2.0

由表 5-6 可知，加速度 a_1 在第 5 天时峭度指标超过阈值的 **IMF** 为 IMF_1、IMF_3、IMF_6 和 IMF_9，尽管其中包含了较重要的成分 IMF_6，但是同时也误选了包含大量高频噪声的 IMF_1 和 IMF_3，这正是由于白噪声能量过高导致的；与表 5-5 中不同，主元降噪法中贡献度最高的是包含大量白噪声的前 4 阶 **IMF**，有效的冲击成分能量极低，几乎被 KPCA 完全忽略。两种方法最终得到的 a_1 降噪信号如图 5-27 所示。

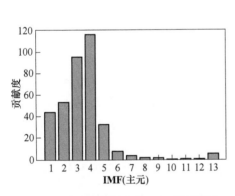

图 5-26　主元降噪法中各 **IMF** 的贡献度

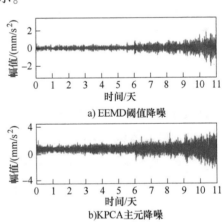

a) EEMD阈值降噪

b)KPCA主元降噪

图 5-27　EEMD 阈值法和主元降噪法降噪后的 a_1

图 5-27a 中降噪后的 a_1 噪声有所减弱，从时域信号上能够分辨出部分冲击成分，但仍包含了一定的噪声，而图 5-27b 中降噪后的 a_1 则与原始信号差别不大，几乎没有达到降噪的目的。综上可知，大型回转支承振动信号中的噪声能量过高，EEMD 阈值法和主元降噪法等常用方法误选包含噪声的高频 **IMF**，使得降噪效果很不理想；而基于全寿命振动信号的 EEMD-KPCA 降噪方法能够从信号中挖掘出最能反应回转支承性能退化过程的部分 **IMF**，进而实现有效的降噪。

（五）基于 CEEMDAN-PCA 的降噪方法

1. CEEMDAN 基本理论

针对 EEMD 方法存在的缺陷，2011 年，Torres 等对 EEMD 方法进行了深度改进，在此基础上，提出了完全自适应添加噪声集合经验模态分解（Complete Ensemble Empirical Mode Decomposition with Adaptive Noise，CEEMDAN）方法。该方法在每一次分解过程中添加自适应白噪声，并且计算出唯一的残余分量以提取出各个 **IMF** 分量，解决了 EEMD 方法因添加不同噪声而产生不同数量 **IMF** 的问题，同时有效降低了信号的重构误差。CEEMDAN 方法实现过程如下：

1）对源信号 $x(t)$ 添加白噪声 $\varepsilon_0\omega^i(t)$ 构造出新信号 $y(t)$，即 $y(t)=x(t)+\varepsilon_0\omega^i(t)$。式中，$\varepsilon_0$ 表示噪声标准偏差；$\omega^i(t)$ 表示高斯白噪声，i 表示第 i 次添加白噪声，且 $i=1$，2，$\cdots$，I，I 表示添加白噪声次数。对新信号进行 EMD 处理，并计算多次分解后的平均值以获取第一阶模态分量

$$\mathrm{IMF}_1(t) = \frac{1}{I}\sum_{i=1}^{l}\mathrm{IMF}_1^i(t) \tag{5-60}$$

2）计算模态 1（IMF_1）对应的残余项

$$r_1(t) = x(t) - \mathrm{IMF}_1(t) \tag{5-61}$$

3）定义 $E_j(*)$ 表示信号经 EMD 分解后获得的第 j 个模态分量算子，即 $E_j(x(t))=\mathrm{IMF}_j(t)$。对第一个剩余项 r_1 添加噪声 $\varepsilon_1 E_1[\omega^i(t)]$，即 $r_1(t)+\varepsilon_1 E_1[\omega^i(t)]$。对其进行 EMD 可获得第二阶模态分量 IMF_2 及其相对应的剩余项 r_2 为

$$\mathrm{IMF}_2(t) = \frac{1}{I}\sum_{i=1}^{l}E_1[r_1(t) + \varepsilon_1 E_1(\omega^i(t))] \tag{5-62}$$

$$r_2(t) = r_1(t) - \mathrm{IMF}_2(t) \tag{5-63}$$

4）重复上述步骤，得到第 n 阶剩余项 $r_n(t)$ 及第 $n+1$ 阶模态分量 $\mathrm{IMF}_{n+1}(t)$ 为

$$r_n(t) = r_{n-1}(t) - \mathrm{IMF}_n(t) \tag{5-64}$$

$$\mathrm{IMF}_{n+1}(t) = \frac{1}{I}\sum_{i=1}^{l}E_n[r_n(t) + \varepsilon_n E_n(\omega^i(t))] \tag{5-65}$$

经上述过程重复对不同阶段的信号添加自适应噪声并进行 EMD 处理，得到最终的剩余项 $r_{n+1}(t)$，$r_{n+1}(t)=r_n(t)-\mathrm{IMF}_{n+1}(t)$，当剩余项 $r_{n+1}(t)$ 不能再进行分解时（即剩余项 $r_{n+1}(t)$ 不再具有至少两个极值），信号终止分解。最终得到的剩余项为

$$R(t) = x(t) - \sum_{n=1}^{N}\mathrm{IMF}_n \tag{5-66}$$

源信号 $x(t)$ 可表示为

$$x(t) = \sum_{n=1}^{N}\mathrm{IMF}_n + R(t) \tag{5-67}$$

2. 基于平方预测误差的主元分析分量筛选指标

通过 CEEMDAN 方法对源信号进行处理后得到多个固有模态函数（**IMF**）分量，回转支承在加速全寿命试验过程中部件随时间变化磨损逐渐加剧，从而导致振动信号随时间变化比较明显，并且对应的各 **IMF** 分量振动幅值具有较大的变化。由于周围环境噪声并不因时间变化而发生明显的变化，因此其信号振动幅值变化并不明显。根据这一特点，本文中引入

平方预测误差（Square Prediction Error，SPE）对 CEEMDAN 处理得到的多个 **IMF** 分量进行筛选，以剔除冗余信息，保留包含有效振动信息的 **IMF** 分量进行信号重构。平方预测误差的基本理论如下：

平方预测误差（SPE）作为多元统计学中常用的数学统计量，广泛应用于监测数据样本的异常波动。平方预测误差也被称为 Q 统计，其对样本矩阵 $X_¢$ 进行过程监测。实现方式如下。

1）对样本矩阵在残差子空间的投影矩阵进行统计分析，其平方预测误差（SPE）计算公式为

$$E_{\mathrm{SPE}} = EE^{\mathrm{T}} = (X'(I-PP^{\mathrm{T}}))(X'(I-PP^{\mathrm{T}}))^{\mathrm{T}} = \|X'(I-PP^{\mathrm{T}})\|^2 \qquad (5\text{-}68)$$

式中，E 表示 $X_¢$ 在残差子空间的投影；P 表示载荷矩阵。

2）确定 SPE 统计量阈值 $\mathrm{SPE}_{\mathrm{lim}}$，其计算公式为

$$\mathrm{SPE}_{\mathrm{lim}} = \theta_1 \left[\frac{c_\alpha h_0 \sqrt{2\theta_2}}{\theta_1} + \frac{\theta_2 h_0 (h_0-1)}{\theta_1^2} + 1 \right]^{1/h_0} \qquad (5\text{-}69)$$

式中，c_α 表示置信度为 α 的正态分布统计值；$h_0 = 1 - 2\theta_1\theta_3/(3\theta_2^2)$；$\theta_i = \sum_{j=m+1}^{n} \lambda_j^i (i = 1, 2, 3)$；$\lambda_j$ 表示协方差矩阵 X' 的第 j 个特征值。

3）将式（5-68）计算出的样本矩阵平方预测误差值 E_{SPE} 与公式（5-69）计算出的 SPE 统计量阈值 $\mathrm{SPE}_{\mathrm{lim}}$ 进行比较，如果 $E_{\mathrm{SPE}} < \mathrm{SPE}_{\mathrm{lim}}$，则认为样本矩阵中的数据未出现异常；如果 $E_{\mathrm{SPE}} > \mathrm{SPE}_{\mathrm{lim}}$，则说明样本矩阵中的数据出现了异常。

3. 基于 CEEMDAN-PCA 的回转支承降噪实例

（1）降噪方法流程　前文对 CEEM-DAN 以及 PCA 等相关基本理论进行了详细的介绍，本文将综合上述理论的优势，提出了融合 PCA 理论的 CEEMDAN 回转支承降噪方法，同时结合试验数据进行验证分析。所提方法的技术路线如图 5-28 所示。

步骤 1　采用本课题组试验台对型号为 QNA730-22 的回转支承进行全寿命加速试验，并对试验过程中采集的振动信号进行后期处理。将采集的回转支承加速度信号 a 等分成 n 段，每段数据长度为 N，a_k 表示第 k 段信号，$k = 1, 2, \cdots, n$。

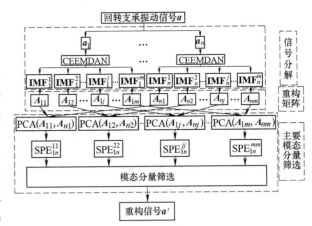

图 5-28　回转支承振动信号降噪技术路线

步骤 2　分别对 n 段信号进行 CEEMDAN 处理，可以得到多组固有模态函数分量 IMF_i^j，IMF_i^j 表示第 i 段信号经 CEEMDAN 分解后的第 j 个模态分量，其中 $i = 1, 2, \cdots, n$，$j = 1, 2, \cdots, m$。

步骤 3　分别将各个 $\mathbf{IMF}_i^j$ 进行拆分、重构，新构造的多维矩阵为 A_{ij} 且维数不低于 3，A_{ij} 表示第 i 段信号经分解后的第 j 个模态分量。

步骤 4　分别将第 i 段信号分解后的第 j 个模态分量重构矩阵 $\boldsymbol{A}_{ij}$ 与第 1 段信号分解后得到的第 j 个模态分量重构矩阵 $\boldsymbol{A}_{1j}$ 进行 PCA 处理，得到多组平方预测误差值 SPE_{1i}^{ij}。SPE_{1i}^{ij} 表示第 i 段信号第 j 个模态分量相对于第 1 段信号第 j 个模态分量的信号变化情况。根据式 (5-68) 计算出各段信号不同模态分量相对于第 1 段信号相对应模态分量的平均预测误差阈值 $\mathrm{SPE}_{\lim}^{ij}$。

步骤 5　将步骤 4 中计算出的各平方预测误差值 SPE_{1i}^{ij} 与其相对应的阈值 $\mathrm{SPE}_{\lim}^{ij}$ 相比较，若 $\mathrm{SPE}_{1i}^{ij} > \mathrm{SPE}_{\lim}^{ij}$，则表示第 i 段信号第 j 个模态分量相对于第 1 段信号相对应模态分量变化较明显，表明信号 $\boldsymbol{a}_i$ 中第 j 个模态分量包含大量故障信息；反之，则表示不包含故障信息。

步骤 6　为了避免对模态分量的误选，且进一步量化分析各模态分量对重构信号的贡献度，计算出各段信号各模态分量基于第 1 段信号相对应模态分量的 SPE 均方根值并减去其对应的阈值，差值记为 err，即 $\mathrm{err}_{ij} = \mathrm{spe}_{1i}^{ij} - \mathrm{SPE}_{\lim}^{ij}$，$\mathrm{err}_{ij}$ 表示第 i 段信号第 j 个模态分量差值，spe_{1i}^{ij} 表示第 i 段信号第 j 个模态基于第 1 段信号第 j 个模态的 SPE 均方根值。err_{ij} 越大，表明第 i 段信号第 j 个模态中包含的故障越严重。在此基础上，计算出第 $2 \sim n$ 段信号第 j 个模态分量在整个寿命阶段的加权累计值 $\mathrm{Acc} = \sum_{i=2}^{n} \left(\mathrm{err}_{ij} \cdot \mathrm{err}_{ij} / \sum_{j=1}^{m} \mathrm{err}_{ij} \right)$ 及贡献度 $\mathrm{Con}_j = \mathrm{Acc}_j / \sum_{j=1}^{m} \mathrm{Acc}_j$。根据贡献度筛选出包含故障信息的模态分量进行信号重构，最终得到去除噪声的加速度信号 a'。

本文在 EEMD 降噪方法的基础上提出了基于 CEEMDAN-PCA 降噪方法，该方法针对 EEMD 对信号分解过程中存在残余噪声，导致重构误差较大以及信号分解后得到的 **IMF** 分量数量不一致的缺陷问题。通过添加自适应白噪声且计算出唯一残余分量以获取 **IMF** 分量的方式，解决了这一问题。同时，结合融合平方预测误差理论的 PCA 方法对多尺度 **IMF** 分量进行分析，以筛选出包含异常信息的 **IMF** 分量进行信号重构，以更好地实现降噪目的。

（2）降噪实例分析　为了验证本文所提方法的可行性和有效性，对采集的回转支承全寿命加速试验数据进行处理分析。回转支承实际运行速度为 4r/min，采样频率为 2048Hz，试验总共进行了 12 天。数据选取时，考虑白天外界环境噪声的干扰较大，因此选取每天晚上 21：30 以后的 20 s 数据进行分析。由于回转支承软带处更容易出现退化，信号强度相对较高，故本文选用靠近软带的 4 号传感器数据进一步分析。

全寿命试验时间为 12 天，可将采集的回转支承加速度数据 a_4 按照步骤 1 要求等分成 12 段。a_4^i 表示第 i 段信号，$i = 1，2，\cdots，12$。采用 CEEMDAN 方法分别对 12 段信号进行分解。以第 1 段信号 a_4^1 为例，信号经 CEEMDAN 分解后得到 16 个 **IMF** 分量，如图 5-29 所示。

考虑到回转支承工作特点，其振动信号具有周期性特征。由图 5-29 可知，信号经 CEEMDAN 分解后得到的多组 **IMF** 分量中，大部分 **IMF** 分量均表现出明显的周期性特点。因此，将失真的模态分量剔除（$\mathbf{IMF}_{10 \sim 16}$），保留包含有效信息的分量，完成模态分量的初步筛选。对初步筛选出来的模态分量按照步骤 3 进行拆分、重构矩阵 $\boldsymbol{A}_{1j}$，$j = 1，2，\cdots，9$。由于 PCA 处理三维及以上维度的数据效果最为明显，因此，重构矩阵 $\boldsymbol{A}_{1j}$ 维度 ≥ 3。按照上述过程依次对 a_4^i（$i = 2, 3, \cdots, 12$）进行模态分解，得到多组 **IMF** 分量及其对应的重构矩阵 $\boldsymbol{A}_{ij}$。将第 i 段信号第 j 个模态分量重构矩阵 $\boldsymbol{A}_{ij}$ 与第 1 段信号相对应模态分量重构矩阵进行 PCA 处理分析，以获取 $\boldsymbol{A}_{ij}$ 相对于 $\boldsymbol{A}_{1j}$ 信号变化的平方预测误差（SPE_{1i}^{ij}）及相对应的阈值（$\mathrm{SPE}_{\lim}^{ij}$）。图 5-30 所示为第 2 段信号基于 CEEMDAN-PCA 处理的结果。

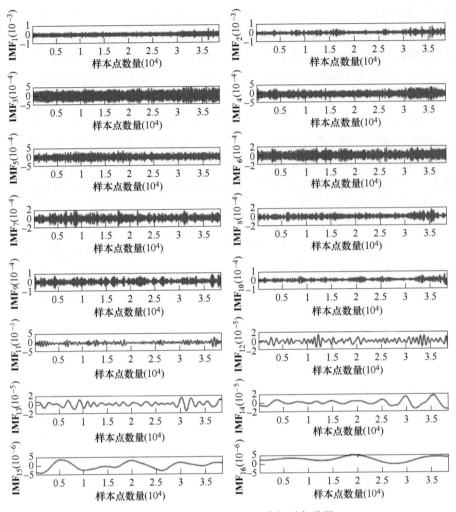

图 5-29　信号经 CEEMDAN 分解后各分量

由图 5-30 可知，第 2 段信号中 $\mathbf{IMF}_1$、$\mathbf{IMF}_2$、$\mathbf{IMF}_3$、$\mathbf{IMF}_4$、$\mathbf{IMF}_6$ 以及 $\mathbf{IMF}_8$ 的 SPE 实际值均超过了其相对应的理论值，表明这些模态分量中包含回转支承的故障信息。经 CEEMDAN-PCA 处理后的其他各段信号各模态分量筛选结果见表 5-7。

表 5-7　各段信号模态分量筛选结果

时　间　段	筛　选　结　果
3	$\mathbf{IMF}_1$、$\mathbf{IMF}_3$、$\mathbf{IMF}_4$、$\mathbf{IMF}_6$、$\mathbf{IMF}_8$
4	$\mathbf{IMF}_1$、$\mathbf{IMF}_2$、$\mathbf{IMF}_3$、$\mathbf{IMF}_4$、$\mathbf{IMF}_6$、$\mathbf{IMF}_8$、$\mathbf{IMF}_9$
5	$\mathbf{IMF}_1$、$\mathbf{IMF}_2$、$\mathbf{IMF}_3$、$\mathbf{IMF}_4$、$\mathbf{IMF}_6$、$\mathbf{IMF}_8$
6	$\mathbf{IMF}_1$、$\mathbf{IMF}_2$、$\mathbf{IMF}_3$、$\mathbf{IMF}_4$、$\mathbf{IMF}_6$、$\mathbf{IMF}_8$、$\mathbf{IMF}_9$
7	$\mathbf{IMF}_1$、$\mathbf{IMF}_2$、$\mathbf{IMF}_3$、$\mathbf{IMF}_4$、$\mathbf{IMF}_6$、$\mathbf{IMF}_8$、$\mathbf{IMF}_9$
8	$\mathbf{IMF}_1$、$\mathbf{IMF}_3$、$\mathbf{IMF}_4$、$\mathbf{IMF}_5$、$\mathbf{IMF}_6$、$\mathbf{IMF}_8$
9	$\mathbf{IMF}_1$、$\mathbf{IMF}_3$、$\mathbf{IMF}_4$、$\mathbf{IMF}_5$、$\mathbf{IMF}_6$、$\mathbf{IMF}_8$、$\mathbf{IMF}_9$

（续）

时　间　段	筛　选　结　果
10	IMF_1、IMF_3、IMF_4、IMF_5、IMF_6、IMF_8
11	IMF_1、IMF_3、IMF_4、IMF_6、IMF_8、IMF_9
12	IMF_1、IMF_2、IMF_3、IMF_4、IMF_6、IMF_8

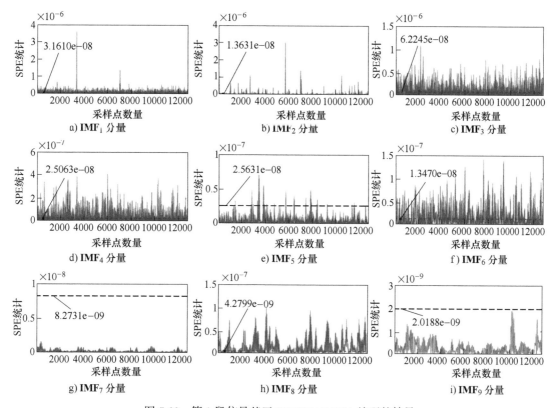

图 5-30　第 2 段信号基于 CEEMDAN-PCA 处理的结果

由图 5-31 中各阶模态分量的 err 值可知，第 1、3、4、6、8 个模态分量随时间变化相对明显，前 6 天时，第 1、3、4、6、8 个模态波动变化并不明显，第 7 天以后，这 5 个模态开始出现波动，后 4 天时波动加剧，这与试验现象基本一致，因此，选择这 5 个模态能够反映设备运行状态随时间退化的趋势。结合图 5-32a、b 可知，第 1、3、4、6、8 五个模态分量的加权累计值和贡献度相对较高，这五个模态

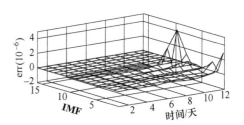

图 5-31　各 IMF 分量的 err 值

分量的贡献度达到了 96.99%，基本包含了信号中大部分故障信息。因此，经上述分析，最终确定选取第 1、3、4、6、8 五个模态分量进行信号重构，实现了对源信号的降噪目的。CEEMDAN-PCA 降噪结果如图 5-33 所示。

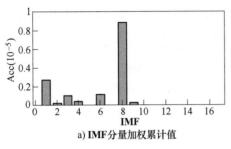
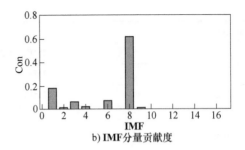

a) IMF分量加权累计值 b) IMF分量贡献度

图 5-32　IMF 分量筛选

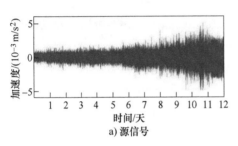
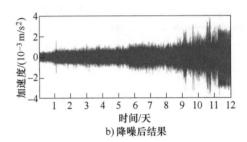

a) 源信号 b) 降噪后结果

图 5-33　CEEMDAN-PCA 降噪结果

由图 5-33 可以发现，源信号中包含大量设备运行噪声信息，信号经 CEEMDAN-PCA 处理后幅值出现了明显的变化，处理后的信号在保留源信号所包含的大部分有效振动信息基础上，将外界环境噪声等干扰信息剔除，获得了反映设备运行状态的真实信息，为后期数据处理分析奠定了基础。

四、其他分析方法

(一) 基于圆域的故障诊断方法

现有的故障诊断方法多从振动信号的时域、频域或者时频域特性出发，试图以时域特征的波动或故障特征频率的出现解释回转支承的故障状态。此类方法对人为加工的严重缺陷或是加速寿命试验后期回转支承严重损坏后的振动信号的处理非常有效，但是仍然很难用于实际工况下回转支承的故障尤其是初期故障的诊断。相比之下，振动信号的一些特征在圆域内与在时域、频域内有着截然不同的呈现方式，圆域分析近年来越来越多地被用于故障诊断研究中。

1. 分段累积近似法 (PAA) 与邻域相关图

轴承振动信号的采样频率一般可达数 10 kHz，即使是转速极低的大型回转支承，为保证采集信号中包含足够的频率，其振动信号采样率通常也在 1 kHz 以上。因此，在进行故障诊断之前，有必要对原始振动信号的数据量进行缩减。PAA 作为一种数据缩减方法，最初由 Yi 和 Faloutsos 等提出，其特点是：在对大量时域数据进行缩减的同时尽可能多地保持数据的原有特征。PAA 的实现较为简单，对于一组有 L 个数据样本的序列 $\boldsymbol{y}=(y_1, y_2, \cdots, y_L)$，首先定义一个常数 w，w 应为 L 的约数，然后将样本序列 $\boldsymbol{y}$ 等分成 N 段，$N=L/w$，最后将每段序列的代数平均值连起来便得到缩减后的新序列 $\boldsymbol{Y}=(Y_1, Y_2, \cdots, Y_N)$，其中每个元素的计

算公式为

$$Y_n = \frac{1}{w} \sum_{j=v(n-1)+1}^{mr} y_j, n \in [1,N] \qquad (5-70)$$

式中，w 代表了每段序列的数据量，又被称为 PAA 窗的大小。可以看出，w 越小，缩减后的数据量就越大，PAA 效果越不明显；而 w 越大，缩减后的数据量就越小，但是丢失的信息也就越多。

除缩减数据量外，PAA 另一个重要的用途是检测振动信号中频率的变化，为此需要引入邻域相关的概念。邻域相关即是将 PAA 后的时域序列 Y 以邻域相关图的方式呈现，图中每个坐标点的横坐标为 Y_n，纵坐标为 Y_{n+1}，$n \in [1,N-1]$。将时域振动信号先进行 PAA，然后对邻域相关离散点进行椭圆拟合的过程称为 PAA 过程。为证其有效性，产生两组幅值为 1、频率分别为 1Hz 和 4Hz 的标准正弦波形，其采样率 f_s 均为 48Hz，采样时间均为 1s，令 $w=4$，则两组波形的 PAA 及邻域相关图如图 5-34 所示。

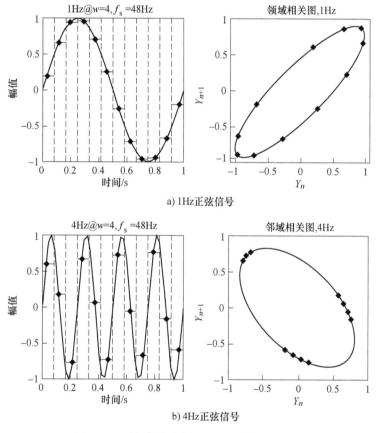

a) 1Hz正弦信号

b) 4Hz正弦信号

图 5-34　两组仿真信号的 PAA 及邻域相关图

由图 5-34 可知，正弦信号的邻域相关图可拟合出近乎完美的椭圆，但在 PAA 窗大小 w 和采样率 f_s 相同的情况下，不同频率的正弦波拟合出的邻域相关椭圆具有不同的倾角，定义图 5-34a 中倾角为 $0 \sim \pi/2$ 的椭圆为右倾斜椭圆，图 5-34b 中倾角为 $\pi/2 \sim \pi$ 的椭圆为左倾斜椭圆，PAA 过程正是通过椭圆的倾角判断出信号中频率的变化。随着回转支承故障的产生、加重，以及性能的不断衰退，其振动信号中的频率特性应当是从高频占主导逐渐向中低频占主导过渡的。因此，若将 PAA 过程用于回转支承的状态监测，则可以通过邻域相关离散点拟合椭圆倾角的变化反映出振动信号中频率的变化，进而诊断出回转支承潜在的早期故障。

2. 离散点椭圆拟合法

从图 5-34 中还可观察到，正弦波形的邻域相关图的离散点都恰好落在拟合椭圆上，因而其椭圆方程很容易求解。实际上，尽管振动信号的本质可理解为不同频率、不同相位、不同幅值的正余弦波形的叠加，但是工程实际中采集到的振动信号由于振动传递路径和周围环境等因素的干扰，其邻域相关图的离散点分布是完全离散的，因此，有必要寻找一种高效、准确的椭圆拟合方法。椭圆拟合通常先假设椭圆参数，计算各离散点到椭圆的距离，最终选取整体误差最小的椭圆作为结果。常见椭圆拟合方法均是基于最小二乘算法提出的，其中尤以 Fitzgibbon 等提出的直接椭圆拟合法过程简单，并因其计算效率高而被广泛应用。对于通用的二阶多项式椭圆方程

$$F(p,s)=Ax^2+Bxy+Cy^2+Dx+Ey+F=0 \tag{5-71}$$

式中，$p=(A,B,C,D,E,F)$，$s=(x^2,xy,y^2,x,y,1)^T$，函数 $F(p,s)$ 表示了点 (x,y) 到圆锥曲线 $F(p,s)=0$ 的代数距离。$F(p,s)$ 的优化就是要使得包含 n 个点的点集 $D[D=(s_1,s_2,s_3,\cdots,s_n)^T]$ 到拟合出的曲线的代数距离平方和最小为

$$\Delta_p=\sum_{i=1}^{n}F(D_i)^2 \tag{5-72}$$

为避免 $p=0$ 这一通解，可对式（5-71）施加二次约束，并利用 Tikhonov 正则化方法求解，即

$$D^TDp=\gamma Cp \tag{5-73}$$

式中，C 是施加的二次约束矩阵，在直接椭圆拟合中，此约束为 $4ac-b^2=1$，以矩阵表示则为

$$p^TCp=p^T\begin{bmatrix}0&0&2&0&0&0\\0&-1&0&0&0&0\\2&0&0&0&0&0\\0&0&0&0&0&0\\0&0&0&0&0&0\\0&0&0&0&0&0\end{bmatrix}p=1 \tag{5-74}$$

通过引入拉格朗日乘子 γ 并进行微分，可得到如下方程组来求解式（5-73）约束下 $|Dp|^2$ 的最小值。

$$\begin{cases}D^TDp-\gamma Cp=0\\p^TCp=1\end{cases} \tag{5-75}$$

此方程组可以从式（5-73）的广义特征向量入手，如果 (α_i,u_i) 是式（5-73）的一组 (γ,p) 的解，则对于任意的 μ，(α_i,μ_iu_i) 应当满足

$$\mu_i^2u_i^TCu_i=1 \tag{5-76}$$

由此可得

$$\mu_i=\sqrt{\frac{1}{u_i^TCu_i}} \tag{5-77}$$

由此可得 p 的一组估计值

$$\hat{p} = \mu_i u_i \tag{5-78}$$

据此取多组 $\hat{p}$ 进行比较，选取令 $|Dp|^2$ 最小的 p 作为最优拟合椭圆的方程参数。本诊断方法中将选择直接椭圆拟合法对振动信号离散点进行拟合。

3. 圆域重采样

圆域（又称角度域）分析由 Mathew 等提出，用以解决转动部件变转速工况下振动信号分析频谱泄漏的问题。圆域分析的核心思想是将时域振动信号映射到角度域，消除振动信号中的时间属性，进而消除转速对振动信号分析的影响。

图 5-35 中，时域信号的第 1 个周期与第 3 个周期中的采样频率是一样的，但是由于转速不同，单个周期所占用的时间也不同，这样的信号无法直接进行频谱分析。将其映射到 $0° \sim 360°$ 的圆域后，不管转速如何改变，信号在圆域内的分辨率始终是统一的，这就是圆域采样的本质。

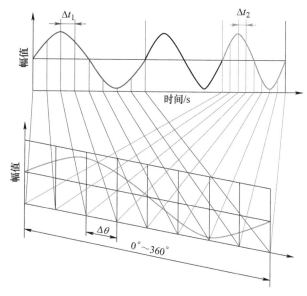

图 5-35　圆域采样示意

一般情况下，获取圆域振动信号的方法有两种：阶次跟踪法和圆域重采样。阶次追踪法通常采用专用仪器直接进行同步的圆域采样，而圆域重采样则是通过坐标变换将时域信号转换成圆域信号。由于圆域重采样无需专用仪器，过程较为简单，因此工程上更为常用。

假设回转支承转动 β（$0° < \beta \leqslant 360°$）角度需要的时间为 T（s），时间序列为 $t = (1, 2, \cdots, T)$，则其对应圆域内的弧度序列 θ 为

$$\theta = \frac{t}{T} \beta \frac{\pi}{180} \tag{5-79}$$

将转换后的弧度及其对应的振动幅值在三维空间展开，便可得到时域信号的圆域表达。以图 5-34b 中 4Hz 的正弦信号为例，若其对应的回转支承转动的角度是 360°，则圆域重采样后的信号如图 5-36 所示。

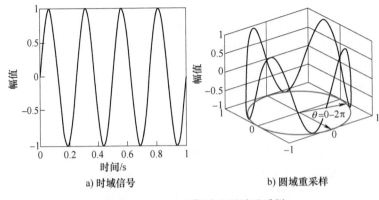

a) 时域信号   b) 圆域重采样

图 5-36   4Hz 正弦信号的圆域重采样

由前文可知，PAA 过程能够有效识别振动信号中主要频率成分的变化，并可用于回转支承的故障诊断，但实际应用中 PAA 过程所处理的数据量（即序列 y 的长度）及其对应的物理意义并未给出。在状态监测系统中，一次 PAA 过程处理数据量越少，总数据量一定的情况下需要执行 PAA 过程的次数就越多，系统计算负荷会大幅提升；而一次 PAA 过程处理数据量越大，信号中的频率成分就越复杂，拟合椭圆对信号中频率变化的敏感度会有所降低。因此，确定合适的一次 PAA 过程处理的数据量及其对应的物理意义非常重要。

综上，可得到针对回转支承的圆域分析故障诊断流程，如图 5-37 所示。对于一段时域振动信号，首先通过圆域重采样的方法将其转换成圆域信号，同时按照一定角度将圆域信号均分成多个区域，并对每个区域的信号执行 PAA 过程；然后通过邻域相关图中拟合椭圆的倾角方向确定各区域是否出现异常；最后计算整段圆域信号的相关特征，并监测其在时域上的变化趋势，进而实现回转支承初期故障诊断。

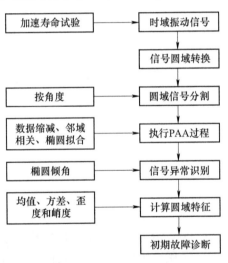

图 5-37   故障诊断流程

4. 应用实例

以前文中回转支承获取的加速度为例，对基于圆域分析的故障诊断方法进行验证。试验中回转支承的转速保持在 4r/min，转动一圈需要 15s。因此，取每天 6：00、12：00、18：00 和 24：00 每段时长 15s 的信号用于圆域分析，拼接后得到降噪后的回转支承全寿命振动信号，如图 5-38 所示。

通过图 5-38 同时给出的试验第 1 天、第 6 天和第 11 天中各 1s 的振动信号，可以看出，振动信号幅值在试验过程中基本保持增长趋势，但自始至终很少出现幅值很高的冲击成分。回转支承运行初期振动信号基本被白噪声覆盖，当回转支承产生初始故障后，信号中会出现能量较低的冲击成分，后期随着故障进一步加剧，冲击成分能量会不断升高，信噪比也会持续提高。为进一步量化分析，对第 6 天和第 11 天的信号进行快速傅里叶变换（FFT），结果如图 5-39 所示。

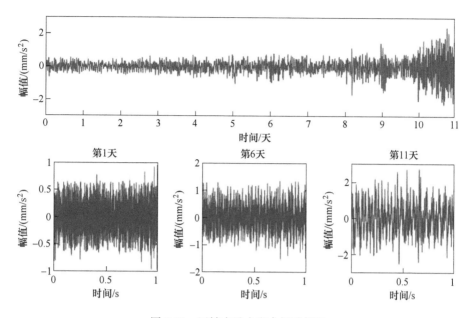

图 5-38　回转支承全寿命振动信号

图 5-39a 所示的是第 6 天信号的频谱分析图，可以看到在 100Hz 以下已经出现了部分的低频成分，但是 200Hz 以上的中高频噪声仍然占据主导；相对而言，图 5-39b 所示第 11 天信号的频谱中，100Hz 以下的低频成分能量非常高，而 300Hz 以上的频率成分能量很微弱。此外，信号中频率为 119Hz 的成分在试验初期能量很低，在第 6 天时能量达到最高，而在最后阶段能量又有所降低，这表明 119Hz 可能是回转支承的某种初期故障产生的。

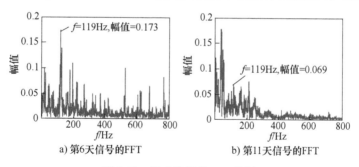

a) 第6天信号的FFT　　　　b) 第11天信号的FFT

图 5-39　振动信号的 FFT 分析

据此，根据图 5-40 选择 $w=4$ 对每段 15s 的时域振动信号进行圆域分析，由于每段信号的分析过程是完全相同的，此处仅以第 6 天和第 10 天各自的第 1 段信号为例进行讨论。为便于理解，将第 6 天的分析过程在时域内展开（图 5-41），而将第 10 天的分析过程在圆域内展开（图 5-42）。

在图 5-41 图域分析中，首先，将时域振动信号按秒（s）均分成 15 个区域，同时将其映射到 0°~360° 的圆域中，每秒的时域信号对应 24° 的圆域信号，区域划分结果和转换后的圆域信号分别如图 5-41 和图 5-42a 所示；接着，令 $w=4$，对每个角度区域的信号进行 PAA，并在邻域相关图中输出用于椭圆拟合，分别如图 5-43 和图 5-44 所示；然后，判断每个拟合椭圆的倾角方向，将右倾斜椭圆所在的角度区域标记为异常向量或异常区域分别如图 5-41 和图 5-42b 所示，其中的向量即表示了异常向量的平均向量，也就是圆域分析的特征向量 v_{mean}。

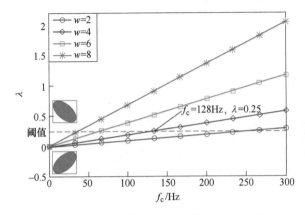

图 5-40 转换系数 λ 与转换频率 f_c 的关系

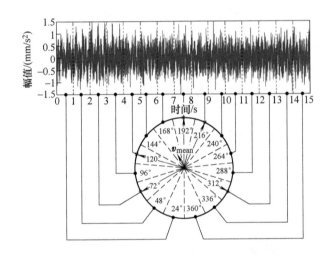

图 5-41 第 6 天第 1 段信号的圆域分析（时域内展开）

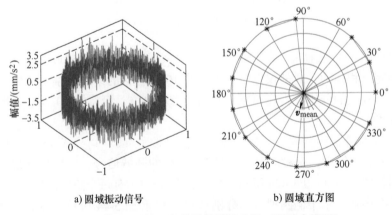

a）圆域振动信号　　　　　　　b）圆域直方图

图 5-42 第 10 天第 1 段信号的圆域分析（圆域内展开）

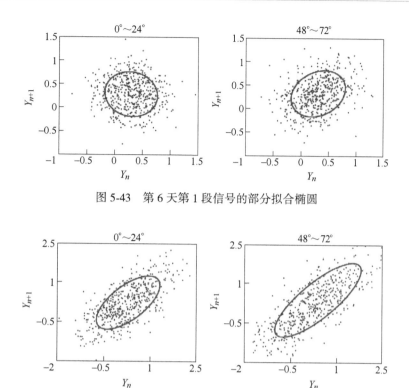

图 5-43　第 6 天第 1 段信号的部分拟合椭圆

图 5-44　第 10 天第 1 段信号的部分拟合椭圆

由图 5-43 可以看出，两个拟合椭圆离心率较小，椭圆更接近圆，且只是分别向左和向右有小幅度的倾斜，而图 5-44 中的两个拟合椭圆的离心率则大很多，倾斜角度也更大。由此可见，在回转支承寿命初期，各个角度区域的左倾斜拟合椭圆离心率和倾斜程度均逐步减小，初期故障产生后，拟合椭圆的倾角方向从左倾斜转换为右倾斜，随着故障进一步加剧，右倾斜椭圆的离心率不断增大。此外，从图 5-41 和图 5-42b 中可以看出，试验中期出现异常的角度区域较少，而试验后期异常区域较多，其特征向量 v_{mean} 的模长也越来越短。

得到各段信号圆域分析的特征向量 v_{mean} 后，可按表 5-1 中的计算式计算其均值、方差、歪度和峭度这 4 个指标，从而获得其在整个试验周期中的变化趋势。为进行对比分析，同时计算出原始振动信号以及小波系数的相关时域指标。其中，小波分析利用 db4 小波将原始振动信号进行了 3 层分解，并选取第 3 层小波系数中的高频细分部分（D3）用于时域指标计算。

据此，将三种方法的上述 4 个指标在整个寿命周期中的变化趋势分别进行对比，如图 5-45 所示。为方便比较，所有的特征均进行了归一化处理。从图 5-45 中可以看出，部分圆域指标在试验前两天有一定的波动，对应回转支承磨合阶段，两天后趋于平稳，回转支承正常运行，直到试验进行至第 6 天附近，圆域分析的各项指标均出现了较为明显的异常幅值，说明回转支承在试验进行到第 6 天时产生了初始故障，结合 7 天后拆机结果分析，定圈的区域滑移和动圈的点蚀应当是在此时产生的。

173

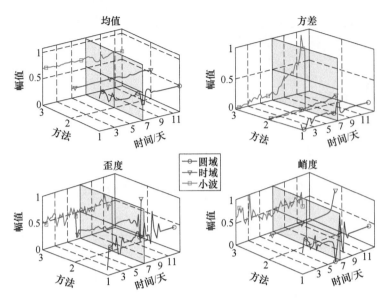

图 5-45 各项指标在整个寿命周期的变化

相比之下，振动信号相关的时域特征在第 6 天附近几乎看不到明显的异常值，而小波分析结果的均值、方差和峭度中能观察到一定程度的异常产生，但是其可识别度远不如圆域分析的相关指标。由此可见，相对传统方法，圆域分析能够更准确地从高噪声、低信噪比的振动信号中诊断出回转支承的初始故障，便于工程人员提前制定有效的维护规划，缩短维护周期，从而降低维护成本。

（二）基于 Wavelet leader 的特征提取方法

机械设备振动信号通常呈现非线性、非平稳性的特点，并且振动信号在一定的尺度范围内具有分形特征，这一特征能精确刻画信号内在几何结构特征。常见的多分形特征计算方法计算过程复杂且计算量大，从而极大地限制了多分形分析方法的应用。Wavelet leader 理论基于坚实的数学基础，采用 Chhabra 算法替代了复杂的 Legendre 变换，在计算多分形特征时计算相对简便。

1. Wavelet leader 多分形理论

设所需处理的信号为 $X(t)$，若 $\psi_0(t)$ 满足：$\forall k = 0,\ 1,\ \cdots,\ N_\psi - 1,\ \int_R t^k \psi_0(t) \mathrm{d}t \equiv 0$，$\int_R t^{N_\psi} \psi_0(t) \mathrm{d}t \neq 0$，则可以选择 $\psi_0(t)$ 作为母小波，且 $\psi_0(t)$ 具有消失矩 N_ψ（N_ψ 为正整数，且 $N_\psi \geqslant 1$）。对 $\psi_0(t)$ 进行伸缩和平移产生一系列函数簇 $\{\psi_{j,k}(t) = 2^{-j/2} \psi_0(2^{-j}t - k), j \in Z, k \in Z\}$ 构成 $L^2(R)L^2(R)$ 上的正交基。$X(t)$ 的离散小波变换系数为

$$d_X(j,k) = \int_R X(t) 2^{-j} \psi_0(2^{-j}t - k) \mathrm{d}t \tag{5-80}$$

定义二元区间 $\lambda = \lambda_{(j,k)} = [k2^j, (k+1)2^j]$，用 3λ 表示 λ 和它的两个相邻二元区间的并集，即 $3\lambda_{j,k} = \lambda_{j,k-1} \cup \lambda_{j,k} \cup \lambda_{j,k+1}$，则定义 $L_\lambda \equiv L_X(j,k) = \sup\limits_{\lambda' \in 3\lambda} |d_{X,\lambda'}|$ 为 $d_X(j,k)$ 的 Wavelet Leader。

2. Wavelet leader 多分形特征提取理论

定义 Wavelet leader 的结构函数为

$$S_L(q,j) = \frac{1}{n_i} \sum_{k=1}^{n_j} |L_X(j,k)|^q \tag{5-81}$$

式中，n_j 为第 j 个尺度的 Wavelet leader 的个数。

定义对应的尺度指数为

$$\zeta_L(q) = \mathrm{liminf}_{j\to 0} \frac{\log_2 S_L(q,j)}{j} \tag{5-82}$$

式中，q 为计算多分辨量矩的阶数。由于结构函数 $S_L(q,j)$ 被视为集合平均数的样本均值估计量，所以尺度指数可以扩展为

$$\zeta_L(q) = \sum_{p=1}^{\infty} c_p \frac{q^p}{p!} \tag{5-83}$$

式中，系数 c_p 称为对数累积量（Log Cumulants）。

为简化计算，采用 Chhabra 算法获得直接计算多重分形特征的经验公式

$$\hat{D}(q) = \sum_{j=j_1}^{j_2} w_j U^L(q,j) \tag{5-84}$$

$$\hat{h}(q) = \sum_{j=j_1}^{j_2} w_j V^L(q,j) \tag{5-85}$$

式中，j_1 和 j_2 分别为参与估计的最小尺度与最大尺度；w_j 为尺度 j 的权重，且 $\sum_{j=j_1}^{j_2} j w_j \equiv 1$，$\sum_{j=j_1}^{j_2} w_j \equiv 0$，$w_j = b_j (V_0 j - V_1)/(V_0 V_2 - V_1^2)$，$V_i = \sum_{j=j_1}^{j_2} j^i b_j$，$i = 0，1，2$，$b_j$ 代表尺度 j 的权重，一般情况选取 $bw_j = n_j$。统计量 U、V、R 计算式为

$$U^L(q,j) = \sum_{k=1}^{n_j} R_X^q(j,k) \log_2 R_X^q(j,k) + \log_2 n_j \tag{5-86}$$

$$V^L(q,j) = \sum_{k=1}^{n_j} R_X^q(j,k) \log_2 L_X(j,k) \tag{5-87}$$

$$R_X^q(j,k) = L_X(j,k)^q / \sum_{k=1}^{n_j} L_X(j,k)^q \tag{5-88}$$

3. 基于 Wavelet leader 多分形谱图特征提取分析

为了有效说明基于 Wavelet leader 多分形特征提取方法在回转支承振动信号特征提取方面的应用，对降噪后的回转支承振动信号进行多分形分析。通过 Wavelet leader 方法分别计算出正常状态、螺栓破坏以及外圈破坏三种状态下振动信号的尺度指数 $\zeta_L(q)$、奇异指数 $h(q)$ 以及多分形谱值 $D(q)$，计算结果如图 5-46 所示（以 10 样本为例）。图 5-46a、b 中横坐标表示阶数 q，纵坐标分别表示尺度指数值和奇异指数值。图 5-46c 中横坐标表示奇异指数值，纵坐标表示多分形谱值。

图 5-46a 中的结果显示，同一状态下尺度指数 $\zeta_L(q)$ 与阶数 q 存在线性递增关系，且不同阶数对应的尺度指标值聚集在同一数值附近；不同状态下，同一阶数对应的尺度指标聚集点具有明显的差别 [(0,0) 点除外]。图 5-46b 中的结果显示，同一状态下奇异指数 $h(q)$ 与阶数 q 呈线性递减关系，且不同阶数对应的奇异指数值聚集在同一数值附近，并且不同状态

下对应的奇异指数值分布范围具有明显的差异性。图 5-46c 中的结果显示，多分形谱与奇异指数呈现凸形曲线关系，并且同一状态下的 $D(q)$-$h(q)$ 图集聚在同一范围内，不同状态下的 $D(q)$-$h(q)$ 图分布具有明显的区分。

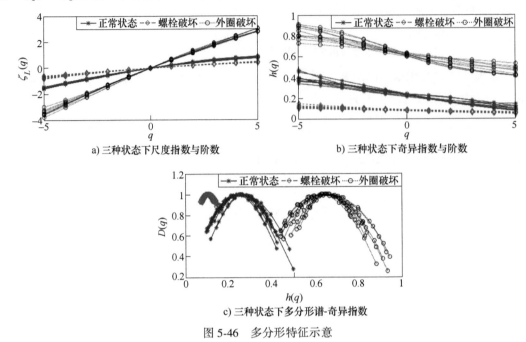

a) 三种状态下尺度指数与阶数   b) 三种状态下奇异指数与阶数

c) 三种状态下多分形谱-奇异指数

图 5-46　多分形特征示意

以正常状态下某一样本的多分形谱 $D(q)$-奇异指数 $h(q)$ 图为例，如图 5-47 所示。

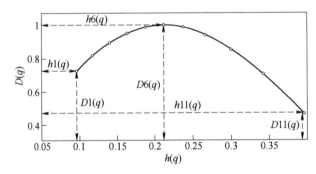

图 5-47　单个样本的 $D(q)$-$h(q)$ 示意

由图 5-47 可知，回转支承振动信号的多分形谱 $D(q)$ 与奇异指数 $h(q)$ 具有凸曲线关系，图 5-47 中 11 个点的分布均分别在一定的范围之内，并且不同状态下分布范围具有明显的区别。为定量说明三种状态下各点的分布情况，对三种状态的样本计算结果进行统计，统计结果如图 5-48 所示（以初始点、最高点及终止点三个特殊点为例）。

由图 5-48 可知，正常状态初始点主要分布在 0.05~0.15，最高点主要分布在 0.22~0.29，终止点主要分布在 0.32~0.4。螺栓破坏状态初始点主要集中分布在 0.04~0.07，最高点主要分布在 0.07~0.1，终止点主要分布在 0.12~0.2。外圈破坏状态初始点主要分布在 0.35~0.54，最高点主要分布在 0.57~0.65，终止点主要分布在 0.72~0.88，见表 5-8。

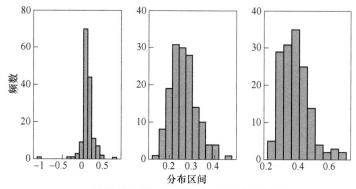

a) 正常状态初始点、最高点、终止点统计结果

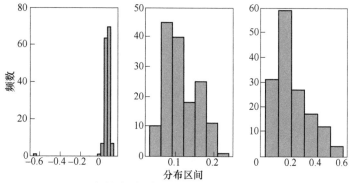

b) 螺栓破坏初始点、最高点、终止点统计结果

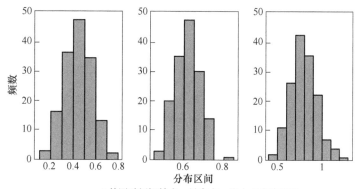

c) 外圈破坏初始点、最高点、终止点统计结果

图 5-48　三种状态特殊点分布统计结果

表 5-8　特殊点分布区间统计结果

状　　态	初始点范围	最高点范围	终止点范围
正常状态	0.05~0.15	0.22~0.29	0.32~0.4
螺栓破坏	0.04~0.07	0.07~0.1	0.12~0.2
外圈破坏	0.35~0.54	0.57~0.65	0.72~0.88

奇异指数 $h(q)$ 反映不同测度回转支承振动信号的随机性，奇异指数越大，表明振动信号越不规则，随机性越强。多分形谱 $D(q)$ 表征奇异指数 $h(q)$ 所在测度的差别（图 5-47）。因此，计算出回转支承振动信号三种状态下多分形谱 $D(q)$、奇异指数 $h(q)$ 和尺度指数 $\zeta_L(q)$，并将其构造成特征矩阵 $T_j = (hi(q), Di(q), \zeta_L i(q))$，以此表征回转支承不同状态下的多分形特征，其中 i 表示第 i 个阶数点，$i = 1, 2, \cdots, 11$，j 表示样本数，由此得到 1×33 维特征向量 T_j。

第三节　基于人工智能的故障诊断方法

基于人工智能技术的故障诊断方法是一种以大量设备数据为基础，并结合统计学模型、机器学习模型等模式识别算法的故障诊断方法；此类方法具有一定的自适应性和鲁棒性，且不依赖于系统先验知识。

在回转支承故障诊断方面，目前常用的智能故障诊断方法按所用模型可分为：基于统计学模型的诊断方法与基于机器学习模型的诊断方法等。其故障诊断任务大多是以带标签数据对模型进行监督训练的方式来实现的，这也意味着此类诊断方法可行的前提条件是，需具备待诊断设备在不同工况下、同型号下、多台设备的尽可能多类别的故障数据。

本节将对不同诊断模型逐一进行介绍。

一、基于统计学模型的故障诊断方法

（一）基于主元分析（PCA）的故障诊断

基于主元分析的故障诊断方法将 PCA 方法与 Hotelling T^2、SPE 统计量相结合，并分别两种统计量的故障阈值，在此基础上判别是否已经发生故障，是一种较为常用的故障预警方法。

1. 基于 PCA 的故障诊断步骤

1）建立 PCA 模型，并将样本数据代入主元模型中进行检测统计。

2）运用假设检验理论，计算出正常工况下的阈值。

3）根据检测统计量的值和计算出的阈值进行故障诊断。

2. T^2 及 SPE 统计量介绍

由于主元分析（PCA）的相关理论在本章第二节中已有详细介绍，故此处不再赘述；以下将首先对 T^2 及 SPE 统计量进行介绍。

T^2 统计是一种衡量变量在主元空间中的变化，其表征的是主元模型内部变化的一种测度，可以用来检测样本数据发生在主元子空间中的变动，表征状态监测过程中故障信息偏离正常模型的程度。T^2 统计定义为主元得分，对于正常工况下的数据样本统计检测应满足：

$$T^2 \leq T^2_{\lim} \tag{5-89}$$

式中，T^2 指样本数据的检测统计量；$T^2_{\lim}$ 指正常工况下样本检测统计量阈值。

对于样本数据检测量的计算方法，首先要对测量样本数据 X（$X \in \mathbf{R}^{m \times n}$）进行预处理，预处理后计算出检测样本矩阵 X 的主元得分值 t、测量估计值 $\hat{X}$ 及残差值 e，计算公式为

$$\left.\begin{array}{l} t = XP_m \\ \hat{X} = tP_m^{\mathrm{T}} = XP_m P_m^{\mathrm{T}} \\ e = X - \hat{X} = X(I - P_m P^{\mathrm{T}}) \end{array}\right\} \qquad (5\text{-}90)$$

根据式（5-90）求出样本矩阵的主元得分值 t、测量估计值 $\hat{X}$ 及残差值 e 后，便可求得样本数据的主元统计值 T^2，其计算公式为

$$T^2 = t^{\mathrm{T}} \Lambda^{-1} t \qquad (5\text{-}91)$$

式中，$\Lambda = \mathrm{diag}(\lambda_1, \lambda_2, \cdots, \lambda_m)$ 为协方差矩阵 C_X 前 m 个特征值组成的对角阵，Λ^{-1} 为前 m 个特征值倒数所组成的对角矩阵；m 为主元个数。

对于第 i 个数据采样点来说，其主元统计检测值按如下计算公式获得：

$$T^2 = t_i^{\mathrm{T}} \Lambda^{-1} t_i = X_i^{\mathrm{T}} P_m \Lambda^{-1} P^{\mathrm{T}} X_i \qquad (5\text{-}92)$$

正常工况下第 i 个数据采样点主元统计检测值 T_i^2 应满足 $T^2 \leqslant T_{\mathrm{lim}}^2$。其中，$T_{\mathrm{lim}}^2$ 统计量的值服从自由度为 m 和 $n-m$ 的 F 分布（$F(m, n-m)$），n 为样本采样点数，给定其一个显著性检验水平 α，T^2 统计量控制限阈值可以根据 F 分布来计算，其计算公式为

$$T_{\mathrm{lim}}^2 = \frac{m(n^2 - 1)}{n - m} F_\alpha(m, n - m) \qquad (5\text{-}93)$$

式中，T_{lim}^2 为 Hotelling T^2 统计量的上限阈值；$F_\alpha(m, n-m)$ 指置信度水平为 α 且有 m 和 $n-m$ 个自由度的 F 分布临界值；m 为主元个数；n 为样本采样点数。

在正常工况下，Hotelling T^2 统计量值应该处于控制限 T_{lim}^2 值之下，若设备运行过程中出现故障情况，T^2 统计值便会超出控制限 T_{lim}^2，即 $T^2 \geqslant T_{\mathrm{lim}}^2$。

如果系统过程中有些变量信息在主元子空间中不能很好地体现出来，则无法通过计算 T^2 统计量将这种故障状态完全体现出来。在这种情况下，可以通过分析样本数据的残差空间，计算其 SPE 统计量来进行系统过程故障检测，以防故障漏报。SPE 即平方预测误差（也被称为 Q 统计），是通过样本矩阵 X 在残差子空间上进行统计分析，其计算公式为

$$X_{\mathrm{SPE}} = \|(I - PP^{\mathrm{T}})X\|^2 \leqslant Q_{\mathrm{lim}} \qquad (5\text{-}94)$$

对于第 i 个采样点而言，其计算公式为

$$\mathrm{SPE}_i = e_i e_i^{\mathrm{T}} = x_i(I - P_m P_m^{\mathrm{T}}) x_i^{\mathrm{T}} \qquad (5\text{-}95)$$

当 $X_{\mathrm{SPE}} \leqslant Q_{\mathrm{lim}}$ 时，表征系统运行正常；当 $X_{\mathrm{SPE}} > Q_{\mathrm{lim}}$ 时，表明系统出现故障。其中，Q_{lim} 的值为置信水平为 α 时的控制限阈值，其计算公式为

$$Q_{\mathrm{lim}} = \theta_1 \left(\frac{c_\alpha \sqrt{2\theta_2 h_0^2}}{\theta_1} + 1 + \frac{\theta_2 h_0(h_0 - 1)}{\theta_1^2} \right)^{\frac{1}{h_0}} \qquad (5\text{-}96)$$

式中，$\theta_i = \sum\limits_{j = m+1}^{n} \lambda_j^i (i = 1, 2, 3)$，$h_0 = 1 - \frac{2\theta_1 \theta_3}{3\theta_1^2}$，$\lambda_j$ 为样本矩阵 X 的协方差阵 C_x 的特征值，c_α 为一个高斯分布的 $(1 - \alpha)\%$ 的置信极限。

3. 应用案例分析

使用 PCA 算法对第四章中工程机械回转支承试验数据进行故障诊断时，第 1 天正常样本 T^2 和 SPE 的统计分别如图 5-49 和图 5-50 所示。图中虚线为正常样本数据相应的阈值限 T_{lim}^2 和 $\mathrm{SPE}_{\mathrm{lim}}$。

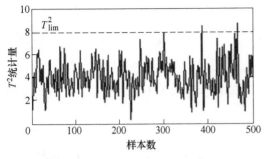

图 5-49　第 1 天正常样本 T^2 统计

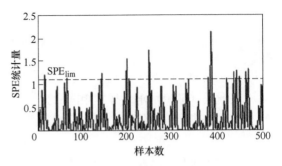

图 5-50　第 1 天样本 SPE 统计

由图 5-49 和图 5-50 可知，正常样本数据基本处于 T^2_{lim} 和 SPE_{lim} 下方，个别数据超过 T^2_{lim} 和 SPE_{lim}，可能是由于系统扰动、误差干扰、外界噪声影响所致，由总体趋势分析可认为该阶段回转支承处于正常运行状态下。第 5 天样本数据 T^2 和 SPE 的统计分别如图 5-51 和图 5-52 所示。由图分析可知，回转支承加速度信号的 T^2 和 SPE 统计量都超过了其正常工况下的 T^2_{lim} 和 SPE_{lim}。依此，可判断出回转支承在第 5 天的运行过程中产生了早期故障。

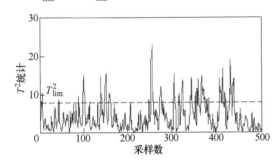

图 5-51　第 5 天样本数据 T^2 统计

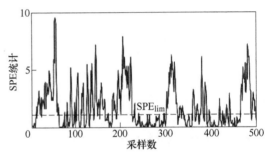

图 5-52　第 5 天样本数据 SPE 统计

（二）基于核主元分析（KPCA）的故障诊断

核主元分析的故障检测与主元分析的故障检测方法十分类似，KPCA 的故障检测与 PCA 不同之处在于 KPCA 要先对原始样本数据进行升维，然后在高维特征空间 F 下进行 Hotelling T^2 统计及 SPE 统计。Hotelling T^2 主要统计监测样本数据在高维主元空间中的变化，SPE 主要是监测统计样本数据在高维残差空间中的变化。

1. 基于 KPCA 的故障诊断步骤

核主元分析用于设备的状态监测原理主要通过两个大步骤，即：先通过正常样本数据建立正常模型进行训练，计算出正常时的故障监测阈值，然后对测试样本进行检测，看测试样本是否超过正常时的阈值。其诊断步骤如下：

1）选取正常工况下振动信号，对其进行标准化，使样本数据具有零均值和标准方差，构建训练矩阵 $\boldsymbol{X}$。

2）利用式（5-47）计算核矩阵 $\overline{\boldsymbol{K}}$，然后通过式（5-52）求得具有零均值条件的近似核矩阵 $\overline{\boldsymbol{K}}$。

3）求解经过零均值化后的核矩阵 $\overline{\boldsymbol{K}}$ 的特征值 λ 及特征向量 $\boldsymbol{\alpha}$，根据预先设定的贡献率

$\eta = \sum_{i=1}^{k} \lambda_i / \sum_{i=1}^{n} \lambda_i \geqslant \eta_0$，求得主元个数 $\overline{K}$，确定前 k 个主元个数对应的特征值 $\lambda_1 \geqslant \lambda_2 \geqslant \cdots \geqslant \lambda_k$ 及其对应的特征向量 $\alpha_1 \geqslant \alpha_2 \geqslant \cdots \geqslant \alpha_k$，并利用公式 $(\alpha_k \cdot \alpha_k) = 1/\lambda_k$ 对上述特征向量进行标准化。

4）计算正常状态下振动信号的 T^2 统计量和 SPE 统计量。

5）根据式（5-92）、式（5-93）确定 T^2 统计量和 SPE 统计量的阈值（即正常工况下的控制限）。

6）对于采集的测试样本数据，首先对振动信号进行归一化处理，然后计算出测试样本核矩阵 $\boldsymbol{K}^{\text{test}}$，然后重复步骤 3）、步骤 4）。

7）最后，计算出测试样本振动信号的 T^2 统计量和 SPE 统计量，根据步骤 5）计算出的阈值判断设备运行是否正常或出现故障。

2. 基于核主元分析的非线性特征捍取

回转支承各个组成部分的部件在振动的过程中会相互影响，而且每个部件的固有频率不同，导致通过传感器采集到的信号大都表现为非平稳、非线性的特性。通过振动信号从时域、频域、时频域提取的各个特征量参数包含的设备状态信息各不相同，且对故障的敏感度也各有差异，因此，在众多的特征参数中提取出对故障敏感性好、包含信息多的参数，一直是设备故障诊断研究的难点和热点问题。由于此前在研究主元分析故障检测过程中，主要是通过振动信号的时域指标来进行建模分析的，因此，本章提出一种基于非线性核主元分析的混合矩阵特征分析，通过提取时域、频域、时频域的特这参数指标来建立训练样本，通过综合指标建模来进行回转支承故障检测，其检测模型如图 5-53 所示。

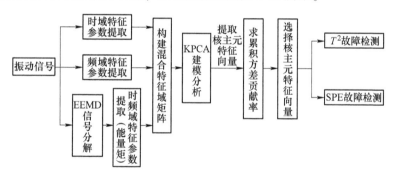

图 5-53　混合域 KPCA 故障检测模型

3. 仿真信号研究分析

为了验证本章提出的混合特征参量指标进行核主元建模进行故障检测的准确性和有效性，首先利用一个仿真信号进行分析验证。由于回转支承在运行过程中产生的振动非常复杂，只能假设其出现局部损伤时易产生的一种周期性冲击信号为例进行模拟信号仿真，从而来初步验证算法的有效性及正确性。因此，构建仿真信号来模拟回转支承故障冲击信号，得到

$$x(t) = 0.2\sin(6\pi t) + 0.5\sin(30\pi t) + \sin(120\pi t) + \sin(180\pi t) + 0.2\mathrm{rand}(t) + \delta(t) \quad (5\text{-}97)$$

式中，$\mathrm{rand}(t)$ 为随机噪声信号；$\delta(t)$ 为回转支承故障冲击仿真信号，数学形式为

$$\delta(t) = 2.5 \times (\mathrm{e}^{-\alpha t'} \sin 2\pi f_c KT) \quad (5\text{-}98)$$

式中，$t' = \mathrm{mod}\left(KT, \dfrac{1}{f_\mathrm{m}}\right)$，调制频率 $f_\mathrm{m} = 100\mathrm{Hz}$；指数频率 $\alpha = 800\mathrm{Hz}$。载波频率 $f_\mathrm{c} = 3000\mathrm{Hz}$；
采样间隔 $T = 1/50000$。

通过式（5-97）和式（5-98），模拟仿真的振动信号如图 5-54 和图 5-55 所示。

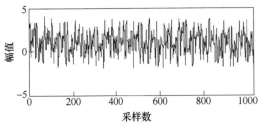

图 5-54　仿真正常信号

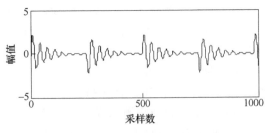

图 5-55　仿真故障冲击信号

图 5-56 所示为正常平稳信号和冲击信号的混合信号模仿回转支承实际工况下的故障信号。根据本章第二节中描述的方法，分别提取仿真的正常状态下和故障状态下振动信号共 18 种时域、频域、时频域特征参数指标，提取的各特征参数如图 5-57 所示。图 5-57 中每个特征参数图形有 200 样本，其中 0~100 的样本数为正常状态下特征参数，101~200 样本数为故障状态下的特征参数。通过 18 个特征参数图形可以发现各个特征参数对正常振动信号和故障振动信号的敏感性、规律性都不同，导致无法从中找到某几个特征参数能够准确地反映其运行状态。因此，根据以上提出的混合域 KPCA 检测模型对上述 18 种混合域特征参数进行两次特征提取，然后进行 KPCA 状态检测，判断该模型是否能够更好地检测设备运行过程中正常或故障状态。

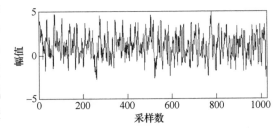

图 5-56　含噪故障冲击振动信号

为了将 KPCA 状态监测与 PCA 进行对比，首先采用本章第二节中研究分析的 PCA 状态监测模型对本次仿真信号进行检测，分别提取正常和故障两种状态下的 18 种特征参数指标，每个特征参数提取出 100 个样本，将正常样本的混合特征参数构成一个 100×18 的训练样本矩阵，最后通过主元模型对一个 200×18 的测试样本混合矩阵进行检测分析。通过主元分析后，根据设置的 85% 的累计方差贡献率，将最初的 18 个特征参数指标提取出 8 个特征参数指标（即 8 个主元），大大降低了数据维数以及降低了冗余信息的干扰。最后对计算主元模型的 T^2 和 SPE 统计量进行分析，检测结果如图 5-58 所示。通过对图 5-58 分析可以发现，对于本次仿真的信号通过 PCA 的两个统计量的检测，T^2 统计量对于正常的检测效果较好，正常状态下的数据都处于 T^2_{lim} 控制限下方，但是故障状态数据 T^2 检测效果不佳，有部分故障状态数据并未能检测出来。对于 SPE 统计量虽然能够较好地检测正常和故障状态，但是精度有待进一步提高。

利用 KPCA 方法对正常和故障状态下的特征参数进行非线性特征提取，建立 KPCA 故障诊断模型对仿真故障进行检测和识别。通过上述仿真提取的 200 组特征样本指标，前 100 组用于建立 KPCA 模型，后 100 组样本为故障样本，进行故障检测。在建立 KPCA 模型时，核

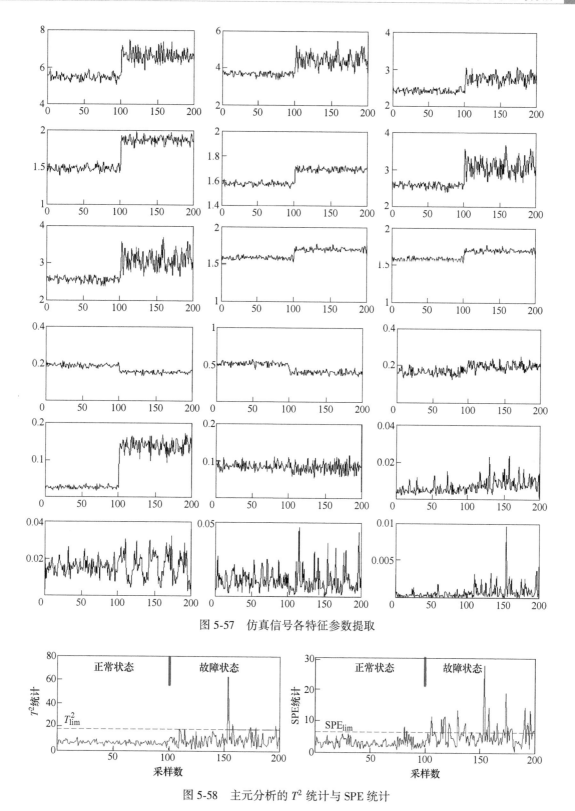

图 5-57 仿真信号各特征参数提取

图 5-58 主元分析的 T^2 统计与 SPE 统计

函数的选择尤为关键，目前并没有相关研究表明本章第二节中阐述的 3 种核函数哪种运用效果比较好，根据众多的 KPCA 相关研究文献，选用最多的是径向基核函数 $k(x,y)=\exp(-|x-y|^2)/2\sigma^2$，本节也选用径向基核函数。根据黄宴委等论述的核参数 σ 的选择，可以根据经验公式来确定，公式为

$$2\sigma^2 = 5m \rightarrow \sigma = \sqrt{5m/2} \qquad (5-99)$$

式中，m 为变量个数，不同的 σ 值对 KPCA 检测模型有很大影响。通过计算出的经验值，然后向经验值两边逐渐调整，找到最适合的核参数。如本节计算出的经验值 $\sigma=7$，然后以 7 为中间值向两边间隔 0.5 逐渐调整。调整核参数主要是看 KPCA 建模后，其同种状态下的样本数据收敛情况，如果核参数选择不当，那么同种状态下的样本数据则不能更好地收敛。

通过图 5-59 径向基核参数选择分析，可以发现当核参数 $\sigma=0.8$ 时聚类效果最好。因此，核参数选择 $\sigma=0.8$ 进行 KPCA 建模，最后进行 KPCA 故障检测，其检测结果如图 5-60 所示。通过分析图 5-60，可以发现 KPCA 可以很好地检测出故障状态，检测效果要优于 PCA 检测，可以进一步用于回转支承故障监测。

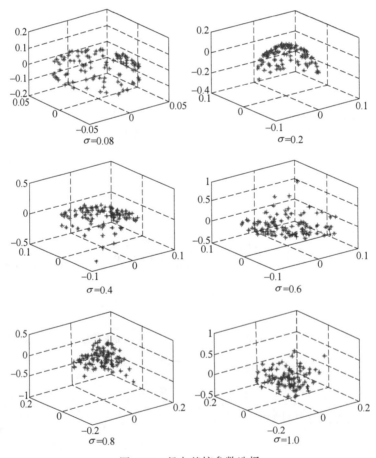

图 5-59　径向基核参数选择

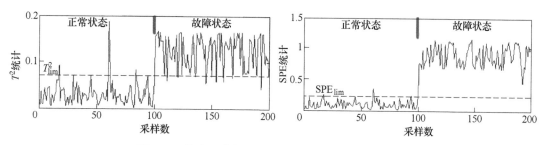

图 5-60　核主元分析（KPCA）的 T^2 统计与 SPE 统计

4. 案例分析

为了验证 KPCA 故障检测方法在回转支承振动信号特征提取与状态识别中应用效果的有效性，将本节所提出的 KPCA 检测方法对回转支承仿真故障进行验证。对回转支承内圈滚道人为设置故障，通过该方法来采集回转支承正常信号和故障信号作为样本数据。图 5-61 和图 5-62 所示为回转支承正常状态下振动信号及故障信号。

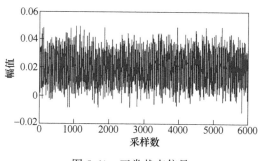

图 5-61　正常状态信号

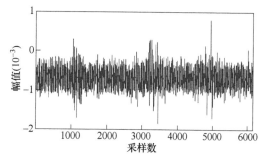

图 5-62　故障状态信号

通过时域波形可以明显看出当回转支承在正常状态下比较平稳，当人工开槽后模拟故障时，可以看出回转支承时域信号出现比较明显的周期性冲击。从理论上来分析，当回转支承出现局部单一故障时，易形成这种共振调制现象。通过频谱图 5-63 及图 5-64 来看，故障状态下在 200Hz 左右频率范围内幅值明显比正常状态下幅值都要高，可以推测在 200Hz 左右回转支承出现了共振，从而引起调制现象。

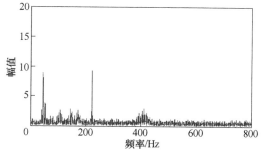

图 5-63　正常状态信号频谱

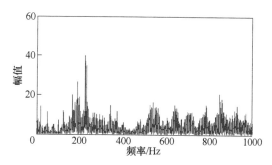

图 5-64　故障状态信号频谱

因此，按照本章第二节描述的方法分别提取正常状态下和故障状态下的时域信号，对两种状态下时域信号各抽取 100 个样本数据，然后分别对这两种样本数据计算其特征指标，使其构成建混合域矩阵。最后进行 KPCA 建模分析，本次核函数仍然选择径向基核函数，其中核参数的选择也是按照本节中调试的方法，确定最佳的核参数 σ，本次通过调试最终确定 σ 取值为 0.32。为了验证 KPCA 对于仿真故障试验的检测效果，本次依然将 KPCA 检测分析效果与 PCA 检测进行对比分析，检测分析结果如图 5-65 和图 5-66 所示。根据 PCA 检测波形可以看出，PCA 检测模型中 T^2 统计量监测效果欠佳，当出现故障时其故障统计数据仍处在 T^2 控制限下方，没能将故障检测出，出现了漏报；然而 SPE 统计量较好地检测出了故障。

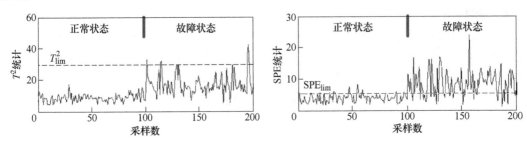

图 5-65　PCA 检测的 T^2 统计与 SPE 统计

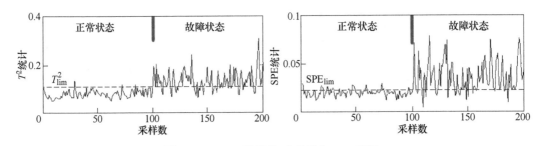

图 5-66　KPCA 检测的 T^2 统计与 SPE 统计

（三）基于隐马尔可夫模型（HMM）的故障识别

隐马尔可夫模型（Hidden Markov Model，HMM）是由 Leonard E. Baum 等人在 20 世纪 70 年代建立的时间序列信号的统计分析模型，适用于动态过程时间序列的建模并具有强大的模式分类能力，目前在语音识别、车牌识别、故障诊断等领域得到了广泛应用。HMM 的数学描述为：

1）N，模型的状态数目。记 N 个状态为 $S = \{S_1, S_2, \cdots, S_N\}$，$t$ 时刻模型所处的状态为 q_t。

2）M，每一状态下对应的观测值数目。记 M 个观测值为 $V = \{v_1, v_2, \cdots, v_M\}$，$t$ 时刻的观测值为 o_t。

3）A，状态转移概率矩阵，$A = \{a_{ij} | i, j = 1, 2, \cdots, N\}$，这里以一阶 HMM 为例，当前所处状态 q_i 只与前一时刻所处状态有关，即

$$a_{ij} = P(q_i = S_j | q_{i-1} = S_i, q_{i-2} = S_k, \cdots) = P(q_i = S_j | q_{i-1} = S_i) \qquad (5\text{-}100)$$

式中，a_{ij} 为状态 i 到状态 j 的概率，且 $\sum\limits_{j=1}^{M} a_{ij} = 1$。

4）$\boldsymbol{B}$，观测值概率矩阵，$\boldsymbol{B} = \{b_{jk} | j = 1, 2, \cdots, N; k = 1, 2, \cdots, M\}$，其中

$$b_{jk} = P(o_t = v_k | q_t = S_j) \tag{5-101}$$

式中，a_{jk} 表示 t 时刻状态为 S_j、观测值为 v_k 的概率。

5）$\boldsymbol{\pi}$，初始状态概率向量，$\boldsymbol{\pi} = (\pi_1, \pi_2, \cdots, \pi_N)$，用于描绘观测序列 O 在 $t = 1$ 时刻所处状态 q_1 的概率分布，即

$$\begin{cases} \pi_i = P(q_1 = S_i) \\ \sum\limits_{i=1}^{n} \pi_i = 1, i = 1, 2, \cdots, N \end{cases} \tag{5-102}$$

由上面的定义可知，一个 HMM 模型总共包括五个元素 N、M、A、B、π，记为 $\lambda = (N, M, A, B, \pi)$，简记为

$$\lambda = (\boldsymbol{\pi}, A, \sim B) \tag{5-103}$$

1. 离散 HMM 的故障诊断

由于离散 HMM（DHMM）的观测值为离散值，所以需要对提取出来的特征值进行量化处理。标量量化是指将信号的特征划分成 $N-1$ 个区域，然后把区域内的数值映射成 N 离散值的形式，最终形成训练码本，其中每个区域 $\text{index}(x)$ 表示索引值。

$$\text{index}(x) = \begin{cases} 1, & x \leqslant \text{partition}(1) \\ i, & \text{partition}(i) \leqslant x \leqslant \text{partition}(i+1) \\ N, & \text{partition}(N-1) < x \end{cases} \tag{5-104}$$

式中，x 表示需要进行标量量化的信号特征值；N 表示码本向量长度；partition 为分区向量长度；i 为自然数。

基于小波包能量和 DHMM 的回转支承故障诊断步骤如下：

1）数据采集与特征提取。采集回转支承的振动信号并进行分组，对每组信号进行小波降噪并提取其时域特征和小波包能量，生成混合特征域矩阵。

2）PCA 优化降维得到观测值序列。对生成的特征矩阵进行 PCA 优化降维，将高维矩阵降为低维矩阵，得到观测值序列。

3）观测值序列标量量化。将特征向量矩阵进行归一化并通过 Lloyds 进行量化，生成所需的编码集合。

4）训练 DHMM。采用改进的模型重估公式进行运算得到各个 DHMM 模型的参数，利用标量量化后的特征样本建立四种回转支承状态下的 DHMM。

5）回转支承状态识别。将测试样本的特征值导入四种回转支承状态下的 DHMM，利用 Viterbi 算法，计算对应的似然概率值，取概率值最大对应的状态作为回转支承当前的状态。

将得到的特征向量矩阵进行 Lloyds 量化编码，然后输入 Baum-Welch 重估修正公式中进行 DHMM 的训练，DHMM 模型的隐状态数目为 4，训练时的收敛误差为 10^{-4}，即当输出相似概率的变化小于 10^{-4} 时训练终止，训练时选取最大迭代步数为 50。另外，为了解决最后输出的似然概率值 $P(O|\lambda)$ 太小的问题，输出结果采用对数似然概率值 $\lg P(O|\lambda)$。训练时每种状态采用 5 组样本进行训练，得到 4 种不同状态下的回转支承 DHMM，分别为 λ_1、λ_2、

λ_3、λ_4，然后将 4 种状态的测试样本共 80 组分别导入 λ_1、λ_2、λ_3、λ_4 中，利用 DHMM 重估公式计算当前观测序列的对数似然概率值 $\lg P(O|\lambda_i)$，$i=1$，2，3，4。对数似然概率值代表当前样本与各个 DHMM 模型的相似程度，对数似然概率值越大，越接近该状态的 DHMM，当前样本属于使输出对数似然概率值最大的模型所对应的故障类型，选取似然概率最大的故障状态类型作为输出结果。80 组测试样本的对数似然概率值计算结果如图 5-67 所示。

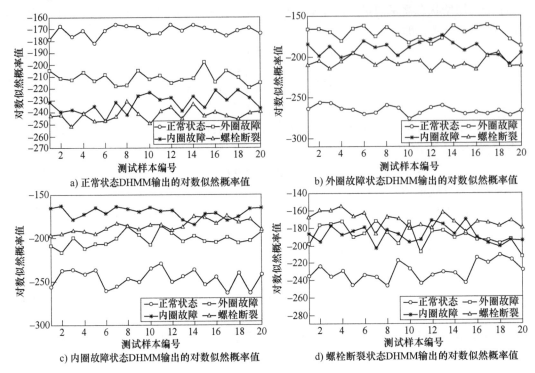

图 5-67 不同状态回转支承 DHMM 输出的对数似然概率值

由图 5-67a 可以看出，正常状态的对数似然概率值和其他 3 种状态的对数似然概率值分隔得特别明显，这样可以明显地将当前状态识别出来。同理，由图 5-67b、c、d 也可以看出，除了有少数识别错误之外，大部分的识别结果都十分准确。表 5-9 为四种回转支承状态共 80 组样本 DHMM 诊断结果。由表 5-9 可知，通过较少的训练样本（5 个样本）训练各个状态的 DHMM，可以很准确地将各个状态识别出来。80 组样本总体诊断精度达到 90%，结果是非常理想的。

表 5-9 四种回转支承状态 DHMM 诊断结果

故障状态	测试样本数目	正确诊断数目	诊断精度（%）
正常状态	20	20	100
外圈故障	20	18	90
内圈故障	20	18	90
螺栓断裂	20	16	80
总体	80	72	90

2. 连续 HMM 的故障诊断

利用连续 HMM（CHMM）对回转支承进行故障诊断的具体步骤如下：

1）振动信号特征提取及 PCA 优化降维。与 DHMM 相同，提取振动信号的时域指标和小波包能量组成特征向量矩阵，利用 PCA 对其进行优化降维。

2）建立观测矢量矩阵。

3）CHMM 模型训练。建立回转支承 4 种状态对应的 CHMM，通过 Baum-Welch 重估修正公式对模型进行训练。

4）将测试样本导入 4 个 CHMM 模型中，计算相应的对数似然概率值，选取最大值对应的状态作为最后的输出结果。

建立 CHMM 模型时，采用 4 个隐状态来代表正常状态回转支承、外圈故障回转支承、内圈故障回转支承、螺栓断裂回转支承。将观测矢量矩阵输入 CHMM 模型进行训练，每种状态共 25 组样本，选用 5 组作为训练样本，剩余的 20 组作为测试样本。

模型训练好之后，将测试样本导入 CHMM 模型中，计算测试样本在正常 CHMM、外圈故障 CHMM、内圈故障 CHMM、螺栓断裂 CHMM 下的对数似然概率值，每组选取最大值作为输出结果。四种状态输出的对数似然概率值如图 5-68 所示。

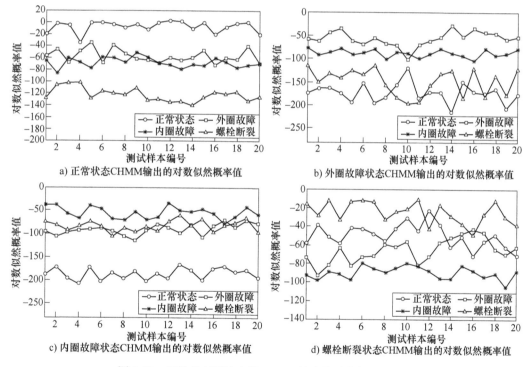

a) 正常状态CHMM输出的对数似然概率值

b) 外圈故障状态CHMM输出的对数似然概率值

c) 内圈故障状态CHMM输出的对数似然概率值

d) 螺栓断裂状态CHMM输出的对数似然概率值

图 5-68 四种状态回转支承 CHMM 输出的对数似然概率值

由图 5-68a 可以看出，正常状态回转支承输出的对数似然概率值和其他 3 种状态输出的对数似然概率值分隔比较明显，可以轻易地识别出当前测试样本的状态。同理，由图 5-68b、c、d 也可以看出，大部分的识别结果都十分准确，不过存在少数错误。表 5-10 为四种回转支承状态共 80 组样本 CHMM 诊断的统计结果。

表 5-10 四种回转支承状态 CHMM 诊断的统计结果

故障状态	测试样本数目	正确诊断数目	诊断精度（%）
正常状态	20	20	100
外圈故障	20	19	95
内圈故障	20	19	95
螺栓断裂	20	18	90
总体	80	76	95

由表 5-10 可知，CHMM 模型可以把大部分的测试样本状态正确识别出来，整体诊断精度达到 95%，与 DHMM 相比，诊断精度要高 5%。

3. DHMM 与 CHMM 对比

DHMM 和 CHMM 是根据观测变量的不同而分类的，CHMM 的观测序列为连续值，而 DHMM 观测序列为离散值，不过由于两者都属于 HMM，所以还是有很多相似点和不同点。

（1）相似点

1）模型的训练和识别都是基于统计信息的。

2）两者用于回转支承的模式识别都有较高的识别率，适用于回转支承的故障诊断。

3）对测试样本的观测矢量都是通过建立好的 HMM 模型进行概率估计而得出诊断结果的。

（2）不同点

1）CHMM 要求观测序列是连续的矢量，而 DHMM 观测序列为离散的。所以采用 DHMM 时需要对提取出的观测序列进行量化编码，而 CHMM 不需要。

2）DHMM 可以用一个三元函数 $\lambda = (\pi, A, B)$ 来描述，而 CHMM 则要用五元函数 $\lambda = (\pi, A, C, \mu, U)$ 来表示。

3）从表 5-9 和表 5-10 对比可知，CHMM 诊断精度要比 DHMM 精度高。因为 DHMM 进行诊断前要将观测序列进行量化编码，量化编码会带来一些误差，因此比 CHMM 诊断精度稍高一些。

二、基于机器学习模型的故障诊断方法

（一）支持向量机与最小二乘支持向量机

支持向量机理论（Support Vector Machine，SVM）是基于统计学理论发展而来的新型方法，SVM 利用 VC 维理论和最小化结构风险思想在保证模型复杂性的同时提高了模型的泛化能力，同时对于小样本、高维数、非线性和局部极小等问题的解决非常有效。

通过 VC 维空间的超平面尽可能将不同的数据集区分开，并且将使不同平面间距离最大化的最优超平面求解出来是 SVM 的主要思路。具体实现过程如下：

假设样本数为 n 的样本集 $\{(x_i, y_i) | i = 1, 2, \cdots, n\}$，集合中，$x_i \in \mathbf{R}^n$ 表示输入集，$y_i \in \mathbf{R}^n$ 表示输出分类结果，则定义 SVM 非线性分类面的函数为

$$y = G(x_i) = \boldsymbol{\omega}^{\mathrm{T}} \phi(x_i) + b \tag{5-105}$$

式中，$\phi(\boldsymbol{x}_i)$ 为核函数；$\boldsymbol{\omega}$ 为超平面法向量；b 为偏置常数。那么分类超平面的几何距离为

$$\delta_{几何} = \frac{1}{|\boldsymbol{\omega}|} | G(\boldsymbol{x}_i) | \tag{5-106}$$

为了得到最大化的几何距离，需要求出最佳的 $\boldsymbol{\omega}$ 值和 b 值，等价于最小化 $\|\boldsymbol{\omega}\|$ 问题，即

$$\min\left[\frac{1}{2}|\boldsymbol{\omega}|^2 + C\sum_{i=1}^{n}(\xi_i + \xi_i^*)\right] \tag{5-107}$$

式中，ξ_i 和 ξ_i^* 为松弛因子，且 $\xi_i, \xi_i^* \geq 0$；C 为惩罚因子。

假定分类结果正确与否的允许误差为 ε，则式（5-107）受到如下条件的约束：

$$\begin{cases} (\boldsymbol{\omega}, G(\boldsymbol{x}_i)) + b - y_i \leq \xi_i + \varepsilon \\ y_i - (\boldsymbol{\omega}, G(\boldsymbol{x}_i)) - b \leq \xi_i^* + \varepsilon \\ \xi_i, \xi_i^* \geq 0, i = 1, 2, \cdots, n \end{cases} \tag{5-108}$$

为了解决这一问题，引入拉格朗日函数将其转换成二次规划求解问题，即

$$L(\boldsymbol{\omega}, b, \xi_i^*) = \frac{1}{2}|\boldsymbol{\omega}|^2 + C\sum_{i=1}^{n}(\xi_i + \xi_i^*) - \sum_{i=1}^{n}a_i(\varepsilon + \xi_i + y_i - ((\boldsymbol{\omega} \cdot G(\boldsymbol{x}_i)) + b)) -$$
$$\sum_{i=1}^{n}a_i^*[\varepsilon + \xi_i^* - y_i - ((\boldsymbol{\omega} \cdot G(\boldsymbol{x}_i)) + b)] - \sum_{i=1}^{n}(r_i\xi_i + r_i^*\xi_i^*) \tag{5-109}$$

式中，a_i^* 和 r_i^* 是拉格朗日乘子，且当 $\partial L/\partial \boldsymbol{\omega} = 0$，$\partial L/\partial b = 0$，$\partial L/\partial \xi_i^* = 0$ 时，函数 L 取极值，由此得到最优分类函数为

$$\hat{G}(\boldsymbol{x}_i) = \sum_{i=1}^{n}(\hat{a}_i - \hat{a}_i) \cdot \phi(\boldsymbol{x}_i) + \hat{b} \tag{5-110}$$

由式（5-108）可知，SVM 所构造的约束条件是不等式约束，这无疑会带来复杂的计算，最终导致求解速度慢、精度低的问题。最小二乘支持向量机（Least Squares Support Vector Machine，LSSVM）是在支持向量机的基础之上，通过最小二乘法借助误差平方和选择超平面的方法构造出平方损失函数，将支持向量机的不等式约束问题转化为等式约束，实现将二次规划问题转化为线性问题，最终达到提高求解速度和精度的目的。采用 LSSVM 方法构造的约束条件和目标函数为

$$\begin{cases} \text{s. t. } y_i = \boldsymbol{\omega}^T\phi(\boldsymbol{x}_i) + b + \boldsymbol{e}_i, i = 1, 2, \cdots, n \\ \min J(\boldsymbol{\omega}, \boldsymbol{e}) = \frac{1}{2}\boldsymbol{\omega}^T\boldsymbol{\omega} + \frac{1}{2}\gamma\sum_{i=1}^{n}\boldsymbol{e}_i^2 \end{cases} \tag{5-111}$$

式中，$\boldsymbol{e}_i$ 为误差向量；γ 为惩罚系数。为求出最优解，构建拉格朗日函数

$$L(\boldsymbol{\omega}, a_i, b, \boldsymbol{e}_i) = J(\boldsymbol{\omega}, \boldsymbol{e}_i) + \sum_{i=1}^{n}a[y_i - \boldsymbol{\omega}^T\phi(\boldsymbol{x}_i) - b - \boldsymbol{e}_i] \tag{5-112}$$

分别对式中变量 $\boldsymbol{\omega}$、a_i、b、$\boldsymbol{e}_i$ 求偏导，得

$$\begin{cases} \dfrac{\partial L}{\partial \boldsymbol{\omega}} = 0 \Rightarrow \boldsymbol{\omega} = \displaystyle\sum_{i=1}^{n} a_i \phi(\boldsymbol{x}_i) \\[2mm] \dfrac{\partial L}{\partial a_i} = 0 \Rightarrow y_i = \boldsymbol{\omega}^{\mathrm{T}} \phi(\boldsymbol{x}_i) + b + \boldsymbol{e}_i \\[2mm] \dfrac{\partial L}{\partial b} = 0 \Rightarrow \displaystyle\sum_{i=1}^{n} a_i = 0 \\[2mm] \dfrac{\partial L}{\partial \boldsymbol{e}_i} = 0 \Rightarrow a_i = \boldsymbol{\gamma e}_i \end{cases} \tag{5-113}$$

由此，得到 a_i 和 b 的估计值 $\hat{a}_i$ 和 $\hat{b}$，继而得到 LSSVM 的模型为

$$\hat{G}(\boldsymbol{x}_i) = \sum_{i=1}^{n} \hat{a}_i \cdot \phi(\boldsymbol{x}_i) + \hat{b} \tag{5-114}$$

式中，核函数 $\phi(\boldsymbol{x}_i)$ 主要包括三种：多项式核函数、径向基核函数和 sigmoid 核函数。在实际应用过程中，由于多项式核函数和 sigmoid 核函数所需考虑的参数较多，相比仅需控制单一参数 σ^2（核宽度）的径向基核函数，前者存在参数设定工作量大、花费时间较长等问题。因此，一般情况下常选用径向基函数作为核函数。

本项目组学者赵祥龙在研究回转支承的故障诊断技术中采用遗传算法（GA）寻优的最小二乘支持向量机（LSSVM）进行回转支承的故障诊断研究。具体过程如下：首先选择了加速度传感器采集回转支承正常状态、螺栓破坏以及外圈破坏状态的振动信号，并对采集的信号进行降噪预处理；将回转支承三种状态振动信号的数据进行样本划分，用于模型训练的样本设为训练样本集；用于模型测试的样本设为测试样本集；分别对训练样本集和测试样本集进行特征提取，并构造出特征向量训练集和测试集；利用 GA 和训练集样本对 LSSVM 模型进行训练，以获得最佳 LSSVM 模型；将测试集样本输入训练好的模型中进行故障诊断，并检验模型识别效果。

提取时域四个有量纲指标：方差、方根幅值、峰峰值、均方根值，无量纲指标主要包括波形指标、脉冲指标、峭度指标和歪度指标等参数。频域提取三个指标：均方频率、频率方差和重心频率。选择 EEMD 后的多个与原始信号相关度高的 **IMF** 构建时频域特征向量。分别将不同域的特征单独或者混合输入分类器得到如图 5-69 所示的故障分类结果。具体的分类精度见表 5-11，可以看出时频域混合输入的方式，虽然诊断时间变长，但是诊断效果随着输出维度的提高而变得更好。

表 5-11　其他方法识别结果

分　类　器	特　征　指　标	识别精度（%）	计算时间/s
LSSVM	时域特征	85.33	377.801
	频域特征	88	366.634
	时频域特征	89.33	352.214
	时域-频域-时频域混合特征	92	417.547

（二）模糊 C 均值
1. 模糊 C 均值基本理论
模糊 C 均值是一种不需要建模即可识别寿命状态的一种无监督学习方法，最开始是从

硬聚类发展过来的。传统的硬聚类具有唯一性，而模糊聚类分析作为一种软划分方法，对分类对象能够进行不确定性描述，逐渐成为聚类分析的主流。

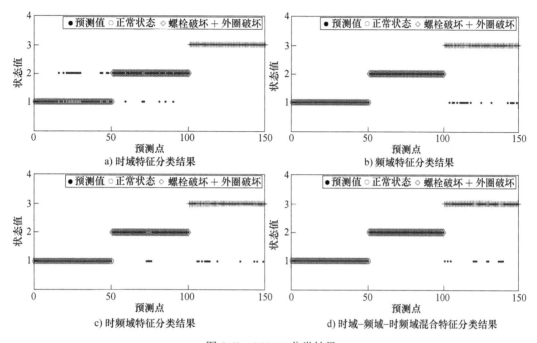

a) 时域特征分类结果　　　　　　　　　　b) 频域特征分类结果

c) 时频域特征分类结果　　　　　　　　d) 时域-频域-时频域混合特征分类结果

图 5-69　LSSVM 分类结果

模糊 C 均值（Fuzzy C-means，FCM）是聚类算法中应用最为广泛的一种，以类内加权误差平方和为目标函数。初始聚类中心的选取是随机的，对每个点赋予不同的隶属度，通过迭代计算，不断修正聚类中心，直至达到终止条件。以隶属度作为性能退化指标来衡量轴承的运行状态。隶属度函数的值范围是 [0,1]，越接近于 1，表明隶属程度越高；反之，则表明隶属程度越低。

模糊 C 均值是一种以类内加权误差平方和为目标函数的算法，而聚类分析的发展过程中，目标函数的发展历程如下：

最早的硬 C 均值聚类分析的目标函数为类内平方误差和，是从硬 C 均值聚类中定义出来的，公式为

$$J_1(\boldsymbol{U}, \boldsymbol{V}) = \sum_{k=1}^{n} \sum_{i=1}^{C} \mu_{ik} (d_{ik})^2 \tag{5-115}$$

式中，d_{ik} 表示样本点 $\boldsymbol{x}_i$ 到聚类原型矢量 $\boldsymbol{v}_i$ 之间欧几里德距离；$\boldsymbol{U}$ 为硬划分矩阵 $\boldsymbol{U} = [\mu_{ik}]_{C \times n}$；$\boldsymbol{V}$ 为样本的聚类中心矩阵；C 为划分类别数。主要的聚类准则是通过迭代算法寻求最合适的 $(\boldsymbol{U}, \boldsymbol{V})$ 使得目标函数 $J_1(\boldsymbol{U}, \boldsymbol{V})$ 取得最小值。

1974 年 Dunn 结合模糊划分将硬聚类推广到了模糊聚类，将目标函数改成类内加权误差平方和，得到

$$J_2(\boldsymbol{U}, \boldsymbol{V}) = \sum_{k=1}^{n} \sum_{i=1}^{C} (\mu_{ik})^2 (d_{ik})^2 \tag{5-116}$$

聚类准则是通过迭代算法寻求最合适的 $(\boldsymbol{U}, \boldsymbol{V})$，使得目标函数 $J_2(\boldsymbol{U}, \boldsymbol{V})$ 取得最小值。

而 Bezden 在此基础上，将模糊聚类推广到了更加普遍的形式，目标函数变成最小类内加权平方误差和，得到

$$J_m(\boldsymbol{U},\boldsymbol{V}) = \sum_{k=1}^{n}\sum_{i=1}^{C}(\mu_{ik})^m(d_{ik})^2 \tag{5-117}$$

聚类准则是通过迭代算法寻求最合适的 $(\boldsymbol{U},\boldsymbol{V})$，使得目标函数 $J_m(\boldsymbol{U},\boldsymbol{V})$ 取得最小值。

在模糊聚类算法中，理论最为完善的模糊 C 均值聚类算法就是以最小类内加权平方误差和为目标函数对原始数据进行分类的。其目标函数如式（5-117），隶属度计算公式如式（5-118），聚类中心计算公式如式（5-119）。

$$\mu_{ik} = \frac{1}{\sum\limits_{j=1}^{C}\left(\dfrac{d_{ik}}{d_{jk}}\right)^{\frac{2}{m-1}}} \tag{5-118}$$

$$v_i = \frac{1}{\sum\limits_{k=1}^{n}(\mu_{ik})^m}\sum_{k=1}^{n}(\mu_{ik})^m x_k \tag{5-119}$$

式中，$\sum\limits_{i=1}^{C}\mu_{ik}=1$，$0<\sum\limits_{k=1}^{n}\mu_{ik}<n$，$0\leqslant\mu_{ik}\leqslant1$，$0\leqslant i\leqslant C$，$0\leqslant k\leqslant n$；$\boldsymbol{U}$ 为模糊划分矩阵；$\boldsymbol{V}$ 为聚类中心矩阵；C 为聚类数；m 为加权指数，一般取值为 $[1.5,2.4]$；μ_{ik} 为样本 x_k 属于第 i 类的隶属度；$(d_{ik})^2=\|x_k-v_i\|$ 表示样本点 x_k 到聚类中心 v_i 的欧几里德距离；v_i 是第 i 类的聚类中心。

通过迭代计算，得到最佳的模糊划分矩阵 $\boldsymbol{U}$ 和聚类中心矩阵 $\boldsymbol{V}$，再以隶属度 μ_{ik} 作为回转支承寿命状态识别指标来判断回转支承的实时运转状态，越接近于 1，表示回转支承运行状态越接近于完好状态；反之，则表明回转支承出现了退化。

2. 基于 PDF-FCM 寿命状态识别步骤

在上文模糊 C 均值基本理论的介绍中，其实最关键的问题就是初始聚类中心的选取，传统的 FCM 的初始聚类中心的选取是随机的，为了减少迭代运算、提高识别的准确性，本部分提出一种将点密度函数和模糊 C 均值（Point Density Function with Fuzzy C-means, PDF-FCM）相结合的方法来对回转支承的寿命状态进行识别。

主要步骤如下：

1) 对回转支承进行全寿命疲劳试验，并获取振动信号。将获取的振动信号进行小波降噪、特征向量提取和降维等预处理，最终获得降维后的 5 维信号。

2) 对模糊 C 均值的初始参数进行设置，确定聚类个数 C（$2<C<n$）、加权指数 m、迭代停止阈值 ε 和最大迭代次数 K。

3) 根据点密度函数计算每个点的点密度值，并选取前 C 个最大值所对应的原始点作为初始聚类中心 $\boldsymbol{V}^{(0)}$。

4) 进行迭代计算，当满足条件：$\|\boldsymbol{V}^{(k+1)}-\boldsymbol{V}^{(k)}\|\leqslant\varepsilon$ 或者达到最大迭代次数 K 时，停止迭代，同时获得各个模糊聚类的最终聚类中心。

5) 根据式（5-118）计算运行状态相对于正常状态的隶属度，实现对回转支承的寿命状态进行识别。

3. 应用实例：采用 PDF-FCM 寿命状态分类

本次识别的目标是区分出全寿命过程中回转支承的正常、退化和失效三种状态，因此设置初始参数：聚类类别数 $C=3$，加权指数 $m=2$，最大迭代次数 $K=100$，迭代停止阈值 $\varepsilon=10^{-5}$。主要识别步骤如下。

1）对全寿命疲劳试验所获取的振动信号进行预处理，主要包括时域、频域和时频域的特征提取，共获得 11 个特征信号，然后采用流行学习的方法，对原特征进行维数缩减，最终获得 5 维特征向量，见表 5-12。

2）对降维后的 5 维特征向量计算点密度得到初始聚类中心，见表 5-12。

表 5-12 初始聚类中心

聚类中心	正常状态	退化状态	失效状态
第一维：均值 M_v	−0.0323	−0.0146	4.7915×10^{-4}
第二维：方差 σ_n^2	-5.461×10^{-4}	-2.5354×10^{-4}	6.8404×10^{-6}
第三维：方根幅值 X_r	0.0103	0.0076	0.0011
第四维：均方频率 F_c	0.0214	0.0109	2.3453×10^{-5}
第五维：小波包熵 SH	0.3416	0.1013	0.0083

由表 5-12 可以看出，同一维数的初始聚类中心随着正常、退化、失效的不同状态，呈现逐渐增加或者逐渐下降的趋势，同时同一状态的不同维数之间的聚类中心有着明显的差距，表明点密度函数有效地确定了初始聚类中心，为后续的寿命状态识别减少了运算量。

根据表 5-12 中的初始聚类中心，经过 12 次迭代将回转支承的运行状态分成了三类，分类结果如图 5-70 所示。

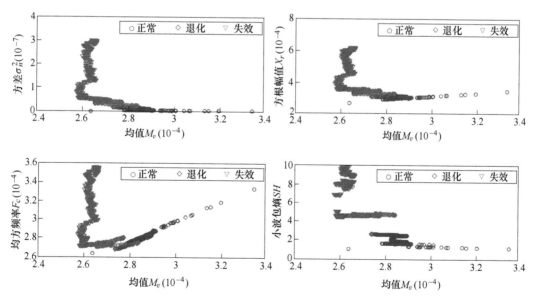

图 5-70 PDF-FCM 分类结果

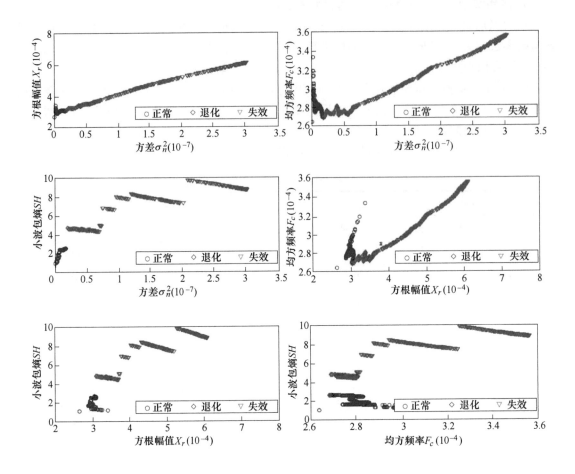

图 5-70　PDF-FCM 分类结果（续）

图 5-70 中横纵坐标分别表示经过降维后的均值 M_v、方差 σ_n^2、方根幅值 X_r、均方频率 F_c 和小波包熵 SH 五维特征指标值，图 5-70a～j 分别是以五个不同的指标为横纵坐标分类的不同表示。由图 5-70 可以看出，该回转支承的寿命状态已经按照预设条件分成了正常状态、退化状态和失效状态三类，而且不同类别之间的区别也比较明显。其中，图 5-70a～c 分类特别明显，失效状态的已经完全远离正常状态，并且同一类别的数据呈现高紧凑的状态。

为了进一步突出三种类别的聚类中心，选取均值 M_v、方差 σ_n^2、方根幅值 X_r 进行进一步分析，结果如图 5-71 所示，最终聚类中心见表 5-13。

表 5-13　最终聚类中心

聚类中心	正常状态	退化状态	失效状态
第一维：均值 M_v	2.908×10^{-4}	2.6165×10^{-4}	3.1542×10^{-4}
第二维：方差 σ_n^2	1.601×10^{-8}	1.724×10^{-7}	2.4813×10^{-7}
第三维：方根幅值 X_r	2.9857×10^{-5}	3.4292×10^{-5}	5.5109×10^{-5}

　　结合图 5-71 和表 5-13 可以看出，回转支承的运行状态已经明显被分成了正常、退化、失效三种状态，三种状态之间的重合也比较少，区分十分明显。同时，三种状态的聚类中心也相差比较远，失效状态和退化状态的聚类中心已完全偏离了正常状态的聚类中心，表明所提出的 PDF-FCM 方法分类效果明显，可以很准确地将回转支承运转状态进行分类。

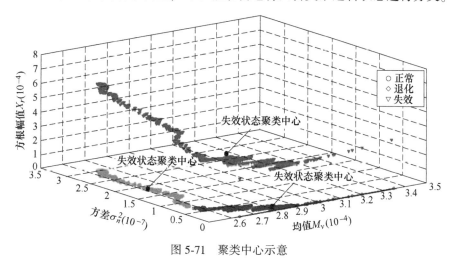

图 5-71　聚类中心示意

4. PDF-FCM 寿命识别指标建立

　　为了进一步识别出回转支承出现不同运行状态的时间，根据式（5-118）计算出运行状态对正常状态的隶属度，如图 5-72 所示。

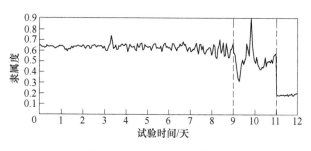

图 5-72　PDF-FCM 隶属度

　　如图 5-72 所示，隶属度作为回转支承寿命状态的识别指标，在刚开始的 9 天基本维持在 0.65 左右，稍有波动，但相对比较平稳，表明回转支承的运行状态没有发生明显的变化，一直处于正常运转状态。其中，前 3 天的微小波动，是由于回转支承刚开始运动时需要一定的时间磨合引起的。接下来的 6 天隶属度波动加大，表明回转支承的振动有所加剧，但没有巨大损伤，依旧处于正常运转阶段。但到第 9 天的时候，隶属度突降至 0.3，表明回转支承的振动加剧，运行状态发生了突变，开始进入退化阶段。在近第 10 天的时候，隶属度上升到了 0.9，这是由于回转支承运行过程中产生了巨大的冲击。而到了第 11 天，隶属度又下降到了 0.2 且相对处于稳定状态至试验结束，表明回转支承已经接近于完全失效直至停机。在最后一天，试验过程中伴有剧烈的声响，回转支承出现剧烈的抖动，由于滚道中磨屑的堆积，使得回转支承完全卡死、停机。在回转支承全寿命过程中，磨损一直处于加剧状态，因此整个隶属度呈现下降趋势，直至试验结束。

（三）深度信念网络

1. 深度信念网络基本理论

深度信念网络（DBN）算法的来源可以追溯到 2006 年，是一种深度无监督学习网络，通过多隐含层的叠加堆栈，实现逐层贪婪学习，由于能够将低层信息转化为更加抽象的高层特征，所以具有很强的学习能力。

深度信念网络以多个受限玻尔兹曼机（RBM）为基础，每个 RBM 分为两部分，即可视层（v）和隐含层（h），各层内部相互独立，各层间通过连接权值 w 连接，数据经过激活函数 sigmoid 函数按照相应学习规则在各层之间传递。第一个 RBM 的隐含层（h^1）学习第一个可视层（v^1）的信号特征，然后作为第二个 RBM 的可视层（v^2），将信息传递给第二个隐含层（h^2）。RBM 按此规则层层堆叠下去，图 5-73 所示是一个三层 DBN 模型。DBN 学习过程包括两部分：从低层到高层的前向无监督堆叠 RBM 学习和反向有监督的微调。

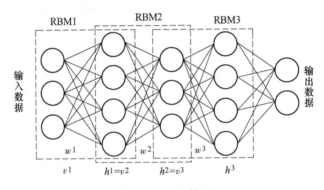

图 5-73　DBN 模型

RBM 模型来源于热力学的能量模型，其网络结构源于神经网络。模型每层网络由若干神经元组成，每一个神经元只有两种状态，即激活和未激活。能量函数公式为

$$E(v,h;\theta) = -\sum_{i=1}^{n} b_i v_i - \sum_{j=1}^{m} a_j h_j - \sum_{i=1}^{n}\sum_{j=1}^{m} v_i w_{ij} h_j \tag{5-120}$$

式中，$\theta = \{w, b, a\}$；n 为可视层单元数；m 为隐含层单元数。

一个可视节点和隐藏节点的联合概率：$P(v,h;\theta) = \dfrac{1}{Z(\theta)}\exp(-E(v,h;\theta))$，其中 $Z(\theta) = \sum_{v,h}\exp(-E(v, h, \theta))$。进一步推导得到激活函数为

$$P(h_j = 1 \mid v,\theta) = 1 / \left[1 + \exp\left(-a_j - \sum_i w_i v_i\right)\right] \tag{5-121}$$

$$P(v_i = 1 \mid h,\theta) = 1 / \left[1 + \exp\left(-b_i - \sum_j w_{ij} h_j\right)\right] \tag{5-122}$$

采用极大似然函数对式（5-122）最大化，求取参数 θ，所用公式为

$$L(\theta;v) = \prod_l L(\theta \mid v) = \prod_v P(v) \tag{5-123}$$

使用随机梯度上升法求似然函数最大值，对参数 θ 求偏导，得到

$$\frac{\partial \ln P(v)}{\partial \theta} = \frac{\partial}{\partial \theta}\Big(\ln \sum_h e^{-E(v,h)}\Big) - \frac{\partial}{\partial \theta}\Big(\ln \sum_{v,h} e^{-E(v,h)}\Big) = E_{p(hv)}\Big[-\frac{\partial E(v,h)}{\partial \theta}\Big] - E_{p(v,h)}\Big[-\frac{\partial E(v,h)}{\partial \theta}\Big]$$

$$(5\text{-}124)$$

式中，第一项是指 $-\frac{\partial E(v,h)}{\partial \theta}$ 在概率 $P(h|v)$ 下的概率，其值容易求得；而第二项指 $-\frac{\partial E(v,h)}{\partial \theta}$ 函数在概率 $P(v,h)$ 下的期望，其值很难求得。

2. 改进的 DBN 学习算法

为解决上述难题，Hinton 等提出了对比散度（CD）采样算法快速学习 RBM。该算法起源于 Gibbs 抽样，可视层使用训练数据进行初始化，使用式（5-120）计算隐含层的单元，在确定隐含层的状态之后，使用式（5-120）重新计算可视层的值，即对可视层进行一次重构。因此，参数 θ 的更新准则为

$$\Delta w_{ij} = \varepsilon(<v_i h_j>_{p(h|v)} - <v_i h_j>_{r_{\text{recon}}}) \quad (5\text{-}125)$$

$$\Delta b_i = \varepsilon(<v_i>_{p(h|v)} - <v_i>_{r_{\text{recon}}}) \quad (5\text{-}126)$$

$$\Delta a_j = \delta(<h_j>_{p(h|v)} - <h_j>_{\text{recon}}) \quad (5\text{-}127)$$

式中，ε 是学习率；$<\cdot>_{p(h|v)}$ 表示偏导函数在 $P(h|v)$ 分布下的期望；$<\cdot>_{\text{recon}}$ 表示偏导函数在重构后模型分布下的期望。

虽然在训练初始阶段 CD 采样算法学习效果较好，但随着学习过程的进行和网络参数值增多，其对梯度的学习近似能力会有所下降。因此，引入了持续对比散度（PCD）算法用于 DBN 网络的学习。与 CD 方法中使用训练数据初始化可视层相比，PCD 算法在上一个更新步骤中使用最后一个链的状态，运用连续的 Gibbs 采样运行来估计 $<v_i h_j>_{\text{recon}}$。虽然所有模型参数在每个步骤中都有所改变，但是其改变微小，可以通过少量的 Gibbs 采样，从模型分布中获得良好的样本。

本文提出的 FEPCD 方法是基于自由能（Free Energy）的一种优化 PCD 方法，在 PCD 方法中，许多持续链可以并行运行。此方法中链的选择具有随机性，并不一定最佳，链选择的优劣关系到样本训练的准确度。而 FEPCD 方法能够保证网络模型在抽样学习时获得更好的链选择，提高 DBN 训练过程中梯度近似的质量和效率，从而提高模型的近似和分类能力。因此 FEPCD 方法提出了基于可视层样本自由能的最佳链的选择标准为

$$P(v) = \frac{1}{z}e^{-F(v)} = \frac{1}{z}\sum_h e^{-E(v,h)} \quad (5\text{-}128)$$

式中，$F(v)$ 是自由能，计算公式为

$$F(v) = -\sum_i v_i b_i - \sum_j \log(1 + e^{I_j}) \quad (5\text{-}129)$$

式中，$I_j = a_j + \sum_i v_i w_{ij}$ 是输入隐含层单元 j 的和。

3. DBN 的后向微调学习

前向学习结束后，每层的 RBM 得到了初始化参数，但是这些网络参数并不是最优值，需要后向微调过程根据误差函数的数值进行调节。后向微调学习是有监督学习过程，通过反向传播训练算法优化每一层的参数，寻找网络结构的最优值，更准确地拟合目标值。本部分选择的反向调优算法是 BP 网络，记输入训练集 $S = (x^l, y^l)$，$l = 1, 2, \cdots, N$，其中 $x^l = (x_1^l, x_2^l, \cdots, x_m^l)$ 是输入数据，$y^l = (y_1^l, y_2^l, \cdots, y_c^l)$ 是期望数据，$o^l = (o_1^l, o_2^l, \cdots, o_c^l)$ 记为实际输

出数据。误差函数为

$$L_N = \frac{1}{2} \sum_{i=1}^{N} \sum_{j=1}^{c} (o_j^l - y_j^l)^2 \tag{5-130}$$

BP 算法只需局部搜索已构建网络的参数，根据误差函数优化调整网络参数，能够高效学习调节网络。

4. 基于 DBN 的回转支承寿命状态识别模型

本部分提出优化的 DBN 用于回转支承的寿命状态识别。该模型由低层多个堆叠 RBM 和顶端分类层 softmax 分类器组成，实质是通过 DBN 无监督学习回转支承振动信号的深层特征，然后使用标签数据微调网络参数，经过 softmax 算法进行寿命状态的识别，如图 5-74 所示。具体过程如下：

1）首先获取回转支承试验台的全寿命数据，根据信号特征划分四个寿命状态。

2）提取振动信号的 11 个时域特征和 8 个时频域特征组成网络输入向量。

3）对数据进行归一化处理，在每一寿命阶段提取连续特征值样本，打乱样本顺序，按比例划分训练和测试样本。对于不同的寿命阶段，赋予相应的标签值 $f(L) = \{1,2,3,4\}$。

4）初步设置网络结构参数：网络层结构、学习率 ε、迭代次数 Epoch 等，使用训练样本对 RBM 层进行无监督预训练，采用带标签的训练样本通过 BP 算法进行有监督的后向微调网络参数。

5）将测试样本输入已训练好的 DBN 模型中，得出测试精度。根据识别精度，通过网格搜索方法寻找网络结构的最佳参数。

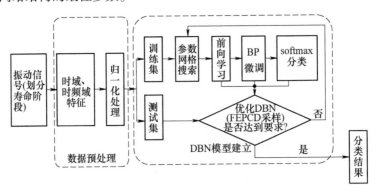

图 5-74　DBN 识别模型拓扑图

5. DBN 的应用案例

本课题组王赛赛采用 DBN 作为诊断模型，对回转支承的全寿命周期中的四个不同寿命状态进行分类识别；所采用的部分试验数据如图 5-75 所示，包括回转支承全寿命过程的 4 个主要阶段：正常使用 1、初始损伤 2、故障加剧 3 和严重破损 4。

为了评估 DBN 模型的学习分类能力，本部分提取振动信号的常规时域和时频域特征组成 19 维特征作为模型的输入。其中时域提取 11 个特征参数：最大值、平均值、峰峰值、均方根、标准差、峭度、偏度、波形因子、峰值因子、脉冲因子、裕度因子，具体公式可参考本章第二节表 5-1，部分特征值曲线如图 5-76 所示。

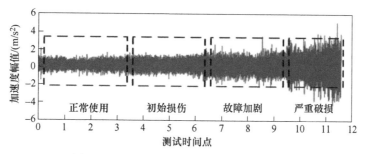

图 5-75　回转支承试验台全寿命过程示意图

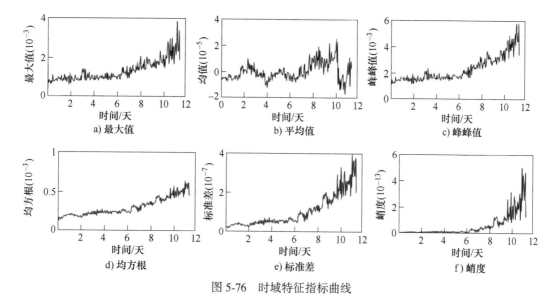

图 5-76　时域特征指标曲线

时频域信号选择小波包能量谱，使用 "db15" 小波包将振动信号分为 8 个不同的频带，小波包变换能将信号以多种时频分辨率分解到不同频段，其能量谱的变化能反映出回转支承的健康状态。小波包能谱的相关公式为

$$E_j = \sum_{j=1}^{n} |D_j(k)|^2 \tag{5-131}$$

$$\overline{E}_j = \frac{E_j}{\sum\limits_{j=1}^{N} E_j} \tag{5-132}$$

式中，$D_j(k)$ 为 j 尺度下小波包重构系数，$k=1$，2，$\cdots$，n，n 为样本数据，j 为小波分解的尺度，$j=1$，2，$\cdots$，N；E_j 为信号在 j 尺度下频带的能量谱；$\overline{E}_j$ 为归一化的能量谱。

除了精确度之外，为了表示模型预测错误样本的偏差程度，本部分引入了平均绝对误差（MAE）和均方根误差（RMSE）两个指标来评估模型之间的差异。其数学表达式为

$$\text{MAE} = \frac{1}{n} \sum_{i=1}^{n} |y_i - \hat{y}_i|$$

$$\text{RMSE} = \sqrt{\frac{1}{n} \sum_{i=1}^{n} (y_i - \hat{y}_i)^2} \tag{5-133}$$

式中，n 为样本数；y_i 和 $\hat{y}_i$ 分别表示真实值和预测值。

在四个寿命阶段的特征向量中各取连续样本数 500，打乱样本顺序，取前 80% 的样本用于网络训练，其余用作测试样本。经过网格搜索方法得出隐含层的神经元个数对精度影响不大，最终选择 DBN 的网络结构为 19-15-12-10-4。为了研究前向学习 RBM 的迭代次数 Epoch1 和 DBN 网络的后向微调迭代次数 Epoch2 对改进 DBN 识别精度的影响，选择 Epoch1 和 Epoch2 的次数分别在 1～20 和 100～2000 内进行网格搜索，步长分别为 1 和 100，得到如图 5-77 所示结果。

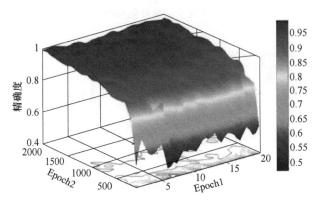

图 5-77　Epoch1 和 Epoch2 对精度的影响

由图 5-77 可以明显看出，Epoch1 对于模型的影响很微小，而 Epoch2 对模型有着十分重要的影响。当 Epoch2 到达 1000 次以上时，DBN 的分类精确度达到 90% 以上，而且从平面等高图能够看出，分类模型的性能趋于稳定。主要是因为后向微调迭代次数 Epoch2 关系着网络参数的自调节，微调次数越多，网络参数越佳，越有利于学习信号深层的信息。但是，当 Epoch2 达到 2000 次左右时，DBN 的分类效果变化不再明显，再增大迭代次数只会产生"过拟合"，且增加网络工作的时间。因此，本部分选择最优的 Epoch2 值为 2000 次，Epoch1 选择整体识别效果较好的 10 次。

为了探究训练样本数对优化的 DBN 分类模型的影响，使用与上文相同的样本构造方式，采用训练样本数分别为 100、200、300、400、500、600，测试样本数是训练样本数的 25%。试验结果如图 5-78 所示。训练样本数从 100 增加到 400 时，DBN 测试精确度显著提高。从

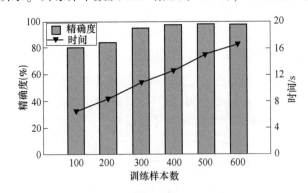

图 5-78　不同训练样本数的影响

400 增加到 600 时，测试精确度基本持平，但是模型的工作时间随着训练样本数的增加几乎线性上升。因此，为了同时满足 DBN 模型的高精确度和高效率的特点，训练样本为 400 是最佳的选择。

通过以上对于 DBN（FEPCD）模型参数的研究，最佳的网络参数如下：网络结构为 19-15-12-10-4，Epoch1 为 10 次，Epoch2 为 2000 次，学习率为 0.01，训练样本数为 400。

图 5-79 所示为满足上述最佳网络参数条件下网络模型的寿命识别结果的混淆矩阵，横坐标表示样本的目标输出，纵坐标代表实际输出。由图 5-79 可以看出，寿命状态 2、3 的准确度达到 100%；状态 1 为 99%，仅将 1 个样本错归类为状态 2；状态 4 的识别率是 98%，有 2 个样本错误地归类到了状态 3 中。总的寿命识别率约高达 99.3%，且经若干次试验，识别率的误差不超过 2%。

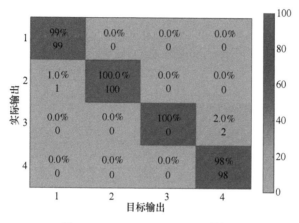

图 5-79　DBN（FEPCD）识别结果

由于后向迭代次数 Epoch2 对 DBN 的精度影响较大，为了说明改进后 DBN 模型的影响，将 DBN（FEPCD）模型与原模型在不同 Epoch2 数值下的识别精度进行比较，得到如图 5-80 所示的结果。Epoch2 的取值范围是［100, 2000］，间隔为 100。对比三条曲线，在迭代次数为 2000 时，三个方法的精度变化均已趋于平缓。在相图的迭代次数下，DBN（PCD）算法相比于 DBN（CD）算法的识别效果略优，而 DBN（FEPCD）方法比原始两个模型的识别精

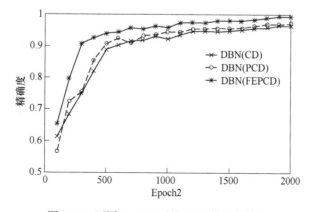

图 5-80　不同 Epoch2 下的 DBN 模型的精度

度有了明显的提高。另外，在需要达到同一精确度时，DBN（FEPCD）方法需要的迭代次数更少，更高效，说明 FEPCD 学习算法在训练 RBM 的参数时更准确快速。

将改进的 DBN（FEPCD）网络模型与 DBN（CD）和 DBN（PCD）网络和浅层分类算法 BP 神经网络、支持向量机（SVM）、朴素贝叶斯网络（NBC）分别进行了对比，共进行了 20 次测试，比较结果见表 5-14。DBN（FEPCD）的网络结构设置为上述最佳参数，为方便比较，DBN（CD）和 DBN（FEPCD）网络和其设置同样的结构。BP 网络结构为 19-15-4，学习率设置为 0.001，迭代次数选择 1500 次。SVM 惩罚系数 c 经 PSO 优化后选择为 1.37，核函数半径 g 为 51.17，核函数选择高斯核函数（RBF）。使用 NBC 进行寿命状态识别时，只需比较独立特征之间的条件概率。从表 5-14 中可看出，优化的 DBN 模型比传统的两种模型能得到更高的识别精度、更具有鲁棒性，其学习时间短；同浅层算法相比，DBN 寿命识别方法在精确度和稳定性方面明显优于 BP 网络、SVM 和 NBC 算法，说明常规的特征向量难以满足浅层分类算法的要求。

表 5-14　多种方法识别结果对比

算　　法	精度（%）	标　准　差	MAE	RMSE	时间/s
DBN（CD）	96.75	0.01	0.033	0.18	10.05
DBN（PCD）	97	0.01	0.03	0.173	10.03
DBN（FEPCD）	99.25	0.008	0.008	0.087	9.95
BP	68.5	0.082	0.694	0.665	6.97
SVM	89.25	0.012	0.138	0.444	5.98
NBC	57.73	0.026	0.9266	0.524	4.52

参 考 文 献

[1] 张建宇，李文斌，张随征，等．多小波自适应阈值降噪在故障诊断中的应用 [J]．北京工业大学学报，2013，39（2）：166-173．

[2] 杨宇，潘海洋，程军圣．基于 LCD 降噪和 VPMCD 的滚动轴承故障诊断方法 [J]．中国机械工程，2013，24（24）：3338-3344．

[3] 马增强，柳晓云，张俊甲，等．VMD 和 ICA 联合降噪方法在轴承故障诊断中的应用 [J]．振动与冲击，2017，36（13）：201-207．

[4] 潘宏侠，兰海龙，任海峰．基于局域波降噪和双谱分析的自动机故障诊断研究 [J]．兵工学报，2014，35（7）：1077-1082．

[5] 王建国，陈帅，张超，等．基于自相关降噪和 ELMD 的轴承故障诊断方法 [J]．仪表技术与传感器，2017（6）：153-157．

[6] 陈海周，王家序，汤宝平，等．基于最小熵解卷积和 Teager 能量算子直升机滚动轴承复合故障诊断研究 [J]．振动与冲击，2017，36（9）：45-50．

[7] 周智，朱永生，张优云，等．基于 EMD 间隔阈值消噪与极大似然估计的滚动轴承故障诊断方法 [J]．振动与冲击，2013，32（9）：155-159．

[8] 杨杰，陈捷，洪荣晶等．基于 EEMD-多尺度主元分析的回转支承信号降噪方法研究 [J]．中南大学学

报（自然科学版），2016，47（4）：1173-1180.

［9］封杨，黄筱调，陈捷，等．大型回转支承非平稳振动信号的 EEMD-PCA 降噪方法［J］．南京工业大学学报（自然科学版），2015，37（3）：61-66.

［10］FENG Y，HUANG X，HONG R，et al. Residual useful life prediction of large-size low-speed slewing bearings-a data driven method［J］. Journal of Vibroengineering，2015，17（8）：4164-4179.

［11］张慧芳，陈捷．大型回转支承故障信号处理方法综述［J］．机械设计与制造，2012（3）：216-218.

［12］王金福，李富才．机械故障诊断技术中的信号处理方法：时域分析［J］．噪声与振动控制，2013（2）：198-202.

［13］王金福，李富才．机械故障诊断的信号处理方法：频域分析［J］．噪声与振动控制，2013（1）：173-180.

［14］张梅军，王闯，陈灏．IMF 能量和 RBF 神经网络相结合在滚动轴承故障诊断中的应用研究［J］．机械，2012，39（6）：63-66.

［15］艾延廷，冯研研，周海仑．小波变换和 EEMD-马氏距离的轴承故障诊断［J］．噪声与振动控制，2015，35（1）：235-239.

［16］杨杰，陈捷，徐新庭，等．基于小波-能量模式的回转支承故障诊断方法研究与应用［J］．南京工业大学学报（自然科学版），2015，37（4）：134-140.

［17］陈捷，孙炎平，洪荣晶，等．双谱分析和支持向量机在回转支承故障诊断中的应用［J］．轴承，2016（5）：53-57.

［18］ZVOKELJ M，ZUPAN S，PREBIL I. EEMD and KPCA-based multiscale，non-linear and multivariate statistical process monitoring and signal denoising strategy applied to large-size low-speed bearing［C］．［S. l. : s. n.］，2011.

［19］ZVOKELJ M，ZUPAN S，PREBIL I. Non-linear multivariate and multiscale monitoring and signal denoising strategy using kernel principal component analysis combined with Ensemble Empirical mode decomposition method［J］. Mechanical Systems & Signal Processing，2011，25（7）：2631-2653.

［20］CAESARENDRA W，KOSASIH P B，TIEU A K，et al. Condition monitoring of naturally damaged slow speed slewing bearing based on ensemble empirical mode decomposition［J］. Journal of Mechanical Science & Technology，2013，27（8）：2253-2262.

［21］赵阳，陈捷，洪荣晶，等．EMD 和独立分量分析在回转支承故障诊断中的应用［J］．轴承，2015（7）：54-59.

［22］李彦明，杜文辽，叶鹏飞，等．振动信号小波 leaders 多重分形特征提取及性能分析［J］．机械工程学报，2013，49（6）：60-65.

［23］LASHERMES B，JAFFARD S，ABRY P. Wavelet leader based multifractal analysis［C］. Philadelphia：IEEE，2005.

［24］DU W L，YANG C，LI A，et al. Wavelet leaders based vibration signals multifractal features of plunger pump in truck crane［J］. Advances in Mechanical Engineering，2013（3）：953-956.

［25］DU W L，TAO J，LI Y，et al. Wavelet leaders multifractal features based fault diagnosis of rotating mechanism［J］. Mechanical Systems & Signal Processing，2014，43（1-2）：57-75.

［26］XIONG G，ZHANG S，ZHAO H，et al. Wavelet leaders-based multifractal spectrum distribution［J］. Nonlinear Dynamics，2014，76（2）：1225-1235.

［27］LEONARDUZZI R F，ALZAMENDI G A，SCHLOTTHAUER G，et al. Wavelet leader multifractal analysis of period and amplitude sequences from sustained vowels［J］. Speech Communication，2015，72：1-12.

［28］ BENOUIOUA D，CANDUSSO D，HAREL F，et al. Multifractal analysis of stack voltage based on wavelet leaders：A new tool for PEMFC diagnosis ［J］. Fuel Cells，2016，69（4）：438-445.

［29］ 郑晴晴. 基于隐 Markov 模型的滚动轴承故障诊断方法研究 ［D］. 成都：西南交通大学，2013.

［30］ 陆超，陈捷，洪荣晶. 采用概率主成分分析的回转支承寿命状态识别 ［J］. 西安交通大学学报，2015，49（10）：90-96.

［31］ 徐卫晓，宋平，谭继文. 基于 KPCA-BP 网络模型的滚动轴承故障诊断方法研究 ［J］. 煤矿机械，2014，35（8）：265-267.

［32］ LU C，CHEN J，HONG R，et al. Degradation trend estimation of slewing bearing based on LSSVM model ［J］. Mechanical Systems & Signal Processing，2016，76-77：353-366.

［33］ BENKEDJOUH T，MEDJAHER K，ZERHOUNI N. Remaining useful life estimation based on nonlinear feature reduction and support vector regression ［J］. Engineer Applications of Artificial Intelligence，2013，26：1751-1760.

［34］ 陈法法，汤宝平，苏祖强. 基于等距映射与加权 KNN 的旋转机械故障诊断 ［J］. 仪器仪表学报，2013，34（1）：215-220.

［35］ 钮满志，陈捷，封杨，等. 基于支持向量机的风电偏航回转支承故障诊断 ［J］. 南京工业大学学报（自然科学版），2014，36（1）：117-122.

［36］ 陆超，陈捷，洪荣晶，等. 基于粒子群优化支持向量机的回转支承寿命状态识别 ［J］. 南京工业大学学报（自然科学版），2016，38（1）：56-61.

［37］ 孙炎平，陈捷，洪荣晶，等. 基于 EMD-HMM 的回转支承故障诊断方法 ［J］. 轴承，2017（1）：41-45.

［38］ 褚青青，肖涵，吕勇，等. 基于多重分形理论与神经网络的齿轮故障诊断 ［J］. 振动与冲击，2015（21）：15-18.

［39］ 司景萍，马继昌，牛家骅，等. 基于模糊神经网络的智能故障诊断专家系统 ［J］. 振动与冲击，2017，36（4）：164-171.

［40］ 封杨，黄筱调，洪荣晶，等. 基于数据驱动的回转支承性能退化评估方法 ［J］. 中南大学学报（自然科学版），2017，48（3）：684-693.

［41］ 张慧芳. 3MW 风电偏航回转支承故障信号处理的方法研究 ［D］. 南京：南京工业大学，2012.

［42］ 陈一贤. HHT 方法分析 ［D］. 杭州：浙江大学，2007.

［43］ 易琛，李泽文. 基于希尔伯特-黄变换的介损数字测量算法 ［J］. 高压电器，2009，6（45）：115-119.

［44］ 钟佑明，金涛，秦树人. 希尔伯特-黄变换中的一种新包络线算法 ［J］. 数据采集与处理，2005，1（20）：13-17.

［45］ ZHU Q，WANG Y S，SHEN G Q. Comparison and application of time-frequency analysis methods for nonstationary signal processing ［J］. Communications in Computer and Information Science，2011，175：286-291.

［46］ 任学平，汤晓峰. 应用 Hilbert-Huang 变换的齿轮箱故障诊断 ［J］. 机械与电子，2010，7：45-48.

［47］ 荆双喜，吴新涛，华伟. 基于 Hilbert 变换的低速重载齿轮故障诊断研究 ［J］. 矿山机械，2007，6（35）：127-130.

［48］ 华伟，吉春和，荆双喜. 基于 Hilbert 解调技术的齿轮故障诊断研究 ［J］. 煤矿机械，2009，4（30）：217-218.

［49］ 王然风. 基于支持向量回归技术的大型复杂机电设备故障诊断研究与应用 ［D］. 太原：太原理工大学，2005.

［50］赵国庆．基于小波降噪与 HHT 方法的齿轮故障诊断方法［D］．武汉：武汉科技大学，2007.

［51］王赛赛．基于 GRU 网络的回转支承寿命状态评估［D］．南京：南京工业大学，2020.

［52］SMITH J S. The local mean decomposition and its application to EEG perception data［J］．Journal of The Royal Society Interface，2005，2（5）：443-454.

［53］LIU Z，JIN Y，ZUO M J，et al. Time-frequency representation based on robust local mean decomposition for multicomponent AM-FM signal analysis［J］．Mechanical Systems and Signal Processing，2017，95：468-487.

［54］RILLING G，FLANDRIN P，GONCALVES P. On empirical mode decomposition and its algorithms［C］．Grado：s. n. ，2003.

［55］WU Z H，HUANG N E. Ensemble empirical mode decomposition：a noise-assisted data analysis method［J］．Advances in Adaptive Data Analysis，2008，1（1）：1-41.

［56］杨杰．基于多元统计分析的回转支承故障诊断方法研究［D］．南京：南京工业大学，2015.

［57］ZHANG Y，ZUO H F，BAI F. Classification of fault location and performance degradation of a roller bearing［J］．Measurement，2013，（46）：1178-1189.

［58］杨杰，陈捷，洪荣晶，等．PCA 和自相关包络分析在回转支承故障诊断中的应用［J］．轴承，2014（10）：54-58.

［59］周媛，左洪福．基于主成分分析和线性判别的航空发动机状态监视［J］．中国机械工程，2014，25（11）：1433-1437.

［60］WANG F，SUN J，YAN D，et al. A feature extraction method for fault classification of rolling bearing based on PCA［C］．s. l. . IOP Publishing，2015.

［61］郭玉杰，杜新定，石峰，等．滚动轴承故障的自相关函数包络分析［J］．轴承，2013（6）：55-58.

［62］郭金玉，曾静．基于多尺度主元分析方法的统计过程监视［J］．沈阳化工学院学报，2006，20（1）：48-51.

［63］MISRA M，YUE H H，QIN S J，et al. Multivariate process monitoring and fault diagnosis by multi-scale PCA［J］．Computers and Chemical Engineering，2002（26）：1281-1293.

［64］胡金海，谢奉生，候胜利，等．核函数主元分析及其在故障特征提取中的应用［J］．振动、测试与诊断，2007，27（1）：48-52.

［65］屈梁生，张西宁，沈玉娣，等．机械故障诊断理论与方法［M］．西安：西安交通大学出版社，2009.

［66］ŽVOKELJ M，ZUPAN S，PREBIL I. Multivariate and multiscale monitoring of large-size low-speed bearings using ensemble empirical mode decomposition method combined with principal component analysis［J］．Mechanical Systems and Signal Processing，2010，24（4）：1049-1067.

［67］ŽVOKELJ M，ZUPAN S，PREBIL I. Non-linear multivariate and multiscale monitoring and signal denoising strategy using kernel principal component analysis combined with ensemble empirical mode decomposition method［J］．Mechanical Systems and Signal Processing，2011，25（7）：2631-2653.

［68］李静．基于连续隐半马尔科夫模型的轴承性能退化评估［D］．广州：华南理工大学，2013.

［69］CAESARENDRA W，KOSASIH P B，TIEU A K，et al. Condition monitoring of naturally damaged slow speed slewing bearing based on ensemble empirical mode decomposition［J］．Journal of Mechanical Science and Technology，2013，27（8）：2253-2262.

［70］赵祥龙．基于 CEEMDAN 降噪和多分形特征提取的回转支承故障诊断方法研究［D］．南京：南京工业大学，2019.

［71］TORRES M E，COLOMINAS M A，SCHLOTTHAUER G，et al. A complete ensemble empirical mode decomposition with adaptive noise［C］. s.l.：IEEE, 2011.

［72］陈仁祥, 汤宝平, 吕中亮. 基于相关系数的 EEMD 转子振动信号降噪方法［J］. 振动、测试与诊断, 2012, 32（4）：542-546.

［73］王志华, 张建峰. 基于 EEMD 降噪与 PNN 的齿轮箱齿轮故障诊断［J］. 煤矿机械, 2015, 36（11）：326-328.

［74］封杨, 黄筱调, 洪荣晶, 等. 基于圆域分析的大型回转支承初期故障诊断［J］. 振动与冲击, 2017, 36（9）：108-115.

［75］YI B K, FALOUTSOS C. Fast time sequence indexing for arbitrary Lp norms［A］. International Conference on Very Large Data Bases［C］. Cairo：s. n., 2000.

［76］FITZGIBBON A, PILU M, FISHER R B. Direct least square fitting of ellipses［J］. IEEE Transactions on Pattern Analysis and Machine Intelligence, 1999, 21（5）：476-480.

［77］GANDER W, GOLUB G H, STREBEL R. Least-squares fitting of circles and ellipses［J］. BIT Numerical Mathematics, 1994, 34（4）：558-578.

［78］BOOKSTEIN F L. Fitting conic sections to scattered data［J］. Computer Graphics and Image Processing, 1979, 9（1）：56-71.

［79］LOPATINSKAIA E, ZHU J, MATHEW J. Monitoring varying speed machinery vibrations—II recursive filters and angle domain［J］. Mechanical Systems and Signal Processing, 1995, 9（6）：647-655.

［80］BOSSLEY K M, MCKENDRICK R J, HARRIS C J, et al. Hybrid computed order tracking［J］. Mechanical Systems and Signal Processing, 1999, 13（4）：627-641.

［81］RENAUDIN L, BONNARDOT F, MUSY O, et al. Natural roller bearing fault detection by angular measurement of true instantaneous angular speed［J］. Mechanical Systems and Signal Processing, 2010, 24（7）：1998-2011.

［82］VILLA L F, REÑONES A, PERÁN J R, et al. Angular resampling for vibration analysis in wind turbines under non-linear speed fluctuation［J］. Mechanical Systems and Signal Processing, 2011, 25（6）：2157-2168.

［83］BONNARDOT F, EI BADAOUI M, RANDALL R B, et al. Use of the acceleration signal of a gearbox in order to perform angular resampling（with limited speed fluctuation）［J］. Mechanical Systems and Signal Processing, 2005, 19（4）：766-785.

［84］WENDT H, ABRY P. Bootstrap for multifractal analysis［C］. s. l.：IEEE, 2006.

［85］WENDT H, ABRY P. Bootstrap tests for the time constancy of multifractal attributes［C］. Las Vegas：IEEE, 2008.

［86］周东华, 李钢, 李元. 数据驱动的工业过程故障诊断技术：基于主元分析与偏最小二乘的方法［M］. 北京：科学出版社, 2011.

［87］赵小强, 王新明, 王迎. 基于 PCA 与 KPCA 的 TE 过程故障检测应用研究［J］. 自动化仪表, 2011, 32（1）：8-12.

［88］汪爱娟, 张端金, 介晓婧. 基于核主元分析的故障检测［J］. 中南大学学报（自然科学版）, 2013, 44：185-188.

［89］黄宴委, 彭铁根. 基于核主元分析的非线性动态故障诊断［J］. 系统仿真学报, 2005, 17（9）：2291-2294.

［90］孙炎平. 基于 HMM 的回转支承故障诊断方法研究［D］. 南京：南京工业大学, 2017.

［91］国勇. 神经模糊控制理论及应用［M］. 北京：电子工业出版社, 2009.

［92］陈厦，方方，胡战利．模糊聚类算法综述［J］．生命科学仪器，2013（6）：33-37.

［93］李洪梅，高尚．聚类准则研究［J］．科学技术与工程，2009（9）：2405-2407.

［94］李媛媛．基于 PDF-FCM 的风电回转支承寿命状态识别方法研究［D］．南京：南京工业大学，2017.

［95］HINTON G E，OSINDERO S，TEH Y W. A fast learning algorithm for deep belief nets［J］．Neural Computation，2006，18（7）：1527-1554.

［96］SALAKHUTDINOV R，MURRAY I. On the quantitative analysis of deep belief networks［C］．［s. l.：s. n.］，2008.

［97］HINTON G E. Training products of experts by minimizing contrastive divergence［J］．Neural Computation，2002，14（8）：1771-1800.

［98］HINTON G E. A practical guide to training restricted Boltzmann machines［J］．Momentum，2012，9（1）：599-619.

第六章

回转支承寿命预测方法

第一节 寿命预测的研究概况

一、机械部件寿命预测方法进展

对机械设备或关键零部件进行寿命预测可以有效预知故障，减少因突发停机而带来的经济、财产损失等，因此具有重要的研究意义。寿命预测方法可以分为以下四类：基于物理模型的预测（Physics Model Based Approaches，PMBA），基于统计学模型的预测（Statistical Model Based Approaches，SMBA），基于人工智能算法的预测（Artificial Intelligence Based Approaches，AIBA）以及混合评估方法（Hybrid Approaches），SMBA 以及 AIBA 也可合并称为"数据驱动"的方法（Data Driven Approaches，DDA）。

（一）基于物理模型的预测方法

基于物理模型的预测方法大致可以分为以下两类：

（1）断裂力学为基础的裂纹扩展寿命模型　Li 等提出一种自适应修正的 Paris 模型预测轴承疲劳寿命，该方法成功地解释了裂纹、缺陷扩展的时变特性。Orsagh 等将滚动轴承中裂纹扩展分为萌生与发展两个阶段，采用 Kotzalas-Harris 模型预测缺陷剥落发展的趋势并深入研究其随机扩展模型。肖方红基于对疲劳裂纹形成、扩展特性的分析，建立了等幅、随机载荷下疲劳全寿命速率公式，提供了较为完善的寿命计算方法。

（2）载荷为输入、寿命为输出的疲劳寿命模型　Fan 等以应变能量密度理论为基础，对 16MnR 钢进行了不同环境温度下的疲劳寿命评估。赵迪等以金属材料为研究对象，系统综述了高温疲劳蠕变下寿命预测的发展情况。王旭亮根据所提出的"累积损伤-临界寿命"动态干涉模型进行了疲劳寿命预测方法研究。Andreikiv 等讨论了蠕变以及疲劳下金属结构中裂纹扩展情况。王征兵等采用经典的 Lundberg-Palmgren（L-P）寿命模型对滚动轴承进行了疲劳寿命计算，并详细给出了寿命修正系数的计算方法。

（二）基于数据驱动的预测

DDA 直接通过采集处理后的状态数据建立评估模型而无须深入了解研究对象的物理退

化或损伤机理，这一特点赋予了复杂机电系统以及新兴部件预测与健康管理（PHM）研究新的途径。鄢小安等通过构造多种振动健康指标，并输入支持向量机（SVM）为基础的分类器，实现了滚动轴承故障类型的高精度诊断。范庚等提出以数据驱动为支撑的相关向量机（Relevance Vector Machine，RVM）预测模型，并成功地应用于航空发动机性能退化评估中。在风力发电场合，Saidi 等采用谱峭度以及支持向量回归模型（Support Vector Regression，SVR）对风机中工况复杂、实际运行极不平稳的高速轴轴承进行了早期故障的可靠预测。同时，维纳过程（Wiener Process，WP）模型结合风力发电机轴承实测温度也被成功地运用于剩余使用寿命的预测中。王刚通过对数控转台全服役周期的振动进行分析并结合隐马尔科夫模型（Hidden Markov Model，HMM）以及粒子滤波（Particle Filtering，PF）方法对其进行精度衰退的预测。对于某些机械系统或部件而言，对其进行物理退化、损伤机理研究难度巨大且效果微弱，为此越来越多的国内外学者尝试通过 DDA 对表征信号进行分析建模，从而实现寿命预测、故障诊断的目的。

（三）基于混合评估方法的预测

混合评估方法能够综合利用多种预测模型，取长补短，充分发挥物理模型与数据驱动思想的优点：Xu 融合了 DDA 以及经验模型各自的优点，对航空发动机这种不确定因素较多、存在耦合作用的复杂机械部件进行了合理的退化程度预测。Hu 具体指出了运用单一预测、诊断评估模型的三点不足，并充分协调了 5 种数据驱动算法完成具有一定鲁棒性的寿命预测。Chen 等综合阐述了自适应神经模糊推理系统（Adaptive Neuro-Fuzzy Inference Systems，ANFIS）与粒子滤波（Particle Filtering，PF）的混合预测方法，结果表明这种结合统计学以及人工智能算法的综合预测方法精度更优。

二、回转支承寿命预测概况

回转支承与普通滚动轴承结构组成相似，主要存在如下差异：①尺寸差异，对于某些特殊工况下（如大型的海洋勘探平台）的回转支承而言，其直径可达十几米。②工况差异，回转支承转速通常较低，且承受巨大载荷（轴向力、径向力以及倾覆力矩）。因此，近些年国内外学者对回转支承进行了大量富有针对性的研究。

Zupan 等采用模拟回转支承真实工况的试验，结合滚道磨损量以及应力等物理量对其可靠性及承载能力做出相应评判。Kunc 等通过数值仿真建立滚动体与滚道的接触模型，估计滚道寿命以及接触应力大小。Glodež 等采用应力-寿命计算方法对单排球回转支承进行疲劳寿命评估。陆超等创建风力发电场景下使用的回转支承三维有限元模型并结合疲劳分析软件进行疲劳计算，为寿命评估提供了新思路。然而，物理机理模型的评估方法无法实现在线监测的功能，且回转支承自身个体差异性大，该类模型普适性有待增强，加之有限元分析耗时过长，其计算结果甚至可相差 1~2 个数量级。因此，国内外主流研究机构逐渐将研究重心转向基于数据驱动的寿命预测方法。

Feng 等提出适用于风电回转支承可靠度测量的改进威布尔分布模型，从统计学角度诠释了服役轴承剩余使用寿命分布情况。Caesarendra 等提出了适用于回转支承损伤、退化描述的圆域指标法（Circular Domain Features，CDF），结合频谱分析准确找到故障峰值频率，具有一定使用价值与创新性。此外，Caesarendra 等还进行了长达 138 天的自然寿命衰退试验，发现经集成经验模态分解（Ensemble Empirical Mode Decomposition，EEMD）的损伤信号能够准确地发现故障频率。Žvokelj 等将时频分解方法与 PCA 及独立分量分析（Independent Component Analysis，ICA）融合创造性地提出了回转支承多频段多分量下的故障提取方法，并且诊断效果优于既有频域分析、时频分析方法。人工神经网络（Artificial Neural Network，ANN）结合多物理特征信号驱动的智能评估方法实现了回转支承服役件的在线监测，同时该类方法有效提高了回转支承健康评估精度。Lu 等通过主元分析法（Principal Component Analysis，PCA）提取回转支承全生命周期振动信号健康指标，并通过相空间重构（Phase Space Reconstruction，PSR）以及最小二乘支持向量机（Least Squares Support Vector Machine，LSSVM）进行退化程度的动态预测，该方法具备一定的预测精度且计算量适中。

然而，不同规格、型号间的回转支承差异性较大，较难凭借一种数据驱动模型实现不同样本间的高精度寿命预测。本章针对回转支承的特性，对基于统计学和人工智能的预测方法进行深入研究，继而进行优势融合实现基于信息融合的回转支承在线剩余寿命预测。

第二节　基于小样本统计规律的寿命预测可靠性模型

经典的统计学模型（威布尔分布）在轴承疲劳寿命研究中广泛应用，大型回转支承属于特殊的轴承，相关的理论具有重要的参考价值。然而，大型回转支承滚道中心直径通常为 600~5000mm，载荷变化复杂且可达数十吨，无论利用试验台还是安装了回转支承的重型设备，批量的寿命试验从时间上和成本上都是不允许的。这使得现有方法建立实际工况下大型回转支承的疲劳寿命统计学模型存在两个问题：①多应力水平下多样本疲劳失效样本数据的获取。②任意（允许）载荷工况下威布尔分布参数的确定。

与普通轴承相似，大型回转支承的疲劳失效通常也是由于其滚道的严重点蚀、裂纹、剥落、磨损等故障引起的，滚道的寿命某种程度上决定了回转支承的寿命。据此，本节首先以威布尔分布理论为基础，推导出基于可靠度的剩余寿命预测模型，讨论了威布尔分布常用的参数估计方法；然后针对上述两大问题，提出了一种小样本加速寿命试验方法，通过建立滚道载荷-磨损量-伪失效疲劳寿命的模型来获取多应力水平下多样本的失效数据，利用加速寿命模型分析了滚道最大载荷与威布尔特征寿命的关系，得到了回转支承的 S-N 曲线，进而建立起任意载荷下的回转支承剩余寿命预测可靠性模型；最后，通过对某公司 QNA-730-22 回转支承的全寿命试验进行了验证，并与 ISO 281 和 NREL DG03 进行了对比。

一、威布尔分布理论及参数估计

（一）基本理论及剩余寿命可靠性模型

威布尔分布是由瑞典科学家 Waloddi Weibull 在研究滚球轴承的疲劳寿命时提出的。几十年来，很多学者对威布尔分布在轴承寿命中的应用进行了研究。威布尔分布模型包含三个主要参数：位置参数、形状参数和尺度参数，若随机变量 T 符合威布尔分布，则其概率密度函数为

$$f(t) = \frac{\beta}{\eta} \left(\frac{t-\gamma}{\eta} \right)^{\beta-1} \exp \left[-\left(\frac{t-\gamma}{\eta} \right)^{\beta} \right], t \geqslant \gamma \qquad (6\text{-}1)$$

将式（6-1）进行积分，可得累积失效概率函数为

$$F(t) = P(T \leqslant t) = 1 - \exp\left[-\left(\frac{t-\gamma}{\eta}\right)^{\beta}\right], t \geqslant \gamma \tag{6-2}$$

累积失效概率又称为不可靠度，因此其可靠度函数为

$$R(t) = 1 - F(t) = \exp\left[-\left(\frac{t-\gamma}{\eta}\right)^{\beta}\right], t \geqslant \gamma \tag{6-3}$$

式中，β 为形状参数，$\beta > 0$；η 为尺度参数，$\eta > 0$；γ 为位置参数，$\gamma \geqslant 0$。

大量试验证明，滚动轴承的寿命分布近似地服从两参数威布尔分布，则威布尔分布的失效概率函数可简化为

$$F(t) = P(T \leqslant t) = 1 - \exp\left[-\left(\frac{t}{\eta}\right)^{\beta}\right] \tag{6-4}$$

可靠度函数为

$$R(t) = 1 - F(t) = \exp\left[-\left(\frac{t}{\eta}\right)^{\beta}\right] \tag{6-5}$$

在用于轴承寿命分布建模时，β、η 又分别被称为威布尔分布斜率和轴承在特定载荷下的特征寿命。

回转支承滚道的破坏主要是由于交变切应力循环引起滚道的疲劳裂纹、磨损、剥落等，随着回转支承运行的圈数不断增加，应力循环次数成比例地增长，因此其疲劳寿命通常用回转支承转过的圈数来表示。若一个回转支承已经转过了 t 圈，仍然能够正常运行，则称其年龄为 t。一个年龄为 t 的回转支承运行至失效，所经历的圈数称为剩余寿命，记为 T_t。T_t 是随机变量，对于任意大于零的实数 x，由条件概率贝叶斯公式可得事件 $\{T_t \leqslant x\}$ 的概率为

$$F_t(x) = P(T_t \leqslant x) = P(T \leqslant t + x \mid T > t) = \frac{P(t < T \leqslant t+x)}{P(T > t)} = \frac{F(t+x) - F(t)}{1 - F(t)} \tag{6-6}$$

由式（6-6）可得

$$F(t+x) = 1 - R(t+x) \tag{6-7}$$

将式（6-7）代入式（6-6）可得

$$F_t(x) = \frac{[1 - R(t+x)] - [1 - R(t)]}{1 - [1 - R(t)]} = \frac{R(t) - R(t+x)}{R(t)} = 1 - \frac{R(t+x)}{R(t)} \tag{6-8}$$

因此，将式（6-5）代入式（6-8）可得年龄为 t 的回转支承的剩余寿命分布函数为

$$F_t(x) = 1 - \frac{\exp\left[\left(\frac{t}{\eta}\right)^{\beta}\right]}{\exp\left[\left(\frac{t+x}{\eta}\right)^{\beta}\right]} = 1 - \exp\left[\left(\frac{t}{\eta}\right)^{\beta} - \left(\frac{t+x}{\eta}\right)^{\beta}\right] \tag{6-9}$$

其可靠度函数为

$$R_t(x) = \exp\left[\left(\frac{t}{\eta}\right)^{\beta} - \left(\frac{t+x}{\eta}\right)^{\beta}\right] \tag{6-10}$$

由式（6-10）可得可靠度 $R_t(x)$ 下年龄为 t 的回转支承的剩余寿命 x 为

$$x = \eta \left\{\left(\frac{t}{\eta}\right)^{\beta} - \ln[R_t(x)]\right\}^{\frac{1}{\beta}} - t \tag{6-11}$$

式（6-11）即是基于威布尔分布的剩余寿命预测可靠性模型，当威布尔参数确定后，便

可计算出一定可靠度下年龄为 t 的回转支承的剩余寿命。

（二）模型参数估计方法

大型回转支承寿命预测可靠性模型建立之后，就需要对模型参数 β 和 η 进行估计。常用的威布尔参数估计方法分为图解法和解析法。其中，图解法包括了经验分布图解法、风险率统计图解法和威布尔概率图解法；而解析法则包括了极大似然估计法、线性回归估计法、矩估计法等。由于大多情况下解析法比图解法估计的参数更为准确，所以本部分将只介绍几种常用的解析法。

1. 极大似然估计法

极大似然估计法是一种建立在极大似然原理上的统计方法，利用总体的概率分布或概率密度表达式及其样本提供的信息来估计未知参数。两参数威布尔分布的概率密度函数可表示为

$$f(t)=\frac{\beta}{\eta}\left(\frac{t}{\eta}\right)^{\beta-1}\exp\left[-\left(\frac{t}{\eta}\right)^{\beta}\right] \tag{6-12}$$

由于参数 β 和 η 是未知的，因此可将式（6-12）简化成 $f(t;\beta,\eta)$。对于样本 $(T_1,T_2,\cdots,T_N)$，假设各样本是符合同一分布的独立随机变量，则样本 $(T_1,T_2,\cdots,T_N)$ 取观察值 $t_i(i\in[1,N])$ 的联合概率密度为

$$f(t_1;\beta,\eta)\cdot f(t_2;\beta,\eta)\cdot\cdots\cdot f(t_N;\beta,\eta)=\prod_{i=1}^{N}f(t_i;\beta,\eta) \tag{6-13}$$

则样本 $(T_1,T_2,\cdots,T_N)$ 落于观察点 $(t_1,t_2,\cdots,t_N)$ 邻域内的概率为

$$p=\prod_{i=1}^{N}f(t_i;\beta,\eta)\Delta t_i \tag{6-14}$$

在观察值 $t_i(i\in[1,N])$ 下，使得 p 最大的 β 和 η 即为最优的威布尔参数值，由于 Δt_i 是与威布尔参数无关的增量值，因而只需要使

$$L'(\hat{\beta},\hat{\eta};t_1,t_2,\cdots,t_N)=\prod_{i=1}^{N}f(t_i;\beta,\eta) \tag{6-15}$$

最大即可，其中 $L'(\hat{\beta},\hat{\eta};t_1,t_2,\cdots,t_N)$ 称为极大似然函数。

将式（6-12）代入式（6-15）可得

$$L'(\beta,\eta;t_1,t_2,\cdots,t_N)=\prod_{i=1}^{N}\frac{\beta}{\eta}\left(\frac{t_i}{\eta}\right)^{\beta-1}\exp\left[-\left(\frac{t_i}{\eta}\right)^{\beta}\right] \tag{6-16}$$

对式（6-16）两边同时取对数有

$$L(\beta,\eta;t_1,t_2,\cdots,t_N)=N\ln\left(\frac{\beta}{\eta}\right)+(\beta-1)\sum_{i=1}^{N}\ln\left(\frac{t_i}{\eta}\right)-\sum_{i=1}^{N}\left(\frac{t_i}{\eta}\right)^{\beta} \tag{6-17}$$

据此，联立 $\partial L/\partial\beta=0$ 和 $\partial L/\partial\eta=0$ 方程组即可求得 β 和 η 的估计值。

2. 线性回归估计法

线性估计法因为其过程相对简单，被工程人员广泛采用，一般包括了线性回归估计法、线性无偏估计法和线性同变估计法。不同的估计方法之间具有不同的统计学特性，本部分仅对较为常见的线性回归估计法做简单介绍。线性回归估计的核心思想是利用最小二乘法使得回归估计值和观察值之间的偏离程度最小。设变量 U 与 V 满足以下线性关系

$$U=aV+b \tag{6-18}$$

对于观察序列 (U_1, V_1)，(U_2, V_2)，$\cdots$，(U_N, V_N)，假设 a 和 b 的最佳估计值分别是 $\hat{a}$ 和 $\hat{b}$，则

$$\hat{U}_i = \hat{a} V_i + \hat{b} \tag{6-19}$$

因此估计值与观察值的偏离程度为

$$U_i - \hat{U}_i = U_i - \hat{a} V_i - \hat{b} \tag{6-20}$$

式（6-20）又可称为损失函数，如果令

$$\varphi(a, b) = \sum_{i=1}^{N} (U_i - aV_i - b)^2 \tag{6-21}$$

则 $\varphi(a, b)$ 刻画了所有样本观察值与估计值之间的距离平方和，最优的 $\hat{a}$ 和 $\hat{b}$ 应当满足

$$\varphi(\hat{a}, \hat{b}) = \min \varphi(a, b) \tag{6-22}$$

据此，对式（6-21）求偏导，并令其为 0，可有

$$\begin{cases} \dfrac{\partial \varphi}{\partial a} = -\sum_{i=1}^{N} 2(U_i - aV_i - b)V_i = 0 \\[2mm] \dfrac{\partial \varphi}{\partial b} = -\sum_{i=1}^{N} 2(U_i - aV_i - b) = 0 \end{cases} \tag{6-23}$$

从式（6-23）中可求得

$$\begin{cases} \hat{a} = \left(\sum_{i=1}^{N} V_i U_i - N\hat{V} \cdot \hat{U} \right) \Big/ \left(\sum_{i=1}^{N} V_i^2 - N\overline{V}^2 \right) \\[2mm] \hat{b} = \overline{U} - \hat{a}\overline{V} \end{cases} \tag{6-24}$$

其中

$$\overline{V} = \frac{1}{N}\sum_{i=1}^{N} V_i, \overline{U} = \frac{1}{N}\sum_{i=1}^{N} U_i \tag{6-25}$$

将线性回归估计法用于威布尔参数估计，首先需要将式（6-4）转换成

$$1 - F(t) = \exp\left[-\left(\frac{t}{\eta} \right)^{\beta} \right] \tag{6-26}$$

对式（6-26）两边取两次对数可得

$$\ln\ln[1 - F(t)] = -\beta\ln(t) + \beta\ln(\eta) \tag{6-27}$$

则可令

$$\begin{cases} U = \ln\ln[1 - F(t)] \\ V = \ln(t) \\ a = -\beta \\ b = \beta\ln(\eta) \end{cases} \tag{6-28}$$

这样，式（6-27）也可表述成式（6-28）的形式，在估计出 $\hat{a}$ 和 $\hat{b}$ 后便可反推出 β 和 η。

3. 矩估计法

对很多分布而言，其分布总体的参数通常是各阶矩的函数，而样本的各阶矩又是依据某

种概率向总体矩收敛的，矩估计法利用这一特性，将样本的各阶矩代替总体的各阶矩，从而获得总体分布中的参数估计。

矩估计法最早由 Cran 用于威布尔分布的参数估计，定义式（6-29）为两参数威布尔总体矩，即

$$\mu_k = \int_0^{+\infty} [R(t)]^k dt = (\eta/k^{1/\beta})\Gamma(1+1/\beta) \tag{6-29}$$

相应的样本矩为

$$m_k = \sum_{i=0}^{N-1}(1-i/N)^k(t_{i+1}-t_i), \ t_0 = 0 \tag{6-30}$$

式中，$t_i(i \in [1,N])$ 是样本 $(T_1, T_2, \cdots, T_N)$ 的观察值，令 $\mu_k = m_k$，$k = 1, 2, 4$，可得威布尔参数的估计值

$$\begin{cases} \hat{\beta} = \ln(2)/\ln[(\mu_1-\mu_2)/(\mu_2-\mu_4)] \\ \hat{\eta} = \mu_1/\Gamma(1+1/\hat{\beta}) \end{cases} \tag{6-31}$$

为定量评估同一试验样本中威布尔模型参数估计方法的优劣，可引入统计学中的相对均方根误差（Normalized Root Mean Square Error，NRMSE）进行评价，得到

$$\text{NRMSE} = \sqrt{\frac{\sum_{i=1}^{N}[\tilde{F}(t_i)-\hat{F}(t_i)]^2}{\sum_{i=1}^{N}\tilde{F}^2(t_i)}}, \ i \in [1,N] \tag{6-32}$$

式中，$\hat{F}(t_i)$ 是将估计出的威布尔参数代入累积失效概率得到的计算值，而 $\tilde{F}(t_i)$ 是通过试验样本计算出的累积失效概率观察值，样本较少时可由中位秩计算公式得到，即

$$\tilde{F}(t_i) = \frac{i-0.3}{N+0.4}, \ i \in [1,N] \tag{6-33}$$

需要说明的是，本部分介绍的参数估计方法是用于同一应力水平下多个失效样本在威布尔分布模型中的参数估计的，并不能有效解决失效样本的获取问题，以及任意载荷工况下威布尔参数估计的问题。

二、大型回转支承小样本加速寿命试验方法

（一）总体流程

与普通中小轴承不同的是，大型回转支承通常在内圈或外圈上加工出齿轮用以驱动，加工出齿轮的圈通常称为动圈，反之则称为定圈。一般情况下，回转支承的载荷施加方式有两种：工程机械中以挖掘机为例，回转支承定圈与底座相连，动圈与机身相连，运转时动圈的最大载荷区域是固定的，定圈的载荷分布相对均匀；风机的变桨回转支承恰好相反，叶片变桨时由于重力原因对回转支承的主要载荷始终向下，使得定圈的最大载荷区域是固定的，动圈的受力则均匀一些。由于载荷的这两种施加方式具有高度的相似性和对称性，为便于表述，本部分将仅针对类似变桨回转支承的载荷施加方式进行研究和讨论，相应的方法和结论经过合理转换也同样适用于另一种载荷施加方式的回转支承。

对于风机变桨及类似工况的回转支承而言，当回转支承转动时，若外部载荷不变，定圈滚道与滚球的接触载荷分布也是不变的，位于最大载荷处的滚道应力幅值最大，其疲劳失效和磨损程度势必最为严重，而受力较小的部分磨损则会相对较少；动圈由于不断转动，其滚道各区域应力幅值在最大和最小载荷之间循环，因而动圈滚道的磨损可视为均匀磨损，其磨损程度远低于定圈。小样本加速寿命试验正是基于上述的推论，将定圈滚道磨损量作为回转支承寿命的衡量指标，其流程如图 6-1 所示。

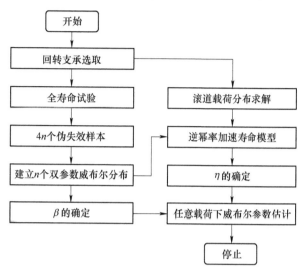

图 6-1　小样本加速寿命试验流程

小样本加速寿命试验的目标是获取多应力水平下多样本的疲劳失效数据，并实现任意载荷工况下威布尔分布的参数估计。首先，根据赫兹接触理论，按回转支承的最高设计承载能力计算其滚球滚道的接触载荷分布，并分析滚道载荷分布特性。然后，对此回转支承进行满载荷全寿命试验，当回转支承完全失效后，将其定圈按照载荷分布的对称性分割成 4 个区域，每个区域又可分为 n 组应力水平。接着，通过 Archard 磨损理论建立滚道载荷-滚道磨损量-伪失效疲劳寿命模型，并以此获取 n 组应力水平下共 $4n$ 个样本的失效数据，从而建立起 n 组双参数的威布尔分布。由于不改变失效机理的前提下，威布尔分布中的形状参数 β 应当是不变的，因此取 n 组威布尔分布中 β 的均值作为此回转支承任意载荷下的威布尔分布的形状参数。此外，利用逆幂率加速寿命模型建立起滚道最大载荷与特征寿命的关系模型，从而拟合出此回转支承的 S-N 曲线，用以确定任意载荷工况下威布尔分布的特征寿命 η。最终，通过此小样本加速寿命试验，实现了任意载荷工况下威布尔分布参数的估计，建立起回转支承剩余寿命预测的可靠性模型，相关研究将在后续部分详细阐述。

（二）滚道接触载荷分布及分段

大型回转支承通常受到轴向力 F_a、径向力 F_r 和倾覆力矩 M 的外部载荷，回转支承的动圈相对定圈则产生三个方向的位移分量：轴向位移 δ_a、径向位移 δ_r 和倾角 θ。国内外学者对滚球滚道的接触载荷理论计算已经展开了深入的研究。本部分以单排四点接触球结构的回转支承为例，求解其外部载荷作用下滚球与滚道的接触载荷分布。

回转支承受载变形后，滚道中每个滚球承着着不同的接触载荷，受载情况取决于其在滚道中的位置，因此以回转支承中心为原点建立滚球位置分布坐标系，如图 6-2 所示。图中 φ 为滚珠和原点的连线与 X 轴的夹角，D 为回转支承滚道中心直径。

回转支承滚道截面初始状态如图 6-3 所示，左半部分为外圈，右半部分为内圈。α_0 是初始压力角，C_{id}、C_{iu}、C_{ed}、C_{eu} 为各个滚道的曲率中心，下标首个字母 i、e 分别代表内圈（inner）、外圈（external），

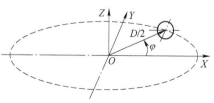

图 6-2　滚球位置分布坐标系

下标的第二个字母 u、d 分别代表上（up）滚道、下（down）滚道。P_r 为游隙，R 为滚道曲率半径，d 为滚球直径。滚道曲率半径与滚球曲率半径之比称为曲率比 e，令 $e=\dfrac{2R}{d}$，通常 $e=1.02\sim1.08$。在未受载状态下，对角滚道初始曲率中心距为

$$A_0=|C_{id}C_{eu}|=|C_{iu}C_{ed}|=2R-d-2P_r \qquad (6\text{-}34)$$

受载后，滚道与滚球间某些方向的游隙将首先被压缩，滚球滚道的接触状态如图 6-4 所示。当滚道与滚球恰好接触时，内、外圈滚道的曲率中心距变为

$$A=2R-d \qquad (6\text{-}35)$$

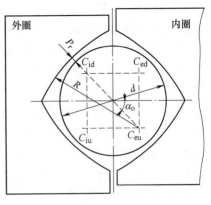

图 6-3 滚球与滚道初始相对位置

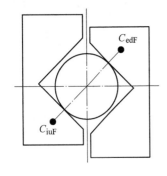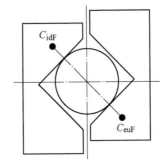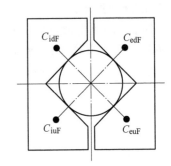

图 6-4 滚球滚道接触状态

随着滚道继续受载变形，其曲率中心坐标势必发生进一步改变，滚道变形后各曲率中心的最终坐标为

$$\begin{bmatrix} X_{C_{idF}} & Y_{C_{idF}} & Z_{C_{idF}} \\ X_{C_{euF}} & Y_{C_{euF}} & Z_{C_{euF}} \\ X_{C_{iuF}} & Y_{C_{iuF}} & Z_{C_{iuF}} \\ X_{C_{edF}} & Y_{C_{edF}} & Z_{C_{edF}} \end{bmatrix} = f(D,\varphi,d,\alpha_o,e,P_r,\delta_r,\delta_a,\theta) \qquad (6\text{-}36)$$

式（6-36）左边矩阵中的每个曲率中心前的 X、Y、Z 分别表示各曲率中心在如图 6-2 所示坐标系中对应的坐标值，每个坐标的下标 F（final）表示受载后的最终位置，表达式 $f(D,\varphi,d,\alpha_o,e,P_r,\delta_r,\delta_a,\theta)$ 具体表述可参阅相关文献。据此，令 $C_{iu}C_{ed}$ 方向为方向 1，$C_{id}C_{eu}$ 方向为方向 2，以 A_{1F} 和 A_{2F} 分别表示方向 1 和方向 2 上接触滚道最终的曲率中心距，则

$$\begin{cases} A_{TF}=|C_{iu}C_{ed}|=\sqrt{(X_{C_{iuF}}-X_{C_{edF}})^2+(Y_{C_{iuF}}-Y_{C_{edF}})^2+(Z_{C_{iuF}}-Z_{C_{edF}})^2} \\ A_{2\sim F}=|C_{id}C_{eu}|=\sqrt{(X_{C_{idF}}-X_{C_{euF}})^2+(Y_{C_{idF}}-Y_{C_{euF}})^2+(Z_{C_{idF}}-Z_{C_{euF}})^2} \end{cases} \qquad (6\text{-}37)$$

因此，在方向 1 和方向 2 上的弹性变形量（或称弹性趋近量）Δ_1 和 Δ_2 分别为

$$\begin{cases} \Delta_1=A_{1F}-A \\ \Delta_2=A_{2F}-A \end{cases} \qquad (6\text{-}38)$$

从而可以求得滚球在两个方向的载荷分别为

$$
\begin{cases}
Q_1 = \begin{cases} K\left(\dfrac{\Delta_1}{2}\right)^{3/2} & ,\ \Delta_1>0\ \text{时} \\ 0 & ,\ \text{其他} \end{cases} \\[4mm]
Q_2 = \begin{cases} K\left(\dfrac{\Delta_2}{2}\right)^{3/2} & ,\ \Delta_2>0\ \text{时} \\ 0, & \text{其他} \end{cases}
\end{cases}
\tag{6-39}
$$

式中，K 是滚球与滚道的接触刚度。

可以看出，回转支承中任一滚球和滚道的接触载荷可能存在于方向 1 或方向 2，当然在某些负游隙的回转支承中，这两个方向的接触载荷也可能同时存在。令回转支承内第 i 个滚球对滚道在方向 1 上的接触载荷大小为 Q_{1i}，实际接触压力角为 α_{1i}；在方向 2 上的接触载荷大小为 Q_{2i}，实际接触压力角为 α_{2i}。回转支承实际工作过程中在除轴向旋转自由度以外的自由度中处于受力平衡状态，即所有 z 个滚球对滚道的作用载荷与外加载荷达到受力平衡，由此建立方程组

$$
\begin{cases}
\displaystyle\sum_{i=1}^{z}\left(Q_{1i}\sin\alpha_{1i}+Q_{2i}\sin\alpha_{2i}\right)+F_a=0 \\[4mm]
\displaystyle\sum_{i=1}^{z}\left(Q_{1i}\dfrac{X_{C_{idFi}}-X_{C_{euFi}}}{A_{1\sim Fi}}+Q_{2i}\dfrac{X_{C_{iuFi}}-X_{C_{edFi}}}{A_{2\sim Fi}}\right)+F_r=0 \\[4mm]
\displaystyle\sum_{i=1}^{z}\left[Q_{1i}\sin\alpha_{1i}\left(\dfrac{D}{2}-\dfrac{d}{2}\cos\alpha_{1i}\right)\cos\varphi_i+Q_{2i}\sin\alpha_{2i}\left(\dfrac{D}{2}-\dfrac{d}{2}\cos\alpha_{2i}\right)\cos\varphi_i\right]+M=0
\end{cases}
\tag{6-40}
$$

由于式（6-40）中所有曲率中心坐标均可由式（6-36）代替，因此式（6-40）实际上只包含了 δ_r、δ_a 和 θ 三个变量，通过 Newton-Raphson 迭代法即可求解出这三个变量，之后再分别求解式（6-36）～式（6-39）即可获得整圈滚道中每个滚球所在位置区域的接触载荷，从而得到滚道的载荷分布。高学海等将上述方法与 NREL 设计准则和工程机械领域的经验公式进行了对比，验证了此理论模型的正确性。

以型号为 013.45.1600 的某公司内齿式单排四点球接触回转支承为例，其主要参数见表 6-1，对其动圈施加轴向力 $F_a = 123.3\mathrm{kN}$，径向力 $F_r = 30\mathrm{kN}$，倾覆力矩 $M = 555.3\mathrm{kN \cdot m}$ 的极限设计静态载荷，最终计算出的定圈载荷分布如图 6-5 所示，图中的 $Q_{\max}$ 即为定圈滚道的最大载荷。

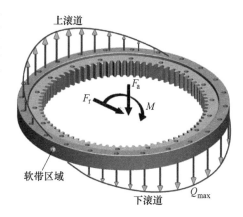

图 6-5　定圈滚道载荷分布示意

表 6-1　型号为 013.45.1600 的回转支承主要参数

滚道中心直径 D/mm	滚球直径 d/mm	初始压力角 $\alpha_\circ/(°)$	曲率比 e	滚球数量 z	轴向游隙 P_r/mm
1600	45	45°	1.04	96	0.28

以 Q_{max} 所在位置为起点，将定圈滚道沿滚球的周向排布展开成二维图（见图6-6），观察图6-6可以发现，滚道的载荷分布呈一定周期性。据此可以将整个滚道分为4块对称的区域，每块区域又可以划分 n 种应力水平，且每种应力水平在4块区域中均可找到对应的样本，从而可以将整个滚道分成 n 种应力水平下共计 $4n$ 个滚道样本，具体分段情况见表6-2。

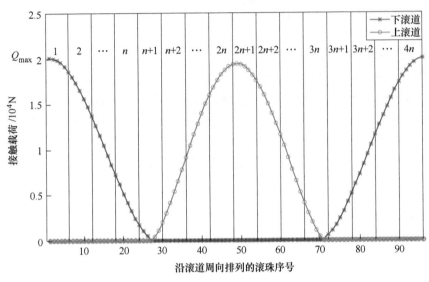

图6-6 定圈滚道周向载荷分布

表6-2 回转支承滚道分段

应力水平	平均载荷	滚道样本			
		1	2	3	4
1	Q_1	1	$2n$	$2n+1$	$4n$
2	Q_2	2	$2n-1$	$2n+2$	$4n-1$
…	…	…	…	…	…
m	Q_m	m	$2n+1-m$	$2n+m$	$4n-m+1$
…	…	…	…	…	…
n	Q_n	n	$n+1$	$3n$	$3n+1$

表6-2中，Q_1，Q_2，…，Q_m，…，Q_n 是各应力水平下的平均载荷，计算公式为

$$Q_m = \frac{Q_{m\_max} + Q_{m\_min}}{2} (m=1,2,3,\cdots,n) \tag{6-41}$$

式中，Q_{m_max}、Q_{m_min} 分别表示第 m 种应力水平下滚球对滚道的最大载荷和最小载荷。

（三）磨损量与伪失效寿命关系模型

在上文中以定圈滚道载荷分布特性为依据获得了 n 种应力水平下共计 $4n$ 个滚道样本后，需要通过试验获得这 $4n$ 个样本的失效数据才能建立威布尔模型。在试验之前，给定两个假设：一是回转支承滚道的寿命某种程度上决定了回转支承的寿命；二是滚道的寿命是由其磨损量决定的。

首先，回转支承滚道的严重故障在回转支承故障中所占比例很高，大部分回转支承寿命相关的研究都是集中在对其滚道寿命的研究上；其次，与中小轴承不同，回转支承转速很低，转动精度要求通常也不高，在其滚道出现了裂纹、剥落甚至严重磨损等缺陷后仍然可以继续服役，这使得回转支承的失效判定标准很难给定。对此，国际领先的回转支承制造商Rothe Erde通过给定许用滚道磨损量的方式确定回转支承的服役极限，因此，可将磨损量作为滚道失效的判定依据。

结合上述两个假设，便可以将滚道磨损量作为回转支承寿命的衡量指标。据此，对回转支承施以极限设计载荷进行恒应力加速寿命试验，当回转支承因滚道严重失效而卡死时试验结束。将失效的回转支承滚道按照表6-2的方式进行分段，测量每段滚道的磨损量 W_i（$i=1$，$2,3,\cdots,4n$），定义其中最大的磨损量为 W_{max}。由此可知，此回转支承失效时，滚道的最大磨损量为 W_{max}。换言之，当回转支承滚道磨损量达到 W_{max} 时，可判定此回转支承失效。因此，磨损量为 W_{max} 的滚道段的失效寿命即为试验停止时回转支承的失效寿命，以转过的圈数表示，为获取其余磨损量小于 W_{max} 的 $4n-1$ 段滚道的失效寿命，需要建立磨损量与寿命的关系模型，为此可引入 Archard 磨损理论，即

$$W = Qkvt \tag{6-42}$$

式中，W 为磨损量；Q 为载荷；k、v 分别是磨损系数和相对速度，只与材料和回转支承转速有关，在此均为常量；t 为回转支承转过的圈数。

由式（6-42）可知，在载荷恒定的情况下，磨损量 W 只与回转支承转过的圈数 t 线性相关，于是可令第 i 段滚道潜在的最终失效寿命为 t_i，被试回转支承失效时转过的圈数（等同于磨损量为 W_{max} 的滚道段的寿命）为 t_f，则在被试回转支承失效的时刻，应有

$$W_i = Q_i kvt_f \tag{6-43}$$

式中，Q_i 是第 i 段滚道的平均载荷，假设回转支承在失效后以相同的试验工况继续运行，当第 i 段滚道磨损量也达到 W_{max} 时即被判定失效，此时应有

$$W_{max} = Q_i kvt_i \tag{6-44}$$

将式（6-43）与式（6-44）相除并整理可得

$$t_i = \frac{t_f W_{max}}{W_i} \tag{6-45}$$

式（6-45）即建立了滚道磨损量与回转支承疲劳寿命的关系模型，通过一次加速寿命试验，可依据此模型获得 n 种应力水平、每种应力水平下 4 个样本、总共 $4n$ 个回转支承样本的疲劳失效数据（即式中 $i=1$，2，3，$\cdots$，$4n$）。需要说明的是，磨损量小于 W_{max} 的 $4n-1$ 段滚道的失效寿命并不是通过真实试验获得的，因此又被称为伪失效寿命（Pseudo-Failure Lifetime，PFL）。

（四）滚道最大载荷与特征寿命关系模型

获取到回转支承 n 种应力水平下的 $4n$ 个失效样本数据后，便可由上文中的参数估计方法建立 n 组不同应力水平下的威布尔分布模型，即

$$R_m(t) = \exp\left[-(t/\eta_m)^{\beta_m}\right] (m=1,2,3,\cdots,n) \tag{6-46}$$

值得注意的是，由于不同载荷下回转支承的失效机理并不会发生变化，所以不同载荷下威布尔分布的形状参数 β_m 应该是不变的，因此可以取

$$\beta_{mean} = \left(\sum_{m=1}^{n}\beta_m\right)/n \tag{6-47}$$

式（6-47）给出了回转支承在任意载荷下的威布尔形状参数 β 的获取方法，但是试验条件所限，n 不可能取无限大，使得任意载荷下的威布尔特征寿命 η 并不能从式（6-46）中直接获得。由于威布尔特征寿命是由滚道的最大载荷决定的，所以就需要一种能够揭示滚道载荷 Q 与威布尔特征寿命 η 之间的关系模型，根据相关文献，选择逆幂率寿命加速模型

$$\eta = BQ^{-c} \tag{6-48}$$

式中，B 和 c 分别是与材料和工况有关的参数。对式（6-48）两边取对数有

$$\ln\eta = \ln B - c\ln Q \tag{6-49}$$

将式（6-41）中的 n 个滚道载荷工况 Q 与式（6-46）中的 n 个对应的威布尔特征寿命 η 联合代入式（6-49），利用线性回归估计法即可估计出 B 和 c 的值。

据此，给定任意实际工况后，可首先求得回转支承的滚道最大接触载荷 $Q_{\max}$，然后由式（6-48）得到在 $Q_{\max}$ 下疲劳寿命威布尔分布的特征寿命 η_r，从而由式（6-11）和式（6-47）得到年龄为 t 的回转支承在置信度 $R_t(x)$ 下剩余疲劳寿命可靠性预测模型

$$x = \eta_r \left\{ \left(\frac{t}{\eta_r}\right)^{\beta_{\mathrm{mean}}} - \ln\left[R_t(x)\right] \right\}^{\frac{1}{\beta_{\mathrm{mean}}}} - t \tag{6-50}$$

综上所述，本部分提出的小样本加速寿命试验方法，可通过一次加速寿命试验获取到多应力水平下多样本的失效数据，并以此建立起任意载荷工况下回转支承的剩余寿命预测可靠性模型。

三、大型回转支承全寿命试验

在第四章第五节中，已对回转支承的整个加速寿命试验过程及试验结果进行了介绍，故此处不在赘述。

在该试验全寿命振动数据的基础上，本部分将进行基于威布尔分布理论的疲劳寿命建模，以获得其寿命-载荷曲线。

首先，按照式（6-45）便可计算出各段滚道的伪失效疲劳寿命见表6-3。

表6-3 定圈滚道1~16段的伪失效疲劳寿命

应力水平	载荷 Q/kN	样本1		样本2		样本3		样本4	
		滚道编号	寿命/10^5r	滚道编号	寿命/10^5r	滚道编号	寿命/10^5r	滚道编号	寿命/10^5r
1	18.59	1	0.690	8	0.708	9	0.781	16	0.800
2	14.47	2	1.383	7	1.352	10	1.192	15	1.242
3	8.09	3	3.488	6	2.833	11	3.158	14	2.941
4	2.90	4	1.171	5	2.767	12	9.801	13	10.958

然而，从图4-52中同时可以观察到第4段和第5段滚道的磨损量远远超出了正常的趋势范围，对应的伪失效寿命也非常低。这实际上是由一种普遍存在的热处理工艺缺陷引起的，滚道硬化加工时，在两个用于高频淬火的球状感应器的交界处，由于圆弧的存在，此区域滚道次表面硬化层的深度和均匀性比其他部位都要低，加之工程上一般在此区域开出滚球

安装孔，使其强度进一步降低，这块区域因此又被称为"软带区域"。在本次试验中，软带区域被放置在受载较小处，但依然出现了异常的磨损速率和较低的失效寿命，因此在进行威布尔参数拟合时应该予以剔除。据此，由 3 种估计法得到 4 种应力水平下的回转支承疲劳寿命分布的威布尔参数见表 6-4。

表6-4　3 种估计法在 4 种应力水平下估计的威布尔参数

应力水平	载荷 Q /kN	最大似然估计法		线性回归法		矩 估 计 法	
		$\hat{\beta}$	$\hat{\eta}$（10^5）	$\hat{\beta}$	$\hat{\eta}$（10^5）	$\hat{\beta}$	$\hat{\eta}$（10^5）
1	18. 590	17. 441	0. 683	18. 822	0. 767	17. 976	0. 669
2	14. 470	19. 203	1. 264	19. 450	1. 329	19. 808	1. 357
3	8. 090	16. 957	3. 167	17. 747	3. 212	17. 618	3. 117
4	2. 900	18. 815	10. 219	19. 021	10. 525	18. 932	10. 364
平均 NRMSE		0. 05163		0. 04721		0. 04879	

不同应力水平下，各方法估计的威布尔模型计算值与样本观察值之间的平均 NRMSE［式（6-32）］也列于表 6-4 中，可以看出，线性回归法产生的误差最小，因此在本试验中具有最高的拟合精度，对其估计的威布尔参数进行 4 种应力水平下的寿命分布假设检验，结果如图 6-7 所示。

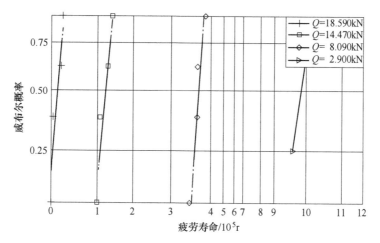

图 6-7　威布尔分布假设检验

由图 6-7 可以看出，在同一应力水平下，4 个失效样本的寿命分布都近乎一条直线，说明这些滚道失效样本的寿命分布是符合威布尔分布的。此外，不同应力水平下的伪失效寿命分布直线之间基本平行，这表明试验工况下定圈滚道的各个区域尽管载荷不同，但是其性能退化过程中的失效机理是一致的。

据此，由式（6-47）可得威布尔斜率的平均值 $\beta_{mean} = 18.735$，将不同的应力水平和估计出的特征寿命代入式（6-49），由线性回归估计法可以得到滚道最大载荷 $Q(N)$ 与回转支承特征寿命 $\eta(r)$ 的关系模型

$$\ln\left(\frac{\eta}{10^5}\right)=11.927-1.206\ln Q \tag{6-51}$$

为验证此模型的正确性,计算其 S-N 曲线如图 6-8 所示,图中同时给出了 90% 置信度下 ISO 281:2007 和 NREL DG03 中寿命 L_{10} 随滚道载荷的变化情况。

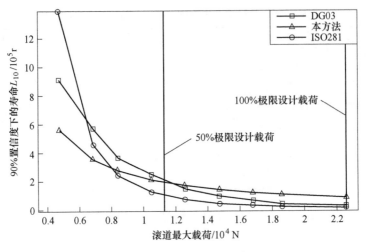

图 6-8　回转支承 S-N 曲线

由图 6-8 可以看出,DG03 推荐的 L_{10} 计算结果与 ISO 281 较为相似,但是 DG03 计算结果稍大一些,原因可能是 DG03 计算当量动载荷 P_a 时使用的是理论计算出的滚球滚道接触载荷之和,而 ISO 281 的 P_a 计算是取的经验系数乘以实际外部载荷,通常经验系数都会给以足够的安全余量,导致求得的当量动载荷偏大,从而使得疲劳寿命 L_{10} 偏小。

另外,从图 6-8 中还可发现,外部载荷较小时,DG03 和 ISO 281 的疲劳寿命均大于本文建立模型的计算结果,而外部载荷超过 50% 极限设计载荷时,情况刚好相反。实际上,在本文的试验工况下,利用 ISO 281 计算试验中的回转支承的疲劳寿命应为 7 天,而试验经历了 11 天回转支承才完全失效,这说明 ISO 281 的计算结果确实是偏向保守的,与 Harris 等的研究结论相符。相比之下,本方法的计算结果更接近工程实际,可以避免企业过早地更换仍然能够正常服役的回转支承,从而有效地提高企业效益。

因此,若试验中的回转支承工作在 50% 的极限设计载荷下,计算其滚道最大载荷为 9293 N,由式 (6-51) 得 $\eta=2.479\times10^5$ 上,$\beta=18.735$。因此,在 50% 的极限设计载荷下,由式 (6-51) 可得,年龄为 t 的回转支承的剩余寿命预测可靠性模型为

$$x=2.479\times10^5\times\left\{\left(\frac{t}{2.479\times10^5}\right)^{18.735}-\ln\left[R_t(x)\right]\right\}^{\frac{1}{18.735}}-t \tag{6-52}$$

图 6-9 给出了在此工况下,使用年龄为 0.9×10^5 r、1.0×10^5 r、1.2×10^5 r、1.8×10^5 r、2.0×10^5 r、2.2×10^5 r、2.3×10^5 r 的回转支承剩余寿命可靠度曲线。

由图 6-9 可以看出,回转支承已运行时间越长,在 80% 置信度以上的剩余寿命可靠度曲线越陡,说明可靠度下降越快,剩余寿命越短;而使用时间越短,曲线分散性越大,越接近原始的威布尔分布。

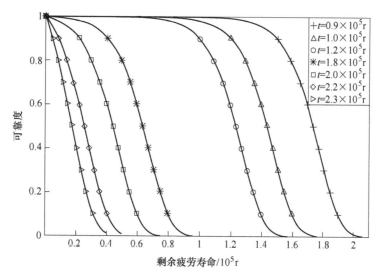

图 6-9　不同年龄回转支承的剩余寿命分布

第三节　基于人工智能算法的回转支承在线寿命预测

基于威布尔分布的剩余使用寿命（RUL）预测可靠性模型只考虑了载荷工况对回转支承寿命的影响，并不能考虑回转支承实际服役过程中各种偶然因素（可通过实时状态监测数据反映）的影响，因而无法直接用于在线 RUL 预测。

据此，本节利用第四章第五节和本章第二节回转支承全寿命试验中记录的多维振动数据，首先讨论了大型回转支承性能退化过程的评估方法，分析了多维时域特征对回转支承性能退化过程的解释能力，并提出以连续平方误差（C-SPE）实现多特征的降维；然后深入探讨了最小二乘支持向量机（LS-SVM）的引力搜索-粒子群（GSA-PSO）参数优化算法，并利用 LS-SVM 建立了基于状态数据的 RUL 预测模型。在此基础上，提出了一种基于信息融合的 RUL 在线预测方法，同时考虑了载荷工况和实时状态数据对回转支承 RUL 的影响，最后通过试验数据进行了对比验证。

一、大型回转支承性能退化评估方法

（一）时域退化特征评估

振动信号的时域特征在评估轴承性能退化过程时非常有效，在相关研究中得到了广泛的应用。尽管 Žvokelj 等认为时域的峭度指标和峰值指标超过一定阈值时可认为轴承出现了一定的故障，但是 Dong 等通过实例证明了这一结论在某些情况下并不适用。因此，目前并没有通用性特别强的某个特征可以充分地解释轴承的退化过程，必须结合多种时域特征全面反映轴承的状态信息。

一般情况下，时域特征包含 10 个有量纲指标和 6 个无量纲指标，见表 5-1 和表 5-2，其中前者与信号的幅值、轴承的尺寸、载荷、转速、故障程度等参数密切相关，而后者与上述参数几乎无关，只从概率密度函数的角度反映出信号变化的剧烈程度，因此，两者能够从不

同角度反映出轴承状态信息的变化过程。据此，本部分将利用这些时域指标分析回转支承的性能退化过程，对于一组信号 $\boldsymbol{x} = (x_1, x_2, \cdots, x_n)$，各指标的计算方法与第五章中表 5-1 和表 5-2 相同。

本部分所用数据为第四章第五节中的工程机械回转支承加速寿命试验。回转支承全寿命试验中采集并记录了 4 组振动信号，若计算全部的时域特征，不仅工作量较大，而且不利于对比不同位置的加速度信号对回转支承性能退化过程不同的反映情况。为此，本节首先计算出加速度 $\boldsymbol{a}_1$ 的全部 16 个时域指标，用以确定能准确反应回转支承退化过程的部分指标，然后探讨 4 组不同位置振动加速度信号的不同特征对性能退化过程敏感性的差异。计算出的 $\boldsymbol{a}_1$ 的各项时域指标分别如图 6-10 和图 6-11 所示。

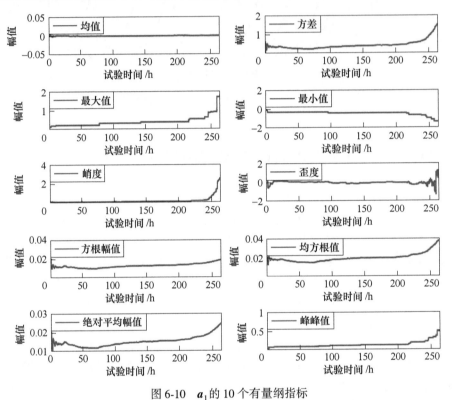

图 6-10 $\boldsymbol{a}_1$ 的 10 个有量纲指标

由图 6-10 和图 6-11 可以看出，振动信号不同的时域特征在整个寿命周期中的变化趋势差异很大。因此，选取退化趋势较为明显的几类指标进行对比分析，包括：有量纲方面选取方差、最大值和峰峰值；无量纲方面选取峭度指标、峰值指标和脉冲指标。

最终，计算得到 4 组不同位置的全寿命加速度信号的这 6 项时域指标分别如图 6-12 ~ 图 6-17 所示。下面将结合试验过程中的现象和记录，对各个指标详细分析。

从方差特征看，图 6-12 中加速度 $\boldsymbol{a}_1$ 在 71.48h 前先是较为平稳，然后持续小幅降低，对应回转支承的磨合期，至 71.48h（第 3 天）达到最低后保持缓慢地增长至 163.7h（第 7 天之前）时达到局部最大值，此段对应回转支承的正常服役期至出现初始故障（定圈滚道区域滑移、动圈轻微点蚀），163.7h 后由于润滑条件改善，方差的幅值有所下降，所以从 212.6h（第 9 天前）后进入快速失效期，幅值急剧升高直至完全失效；加速度 $\boldsymbol{a}_2$ 在 48.52h

时即完成了磨合过程，在 216.3h 后进行快速失效期，但是无法观察到初期故障的存在；加速度 a_3 在整个寿命周期中都保持增长趋势，在 73.81h 时完成磨合，150.5h 时达到局部最大，213.4h 后进入快速失效期；加速度 a_4 则与 a_2 类似，分别于 51.87h 和 214.6h 完成磨合和进入快速失效期。

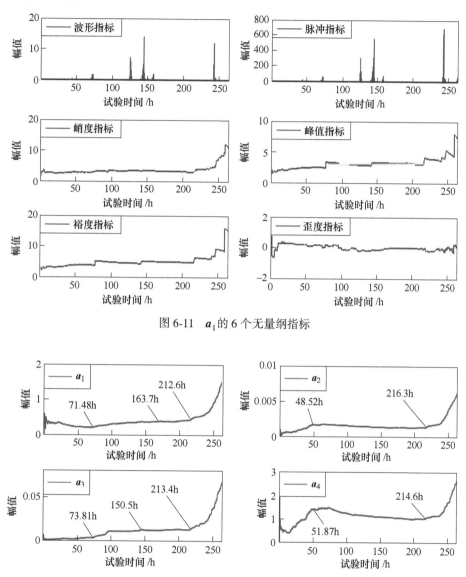

图 6-11　a_1 的 6 个无量纲指标

图 6-12　4 组振动加速度信号的方差

由上述分析可以发现，加速度 a_1 和 a_3 对回转支承退化过程更为敏感，方差特征的变化趋势也更为丰富。实际上，观察图 6-12 可知，加速度 a_1 和 a_3 安装在载荷最大的区域，因此其损伤程度比 a_2 和 a_4 更为严重，信号的特征也就更为明显。

观察图 6-13 中 4 组信号的最大值特征，与图 6-12 中方差特征较为平缓的变化趋势不同，最大值特征在时域上的变化是阶梯形的，4 组信号的最大值特征在整个寿命周期中一直保持增长趋势，但是 a_1、a_2 和 a_4 在磨合完成后都非常平稳，无法观察到初期故障的产生。

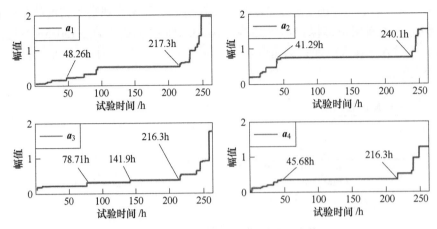

图 6-13　4 组振动加速度信号的最大值

图 6-14 给出了 4 组信号的峰峰值特征，其中 a_2 和 a_4 的变化趋势与图 6-13 几乎一致，只能看出磨合和快速失效过程；而 a_1 和 a_3 的变化趋势则刚好相反。从以上 3 项有量纲特征的分析过程可以看出：a_1 和 a_3 在 71 ~ 78h 完成磨合，在 216h 左右进入快速失效期，而 a_2 和 a_4 在 40 ~ 50h 即完成磨合过程，在 220 ~ 240h 进入快速失效期。

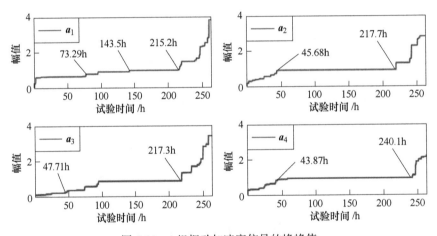

图 6-14　4 组振动加速度信号的峰峰值

显然，a_2 和 a_4 的磨合期更短，且正常服役时间段更长，这是由载荷的差异决定的，a_1 和 a_3 处载荷最大，滚球与滚道需要更多的时间才能完成磨合，而 a_2 和 a_4 处载荷最小，其正常服役周期则会更长。此外，3 种不同的有量纲特征的解释结果总体是一致的，但是各特征在不同位置（a_1 ~ a_4）、不同时段的变化趋势仍然有着一定的不同。由此可见，多个时域特征能够更充分地揭示回转支承的性能退化过程，而相比一组加速度信号，多维加速度信号能够更完整地反映大型回转支承整体的退化趋势。

图 6-15 和图 6-16 分别给出了峭度指标和峰值指标的变化趋势，可以看出，4 组加速度信号在 20h 后的峭度指标都达到了 3 以上，而峰值指标却在 200h 以后的快速失效期才达到 6 以上。Žvokelj 等将 3 和 6 分别定义为峭度指标和峰值指标的故障阈值，而此处峭度指标达到 3 后并未出现较大异常，峰值指标没有达到 6 时已然出现了较为严重的故障，这一结果与上

述文献的定义是相悖的。由此可见，峭度指标和峰值指标的经验故障阈值并不适用于回转支承的退化过程评估。

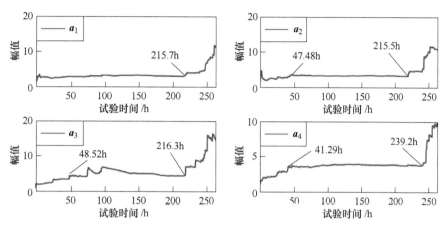

图 6-15　4 组振动加速度信号的峭度指标

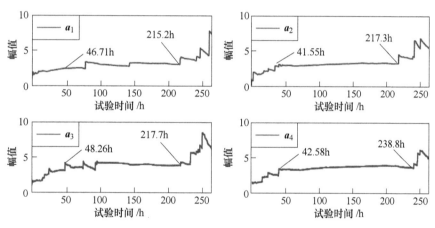

图 6-16　4 组振动加速度信号的峰值指标

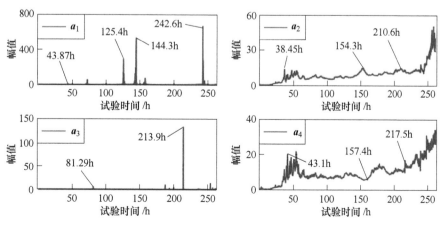

图 6-17　4 组振动加速度信号的脉冲指标

继续观察图 6-17 给出的脉冲指标，可以发现，a_1 和 a_3 出现了幅值极高的脉冲，以致于其他时段的细节都无法观察到，而 a_2 和 a_4 在整个试验过程中幅值有所上升但一直保持很小，这意味着 a_1 和 a_3 附近滚道的损伤程度远比 a_2 和 a_4 严重；另外，a_1 高幅值的脉冲指标在 125.4h 左右就已经出现，而 a_3 直到 213.9h 快速失效时才出现，这表明尽管 a_1 和 a_3 载荷相似，但是 a_1 处在软带附近（图 4-51），由于强度的不足导致其故障出现得更早（图 4-53a），损坏程度也更高。

综上所述，对图 6-12~图 6-17 中 4 组振动信号详细分析得出的结论可知，多维振动信号的部分时域特征在回转支承的性能退化过程分析中，具有一定的准确性和有效性。

（二）C-SPE 退化特征评估

由上文可知，振动信号的部分时域特征能够很好地解释大型回转支承整个寿命周期中的性能退化过程，但是将其用于在线健康监测系统会面临两个问题：①回转支承体积庞大，多维信号可以更全面地评估性能退化过程，但是一维信号的时域特征就多达 16 个，若将所有时域特征直接用于 RUL 预测模型，势必造成模型因特征维数过多而过拟合，降低模型精度，因此诸多的时域特征需要有效降维。②部分时域特征如均值、歪度、歪度指标等特征无法有效反映出性能退化的过程，需要通过人工判断进行取舍，而这一过程在实时性较强的在线健康监测系统中显然难以实现。

为此，本部分将连续平方预测误差（C-SPE）作为性能退化特征，用于解决上述两大问题。具体而言，对于试验中记录的 4 组降噪后的振动信号：a_1、a_2、a_3 和 a_4，首先将各组信号按照一定的时长（比如 1s）分解成 Q 段，然后将各组信号的第 $q(q \in [1,Q])$ 段信号组成一个矩阵 A_q，则

$$A_q = (a_{1q}, a_{2q}, a_{3q}, a_{4q}) \tag{6-53}$$

将 A_q 逐个与 A_1（正常信号矩阵）进行 KPCA，通过其 SPE 反映出第 q 组数据矩阵与第一组之间的差异，由 KPCA 的特性可知，SPE 幅值越高，不同数据的差异就越大，表明回转支承的性能退化越严重。接着，将 Q 组 SPE 连接起来即可得到 C-SPE，用以反映全寿命试验过程中 4 组振动信号相对正常信号的变化趋势。

C-SPE 致力于同时解决上述两个问题：首先，不管有多少组振动信号，C-SPE 都能够通过矩阵的方式比较多维信号的差异，最终仅生成一组 C-SPE 作为退化特征；其次，在不考虑维护保养的前提下，回转支承的性能必然是随服役时间增长而持续下降的，不同时期的振动信号的差异会不断增大，因而 C-SPE 及其时域特征的总体趋势理论上应是只增不减的，无需进行人工判定，非常适用于在线处理。

据此，对 4 组振动数据进行上述分析，得到的 C-SPE 及其二次包络曲线和拟合出的趋势曲线如图 6-18 所示。由图可以看出，尽管 C-SPE 的包络曲线有小幅的振荡，但是拟合出的趋势曲线完全呈增长趋势。C-SPE 在 43.74h（第 2 天左右）时产生了局部最小值，对应回转支承的磨合过程，之后保持平稳直到 163.6h（第 7 天之前）时产生了局部最大值，对应回转支承的初期故障，拆机维护之后，C-SPE 有所下降，但是从 221.2h（第 9 天之后）起幅值急剧升高，回转支承进入快速失效期。

为进一步分析，计算 C-SPE 的 16 个时域指标如图 6-19 和图 6-20 所示。由图可以看出，最小值特征是唯一的不具有全局上升趋势的特征，这是因为 C-SPE 本身用于反映数据间的差异，这个差异的计算值总是非负的（见图 6-18），而在不同的时段，总有极小部分的数据

特性不发生改变导致 SPE 为 0。但即便如此，由于最小值特征在整个寿命周期中全部为 0，所以对后续的 RUL 预测建模也不会造成任何影响。除了最小值特征外，C-SPE 其余的各项指标均呈上升趋势，因而将这些指标用于 RUL 预测建模时，无需进行人工挑选。不仅如此，从 C-SPE 各项指标尤其是无量纲指标中均能观察到 30~45h 的磨合阶段、160h 左右的初期故障以及 220h 之后的快速失效过程，这几乎包括了 4 组振动信号时域特征能够反映出的全部信息。

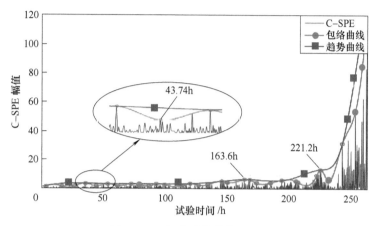

图 6-18　4 组振动信号的 C-SPE

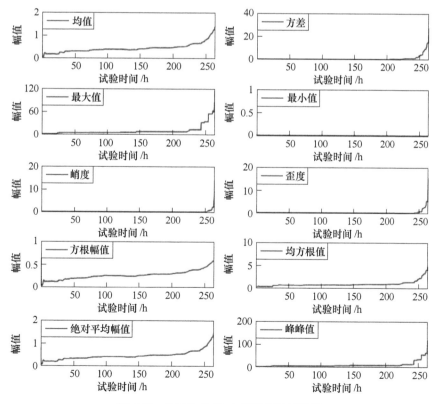

图 6-19　C-SPE 的 10 个有量纲时域特征

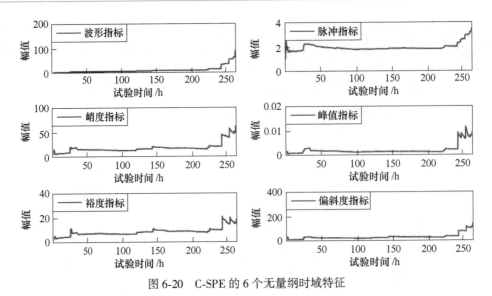

图 6-20　C-SPE 的 6 个无量纲时域特征

总之，C-SPE 及其时域特征能够在较为准确地评估回转支承性能退化过程的前提下，同时实现多维振动数据的降维，从而有效解决振动信号时域特征用于在线健康监测系统时的两大问题。

二、基于状态数据的剩余寿命在线预测模型

（一）RUL 预测模型总体流程

状态数据既包含了最能反映设备性能的多维振动数据，也包含了诸如润滑脂温度、驱动力矩等辅助参数。建立基于状态数据的 RUL 预测模型，即是建立起状态数据与 RUL 的关系。具体而言，首先从降噪后的多维振动数据中提取出 C-SPE 及其时域特征，然后将其与辅助参数一起作为预测模型的输入，将真实的 RUL 作为模型的输出，便可利用 LS-SVM 训练出两者之间的预测模型。这样，回转支承在线健康监测系统实时采集的振动数据可经由降噪-退化特征提取后，再结合辅助参数代入此模型，从而实现在线 RUL 预测。详细的建模流程如图 6-21 所示。

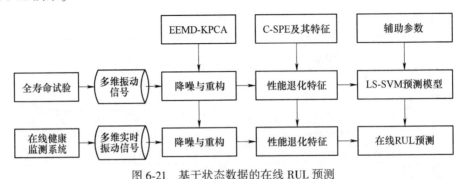

图 6-21　基于状态数据的在线 RUL 预测

由第五章第三节中 LS-SVM 的基本理论可知，LS-SVM 模型的优劣程度主要由惩罚因子 γ 和核宽度 σ^2 共同决定。因此，为保证该模型性能，本部分详细讨论了其 GSA-PSO 的内核参数优化方法，最后建立起基于状态数据的 RUL 预测模型，并进行了对比研究。

（二）GSA-PSO 参数优化方法

LS-SVM 的模型同时受制于 γ 和 σ^2 这两个参数，因此简单的穷举法很难获得较为理想的结果。工程上常用交叉验证（CV）法、遗传算法（GA）和粒子群算法（PSO）对上述参数进行优化，但是各方法均存在一定的缺陷：CV 法计算效率不仅最低，而且初始参数区间难以确定；GA 的程序实现较为困难，在训练时需要编码，得到最优解后还需要再进行解码，不仅计算效率不高，而且训练过程中多数经验参数难以确定。相对而言，PSO 是近年发展起来的一种模拟鸟类捕食（或鱼类群游）过程的算法，通过群体协作来寻找问题的最优解，具有收敛速度快、计算效率高等特点。

PSO 首先在目标函数的搜索空间产生多个随机粒子群，其中的每一个粒子都代表了潜在的最优解，定义第 l 次迭代中的第 i 个粒子具有位置向量 $\boldsymbol{X}_i^l$ 和速度向量 $\boldsymbol{V}_i^l$ 为

$$\begin{cases} \boldsymbol{X}_i^l = (x_{i1}^l, x_{i2}^l, \cdots, x_{iD}^l) \\ \boldsymbol{V}_i^l = (v_{i1}^l, v_{i2}^l, \cdots, v_{iD}^l) \end{cases} \tag{6-54}$$

式中，D 是求解空间的维数。

在每次迭代中，每个粒子都在搜索空间内根据自身的速度向量飞跃，每个粒子找到的最优解称为 $\boldsymbol{p}_{\text{best}}$，整个种群从第 1 次迭代开始找到的全局最优解为 $\boldsymbol{g}_{\text{best}}$，则各个粒子会根据自身的适应度值进行更新，即

$$\begin{cases} \boldsymbol{V}_i^{l+1} = w^l \boldsymbol{V}_i^l + c_1 r_1 (\boldsymbol{p}_{\text{best}i}^l - \boldsymbol{X}_i^l) + c_2 r_2 (\boldsymbol{g}_{\text{best}i}^l - \boldsymbol{X}_i^l) \\ \boldsymbol{X}_i^{l+1} = \boldsymbol{X}_i^l + \boldsymbol{V}_i^{l+1} \end{cases} \tag{6-55}$$

式中，w^l 是惯性因子，用于放大或缩小前一步的速度向量；r_1、$r_2 \in [0,1]$ 是两个符合均匀分布的随机数；c_1 和 c_2 则是认知因子，用于调节学习的步长。

当粒子寻优过程达到规定的最大迭代次数或精度达到给定要求后，寻优过程完成。可以看出，PSO 并不会产生类似遗传算法的交叉和变异，因此大多情况下收敛速度更快。尽管如此，PSO 在处理离散问题时仍旧可能陷入局部最优，而且由于粒子群的初始化过程是随机的，其计算时间也较长。为此，Rashedi 等于 2009 年提出了一种基于引力搜索算法（GSA）的智能寻优方法，认为每个粒子间也存在着相互的引力作用，当群体内存在质量较大的粒子时，其他粒子都会向其移动，从而快速收敛得到最优解。在此基础上，本文综合利用 GSA 和 PSO 各自的优势，提出一种 GSA-PSO 优化策略，详细过程如图 6-22 所示。

首先，利用 GSA 算法进行初步优化，得到初始最优解 $\boldsymbol{X}_{\text{GSA}}$，并将其重复 N_{GSA} 次作为 N_{GSA} 个初始粒子用于 PSO，然后添加 $N_{\text{PSO}} - N_{\text{GSA}}$ 个随机粒子 $\boldsymbol{X}_{\text{rnd}}$，最后进行 PSO 优化，得到全局最优解。这样，便可以解决 PSO 初始粒子的随机性问题，有效提高最优解的精确度和计算效率。

为验证 GSA-PSO 优化策略的有效性和优越性，将分别利用 CV 法、GA、PSO 和 GSA-PSO 进行分类和回归方面的对比研究。为量化各方法所建模型的精度，引入平均绝对误差（MAE）和均方根误差（RMSE）进行评估，得

$$\begin{cases} \text{MAE} = \dfrac{1}{n} \sum_{i=1}^{n} |y_i - \hat{y}_i| \\ \text{RMSE} = \sqrt{\dfrac{1}{n} \sum_{i=1}^{n} (y_i - \hat{y}_i)^2} \end{cases} \tag{6-56}$$

式中，n 为输入输出序列的长度；y_i 和 $\hat{y}_i$ 分别代表真实值和模型预测值。

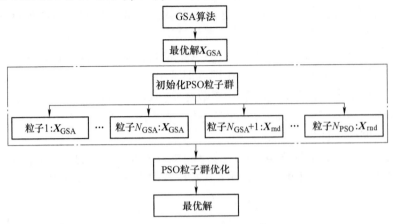

图 6-22　GSA-PSO 优化策略

1. 分类模型对比

分类的目的是将 4 组振动信号的部分时域特征作为输入，将不同时段所对应的回转支承的失效率（即失效的程度，并非指失效的速度）作为输出，进而利用各参数优化方法训练出 LS-SVM 的分类模型。为此，需要首先给定模型的输出——失效率的定义，常见的失效率的计算方式如图 6-23 所示。

一般认为，设备的失效程度是与其服役时间成正比的，因此按照服役时长将其划分为 5 个类别，据此，LS-SVM 的分类模型可依图 6-24 建立。

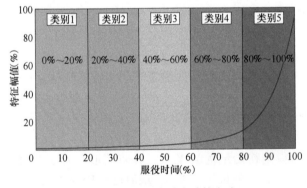

图 6-23　常见的失效率计算方式

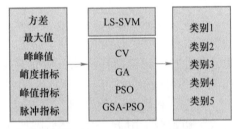

图 6-24　LS-SVM 分类模型的建立

在回转支承整个寿命周期中，均匀地取上述各个时域特征 1000 个数据点，将奇数序列的 500 个点作为 LS-SVM 模型的训练样本集，偶数序列的 500 个点作为测试样本集，利用不同的优化方法得到的最优参数、建模时间和分类准确度见表 6-5。不同方法的参数优化过程和分类结果如图 6-25 和图 6-26 所示。

表 6-5　基于不同优化方法的 LS-SVM 分类模型

方　法	惩罚因子 γ	核宽度 σ^2	建模时间/s	准确率（%）
CV	84.45	147.03	13.62	96.63
GA	53.13	94.55	42.55	97.21

（续）

方　法	惩罚因子 γ	核宽度 σ^2	建模时间/s	准确率（%）
PSO	100.00	97.20	23.47	98.48
GSA-PSO	55.76	85.24	9.73	99.79

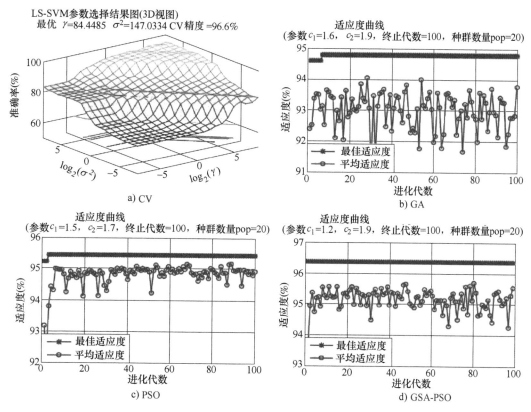

图 6-25　不同方法的参数优化结果——分类

由表 6-5 可以看出，由于给定的参数寻优范围有限，CV 模型的建模时间相对较短，但是其分类准确率最低；GA 模型的分类准确率比 CV 稍高，但是由于编码和解码过程复杂，占用了最多的建模时间；PSO 模型比 CV 和 GA 的分类准确率都高，但由于初始粒子群的随机特性，其建模时间比 CV 长了近 10s；而 GSA-PSO 模型由于通过 GSA 优化了 PSO 初始粒子群，使建模时间大幅缩短，且分类准确率也达到最高。

图 6-25 给出了各方法的参数优化过程，CV 模型的分类准确率随着 γ 和 σ^2 的增长逐渐提高，达到最优后有小幅波动；其他 3 种算法分别与适者生存（GA）、鸟类捕食（PSO）和万有引力（GSA）等自然界规律相关，优化结果的优劣是通过粒子种群对训练样本的适应度体现的，GA 模型的粒子适应度最低且波动最大，PSO 模型中粒子的适应度波动最小但是其幅值比 GSA-PSO 稍低。由此可见，GSA 优化过的初始粒子群比 PSO 中的随机粒子群的适应性更强，因而建立的分类模型准确率也最高。

图 6-26 给出了不同方法建立的 LS-SVM 模型的分类结果，CV 模型在 100、300、400 和 450 数据点附近均出现了野点，其分类效果最差；GA 模型比 CV 模型略好，在 100 和 400 数

据点附近出现了野点；PSO 模型则只在 400 点附近出现了野点，分类准确率仅次于 GSA-PSO 模型，后者在 400 点附近出现的野点已经几乎不可见。

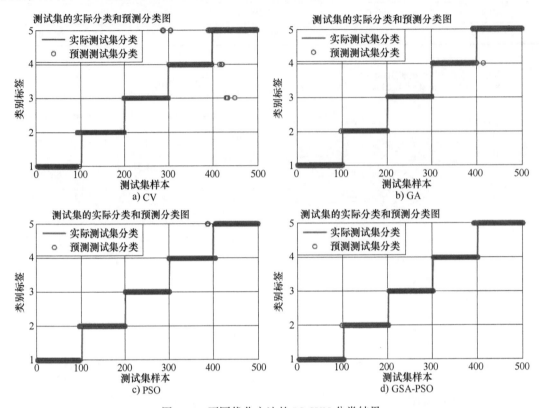

图 6-26　不同优化方法的 LS-SVM 分类结果

由上可知，相比 CV、GA 和 PSO，GSA-PSO 参数优化方法建立的 LS-SVM 分类模型，具有最高的分类准确率和建模效率。

2. 回归模型对比

进一步研究 4 种优化方法对 LS-SVM 回归模型的影响，以分类模型中的多个时域特征为输入，以 C-SPE 的均方根值为输出，在整个寿命周期中，均匀地取上述特征各 1000 个数据点，将奇数序列的 500 个点作为 LS-SVM 模型的训练样本集，偶数序列的 500 个点作为测试样本集，利用不同的优化方法得到的最优参数、建模时间和精度等指标见表 6-6。不同方法的参数优化过程和回归结果如图 6-27 和图 6-28 所示。

表 6-6　基于不同优化方法的 LS-SVM 回归模型

方　　法	惩罚因子 γ	核宽度 σ^2	建模时间/s	精确度（%）	MAE	RMSE
CV	16.10	0.71	25.38	99.54	0.0231	0.0439
GA	3.87	1.27	217.91	99.42	0.0234	0.0481
PSO	77.30	0.13	26.37	99.77	0.0233	0.0443
GSA-PSO	74.21	0.18	11.15	99.98	0.0062	0.0072

表 6-6 给出了不同优化方法建立的 LS-SVM 回归模型的参数和误差等指标，可以发现，

由于模型的输出从1~5这5个阶跃值变成了连续值,各模型的精度比分类模型均有所提升,各种方法的优劣评价与分类模型也基本一致。值得注意的是,随着模型输出从5个数变成500个数,CV的建模时间增长了近1倍,而GA的建模时间更是增长了4倍多,但是PSO和GSA-PSO的建模时间仅略微增长,由此说明基于PSO的优化算法对数据量的变化敏感性较弱,更适用于数据量较大的情况。

图6-27给出了各方法在建立LS-SVM回归模型里的参数优化过程,对比图6-27,GA、PSO和GSA-PSO模型中粒子群对训练样本的适应度均大幅下降,在不同进化代数中的波动也相对较小,但是适应度总体结果依然是GSA-PSO>PSO>GA。

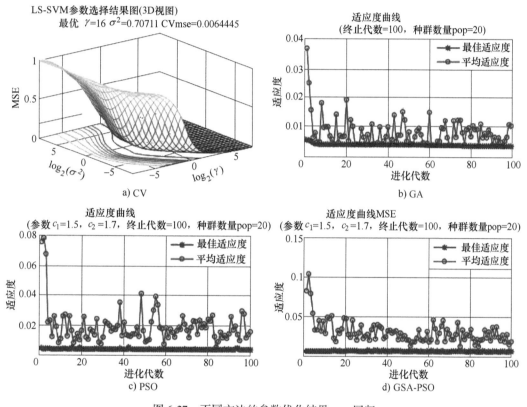

图6-27 不同方法的参数优化结果——回归

图6-28是不同优化方法建立的LS-SVM回归模型的预测结果,可以看出,CV模型在400数据点附近有较高幅值的野点,从细节图可以看出预测结果在真实值附近上下波动;GA模型中同样出现了400点附近的野点,但是细节图中的波动明显变小;而PSO模型中400点左右的野点幅值已经大幅降低,细节图中波动程度进一步减弱;GSA-PSO模型中则完全观察不到400数据点处的野点,而且细节图中的预测值几乎跟随真实值变化,仅有极小的误差。

综上所述,相对常见的CV、GA、PSO等LS-SVM参数优化方法,GSA-PSO总能利用最短的计算时间建立起精度最高的分类或回归模型。因此,基于状态数据的回转支承RUL预测模型使用此方法优化LS-SVM参数。

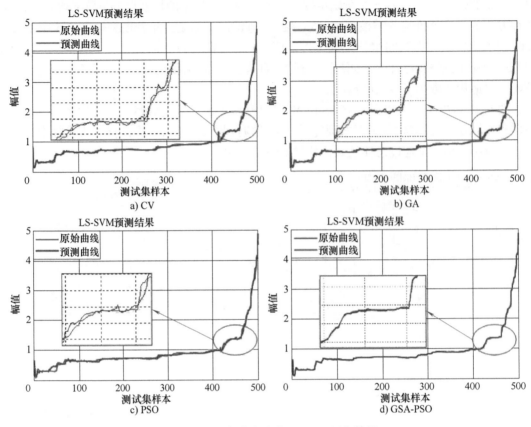

图 6-28　不同优化方法的 LS-SVM 回归结果

（三）试验验证与对比研究

首先取全寿命周期中 C-SPE 及其 16 个时域特征各 1000 个数据点，将奇数序列的 500 个点作为预测模型的输入，将不同时段对应的真实 RUL 作为输出，利用 LS-SVM 建立起 RUL 离线预测模型。接着，将 C-SPE 及其时域特征偶数序列的 500 个点模拟成在线计算出的实时性能退化特征，代入上述模型即可获得实时的 RUL。为进行对比分析，取不同的输入组合建立了 4 种 RUL 预测模型，其中第 1 种只使用了 C-SPE 及其时域特征，第 2 种在第 1 种基础上加入了第四章图 4-52 中的辅助参数（温度和驱动力矩），第 3 种只使用了振动信号的时域特征，第 4 种在第 3 种基础上也加入了辅助参数，不同的输入组合最终建立的 LS-SVM 预测模型参数见表 6-7。此外，第 1 种和第 2 种模型的 RUL 预测结果如图 6-29 所示，第 3 种和第 4 种模型的 RUL 预测结果如图 6-30 所示。

表 6-7　基于不同输入特征的 RUL 预测模型

序　号	惩罚因子 γ	核宽度 σ^2	建模时间/s	精确度（%）	MAE	RMSE
1	101.71	0.77	9.83	96.68	7.9832	10.3451
2	103.22	0.71	10.22	99.40	5.3322	7.7956
3	74.05	0.88	66.59	94.17	8.3695	11.0373
4	75.14	0.93	68.47	97.30	7.4858	9.5669

首先观察前两种使用了 C-SPE 及其时域特征的 RUL 预测模型，如表 6-7 和图 6-29 所示。使用了辅助参数以后，尽管模型训练的时间延长了不到 1s，但是模型的预测精度提升了近 3%；图 6-29a 中在 12.3h、93.4h 和 186.8h 附近出现的误差较大的预测值在图 6-29b 中均有所改善，而且在图 6-29b 中有许多预测值已经几乎与真实值重合，因而精度更高。实际上，相似的结论也可以从图 6-30 中观察到：图 6-30a 中的 16.3h、36.5h、101.5h、142.2h 和 195.1h 附近的预测值误差较大，而在图 6-30b 中这些点的预测值都更接近真实值。由此可以看出，辅助参数能够从不同角度提供更多的回转支承性能退化信息，从而提高 RUL 模型的预测精度。

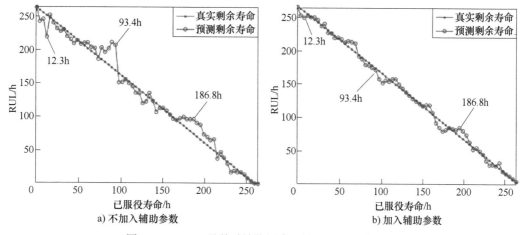

图 6-29　C-SPE 及其时域特征建立的 LS-SVM 预测模型

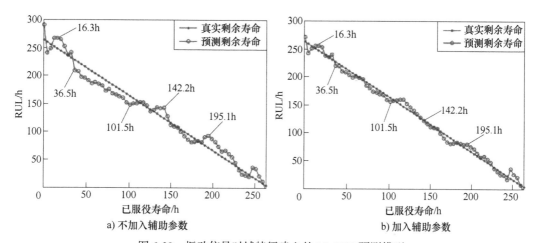

图 6-30　振动信号时域特征建立的 LS-SVM 预测模型

另外，观察表 6-7 并对比图 6-29 和图 6-30 可知，基于 C-SPE 和基于振动信号时域特征的两类模型均能较为准确地进行 RUL 预测，但是基于 C-SPE 的模型同等条件下建模速度更快，精度更高。事实上，观察图 6-10、图 6-11 和图 6-19、图 6-20 不难发现，由于 SPE 本身就是用于反应多维振动加速度在不同时段的差异程度的，所以在整个寿命周期中，C-SPE 基本保持增长，各项时域指标也大多持续地上升；而振动加速度 a_1 的各项指标并不是持续上升，个别指标甚至出现了大幅下降或剧烈波动，加之基于振动信号特征的 RUL 预测模型的输入向量多达 64 维，最终导致此类模型精度较低且计算时间过长。当然，如果先对振动信号时域特征进行挑选，然后在此基础上建立的 RUL 预测模型的精度会有所提高，但是特征挑选这一过程本身也是需要人工介入，且非常低效的。

综上所述，利用 LS-SVM 建立了基于状态数据的 RUL 在线预测模型，试验结果表明：C-SPE 及其时域特征能够准确地反映出回转支承整体的性能退化趋势，相比振动信号时域特征，利用 C-SPE 建立的 RUL 预测模型更为精确和高效。

第四节　基于信息融合的在线剩余寿命预测模型

一、RUL 预测模型

基于威布尔分布的可靠性模型主要关注回转支承的疲劳寿命，当其几何参数、材料特性、加工工艺和承受载荷等确定后，回转支承就已经有了确定性的寿命分布，并不考虑实际使用过程中的其他因素（如载荷突变、工作环境变化、维护）对其性能退化进程的影响，这也就决定了此类模型可用于工程设计，但无法直接用于准确的在线剩余寿命预测。另外，基于状态数据的 RUL 预测模型先根据历史状态数据和产品真实剩余寿命建立离线模型，然后基于相似性原理，通过实时的状态监测数据来实现 RUL 预测。然而，即使是同一产品，不同的载荷工况下产品的服役寿命都会有所不同，这使得由特定试验工况建立的离线模型在大多数实际应用中并不准确。

简而言之，现有可靠性预测方法难以直接用于在线预测，而基于状态数据的预测方法中的离线模型又无法很好地适应不同的实际载荷工况。为了解决这些问题，本节提出一个结合可靠性与状态数据的在线 RUL 预测模型，同时考虑了工况载荷与状态数据对 RUL 的影响，因此又可称为基于信息融合的 RUL 预测模型，如图 6-31 所示。

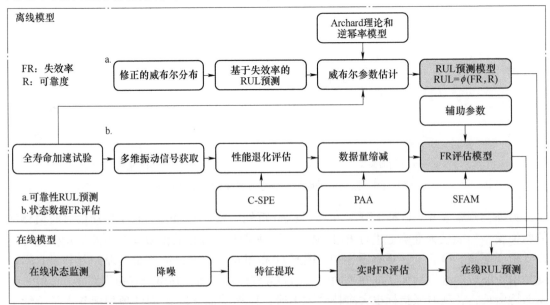

图 6-31　基于信息融合的 RUL 预测模型

基于信息融合的 RUL 预测模型由一个离线模型和一个在线预测模型组成，离线模型中包含了一个创新的基于失效率的 RUL 预测可靠性模型和一个基于状态数据的失效率评估模型。首先，通过对威布尔分布进行修正，得到基于失效率的 RUL 预测模型，然后利用小样本试验方法来估计模型参数，从而得到任意载荷下基于失效率和可靠性的 RUL 预测理论模型。另外，对 C-SPE 相关时域特征和辅助参数进行分段累积近似（PAA）数据缩减后，利用简化模糊自适应谐振匹配（SFAM）神经网络建立起基于状态数据的失效率评估模型。这样，在实际应用中，首先根据实际工况载荷计算其对应的威布尔参数，得到基于失效率的 RUL 预测模型，然后将实时的状态监测数据进行降噪、特征提取和数据缩减，并代入失效率评估模型得到实时失效率，最后将失效率代入上述 RUL 预测模型实现 RUL 的在线预测。后续部分将对各个模型进行详细论述。

二、修正的威布尔剩余寿命预测模型

在威布尔分布理论的基础上进行进一步地修正，以推导出基于失效率的 RUL 预测模型。

可靠性是设备具有时间属性的一种质量衡量指标，是设备在特定时间、特定条件下完成特定功能的能力。为量化这一指标，常用可靠度、累积失效概率、失效率函数、平均寿命等可靠性特征量描述设备运行的可靠性。其中，失效率函数 $\lambda(t)$ 是指设备在时刻 t 时的失效率，或者可以理解成设备的风险函数、性能退化程度。若回转支承在 t 时刻仍能正常服役，则其在 $(t, \Delta t]$ 内失效的概率为

$$P(t < T_t \leqslant t + \Delta t \mid T_t > t) = \frac{F(t + \Delta t) - F(t)}{R(t)} \tag{6-57}$$

对式（6-57）两边同时除以 Δt，并令 Δt 趋向于 0，则失效率计算公式为

$$\lambda(t) = \lim_{\Delta t \to 0} \frac{F(t + \Delta t) - F(t)}{\Delta t} \frac{1}{R(t)} = \frac{F'(t)}{R(t)} = \frac{f(t)}{R(t)} \tag{6-58}$$

将式（6-1）和式（6-3）代入式（6-58）可得

$$\lambda(t) = \frac{f(t)}{R(t)} = \frac{\beta}{\eta} \left[\left(\frac{t - \gamma}{\eta} \right)^{\beta - 1} \right] \tag{6-59}$$

在两参数分布的回转支承寿命模型中，式（6-59）可简化为

$$\lambda(t) = \frac{\beta}{\eta} \left[\left(\frac{t}{\eta} \right)^{\beta - 1} \right] \tag{6-60}$$

式（6-60）即是威布尔分布中常用的失效率计算公式，给出了失效率与时间的关系模型。当威布尔参数确定后，不同时段的失效率也就确定了。然而，在真实工况下，大型回转支承的性能退化过程会受到诸多外界偶然因素的干扰，失效率的变化不会严格按照式（6-60）。换个角度考虑此问题，若是能够从状态监测数据中估计出准确的实时失效率，并代入 RUL 预测可靠性模型式（6-11）中，便可赋予可靠性模型实时性，使其可被用于在线 RUL 预测。据此，从式（6-60）反推出时间与失效率的关系

$$t = \eta \left[\frac{\eta}{\beta} \lambda(t) \right]^{\frac{1}{\beta - 1}} \tag{6-61}$$

将式（6-61）代入式（6-11）可得

$$x = \eta \left\{ \left[\frac{\eta}{\beta} \lambda(t) \right]^{\frac{\beta}{\beta-1}} - \ln\left[R_t(x) \right] \right\}^{\frac{1}{\beta}} - \eta \left[\frac{\eta}{\beta} \lambda(t) \right]^{\frac{1}{\beta-1}} \quad (6\text{-}62)$$

这样，便得到了基于失效率的 RUL 预测可靠性模型，当模型参数确定后，只要能获得回转支承的实时失效率，便可以准确预测一定可靠度下的 RUL。可以看出，此模型依托于威布尔分布，考虑了实际工况载荷对回转支承 RUL 的影响；同时，从状态监测数据中既获得实时失效率 $\lambda(t)$，也考虑了状态监测数据对回转支承性能的退化程度，因而此模型又可称为基于信息融合的 RUL 在线预测模型。

为探讨此模型的正确性，将模型参数 β、η 按照一定规律变化，得到 90% 置信度下失效率和 RUL 的关系曲线随 β、η 的变化情况，如图 6-32 所示。

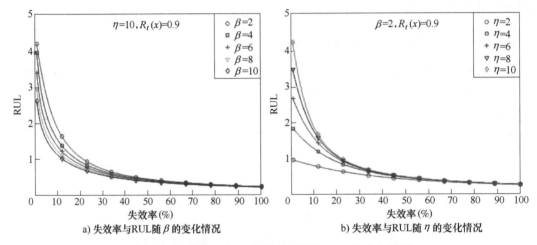

a) 失效率与RUL随 β 的变化情况　　b) 失效率与RUL随 η 的变化情况

图 6-32　失效率和 RUL 的关系曲线随 β、η 的变化情况

由图 6-32 可知，当失效率从 0 开始逐渐增大时，RUL 降低得非常快，以图 6-32a 中 $\beta=4$ 为例，当失效率升高到 20% 左右时，RUL 已经从 4 降至 1 以下，而失效率从 50% 增长到 100% 的过程非常迅速，只占了整个寿命周期的 10% 左右。由此可见，此模型符合轴承性能退化的一般规律，在磨合期和正常服役期，轴承运行很平稳，失效率（即性能退化程度）一直维持很低，而从出现较为严重的故障（失效率 25% 左右）到完全失效经历的时间却非常短。此外，从图 6-32a 中可以看出，若 η 不变，随着 β 增大，轴承的初始剩余寿命变化不大，但是 RUL 在服役前期下降的速度变快，曲线形状发生了明显的改变，这也是 β 被称为形状参数的原因。另外，从图 6-32b 中可以看出，当 β 不变时，η 的变化使得轴承的初始剩余寿命变化很大，因而 η 用于轴承寿命分布建模时又被称作特征寿命。

三、失效率在线评估模型

实现回转支承失效率的在线评估，首先需要建立如图 6-31 所示的失效率离线评估模型，此模型以 C-SPE 部分时域特征、辅助参数等状态数据为输入，以实际的失效率为输出。然而，尽管 C-SPE 对多维振动加速度数据实现了降维，但是单个加速度信号 1s 采集的数据就达到 2048 个，仍然不利于实时计算，因此，需采用 PAA 方法将所有输入特征的数据量进行缩减。此外，模型的输出方面，常见的失效率的确定方式如图 6-23 所示，失效率随时间线性变化，但是这显然不符合图 6-33 反映出的威布尔分布模型中回转支承性能退化的一般规律，即失效率在服役的很长时间内都是较为平稳且非常低的，在接近失效时，失效率才会大幅增长。因此，按照图 6-33 所示的方式确定失效率。

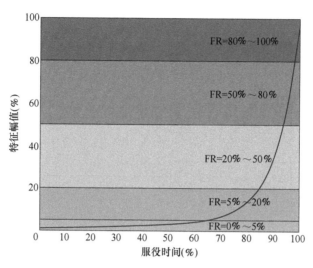

图 6-33　失效率计算方式

由图 6-33 可以看出，将退化特征本身的幅值除以其最大幅值的结果（本质就是将特征进行归一化）作为失效率，在服役时间的前 60%，失效率只从 0% 增长到 5%，而在最后 10% 的时间里，失效率从 50% 增长到 100%，这完全符合威布尔分布中失效率的变化趋势。

据此，便可以利用相应的智能算法训练出回转支承失效率评估的离线模型。然而，尽管 LS-SVM 具有较为理想的训练精度和计算速度，但是其建模的时间依然超过了 10s（表 6-6 和表 6-7），这样的计算速度还是难以适应在线实时处理的需求。相比之下，部分神经网络在保证建模精度的同时，还能够提供比 LS-SVM 快得多的计算速度，自适应谐振匹配（Adaptive Resonance Theory Map，ARTMAP）神经网络就是其中之一。

ARTMAP 神经网络是 Carpenter 等在 1991 年提出的一种监督学习的神经网络，之后他们将模糊理论（Fuzzy Theory）融入 ARTMAP，使其能够对多维 0~1 之间的模拟输入与对应的输出空间进行映射。Fuzzy ARTMAP 的特点是能够进行步进式的机器学习，即它能够持续地对样本进行学习而不会忽略之前已经学习的内容。在此基础上，Kasuba 等在 1993 年提出了简化的 Fuzzy ARTMAP（Simplified Fuzzy ARTMAP，SFAM），用直接编码的方式取代了原有的 ATR_b 层，在降低模型的复杂性、大幅提升计算效率的同时保持了足够的执行性能，其建模过程如图 6-34 所示。

SFAM 由一个 ART 网络单元和一个映射场 F^{ab} 组成，其中 ART 又包含三层结构：F_0 是输入层，用于获得补码预处理后的输入向量 I；F_1 是匹配层，接收 F_0 层的输出向量和 F_2 层的权值向量 W，并比较输入样本与已存储模式的相似度；F_2 层中每个神经元都代表一个相应的类别信息，与各个类别相连的是权矢量 W，用于选择与输入样本最为相似的类别节点。映射场 F^{ab} 则是通过权矢量 W^{ab} 与类别选择层 F_2 相连，用于确定与输入对应的分类结果。与 LS-SVM 相比，SFAM 具有更快的收敛速度，非常适合在线预测，因此可以用来进行失效率评估的建模。

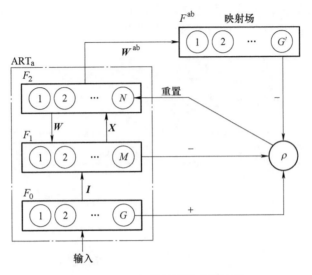

图 6-34   SFAM 神经网络建模过程

需要说明的是，运用 SFAM 时首先要将输入、输出全部映射到 $[0,1]$，而这一特性正好符合失效率模型的特点：输入方面，归一化后的 C-SPE 相关特征可以避免不同工况载荷下特征的绝对幅值带来的影响；而输出方面，失效率本身就是 $0 \sim 1$ 之间的数值。据此，可以利用 SFAM 建立起回转支承的效率评估离线模型。

四、试验验证与对比研究

根据表 6-4 中的结果，可得基于失效率的 RUL 预测模型为

$$x = 76700 \times \left\{\left[0.041 \times \lambda(t)\right]^{1.056} - \ln\left[R_t(x)\right]\right\}^{0.053} - 76700 \times \left[0.041 \times \lambda(t)\right]^{0.056} \quad (6\text{-}63)$$

式中，$\lambda(t)$ 是与时间相关的实时失效率，将通过失效率评估模型获得；$R_t(x)$ $(R_t(x) \in (0,1))$ 是自定义的与时间无关的可靠度，同等条件下，可靠度越高，RUL 的预测值就越小。

接着需要建立失效率评估模型：输入方面，考虑到对应特征 1s 的数据点是 2048 个，而这 1s 内设备的失效率几乎是不变的，也就是说，失效率的实时评估模型应该是多个状态监测样本对应同一个失效率。据此，可先利用 PAA 将 C-SPE 相关时域特征 1s 的 2048 个点数缩减到 32 个，这样总数据点数可缩减至 1056 个，然后进行归一化处理；输出方面，可将图 6-18 中的 C-SPE 趋势曲线归一化处理后作为真实失效率，并进行相应的 PAA 缩减，最后得到的用于失效率模型训练的输入和输出如图 6-35 所示。

将图 6-35 中的奇数序列的 528 个数据点作为训练集，利用 SFAM 训练出失效率的离线评估模型，然后将偶数序列的 528 个数据点当作在线获取的状态数据，作为测试集代入评估模型得到的结果如图 6-36 所示。可以看出，虽然预测结果在局部有轻微波动，但是总体精度达到了 99.3%，因此可作为实时失效率评估模型用于在线 RUL 预测。

将评估得到的不同时段的失效率代入式 (6-63)，即可实现基于信息融合的 RUL 在线预测，置信度为 0.95 时的预测结果如图 6-37a 所示。为进行对比，同时计算出置信度为 0.9、0.95 和 0.99 下可靠性模型见式 (6-52) 预测出的 RUL 如图 6-37b 所示。

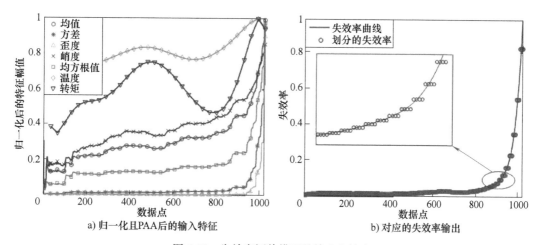

a) 归一化且PAA后的输入特征　　　b) 对应的失效率输出

图 6-35　失效率评估模型的输入和输出

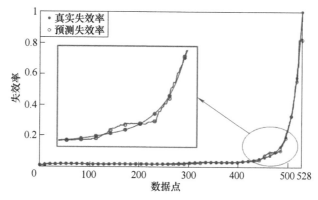

图 6-36　SFAM 建立的失效率评估模型

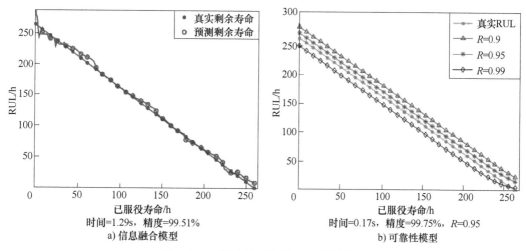

时间=1.29s，精度=99.51%　　　　时间=0.17s，精度=99.75%，R=0.95

a) 信息融合模型　　　　　　　　b) 可靠性模型

图 6-37　不同方法建立的 RUL 预测模型

由图 6-37 可看出，可靠性模型的建模时间比信息融合模型更短而且精度更高，主要原因如下：首先，此模型完全依靠确定的数学公式计算而得，所以计算速度最快，而公式中的参数是用统计学对试验数据评估得到的，建模精度势必会较高。尽管如此，由于可靠性预测模型完全忽略了实际使用中各种因素对寿命的影响，其预测曲线近乎是一条直线，因此，可靠性预测模型不能被直接用于在线 RUL 预测。进一步对比图 6-37a 与图 6-29b 中的两种基于模式识别的 RUL 预测模型，可以发现，基于信息融合的预测模型精度比基于状态数据的模型略高，而且其建模时间只用了 1.29s，相比 LS-SVM 的 10.22s 有大幅的提升。更为重要的是，基于信息融合的 RUL 预测模型同时考虑了工况载荷与状态监测数据，其预测结果更加接近工程实际，因此非常适合应用到回转支承在线健康监测系统中。

参 考 文 献

[1] LI Y, BILLINGTON S, ZHANG C, et al. Adaptive prognostics for rolling element bearing condition [J]. Mechanical Systems and Signal Processing, 1999, 13 (1): 103-113.

[2] ORSAGH R F, SHELDON J, KLENKE C J. Prognostics/diagnostics for gas turbine engine bearings [C]. [S.l.: s.n.], 2003.

[3] ORSAGH R, ROEMER M, SHELDON J, et al. A comprehensive prognostics approach for predicting gas turbine engine bearing life [C]. [S.l.: s.n.], 2004.

[4] 肖方红. 基于小裂纹扩展的疲劳全寿命计算方法研究 [D]. 西安: 西北工业大学, 2001.

[5] FAN Z, CHEN X, CHEN L, et al. An equivalent strain energy density life prediction model [C]. [s.l.: s.n.], 2007.

[6] 赵迪, 丁克勤, 尚新春. 金属材料高温疲劳-蠕变寿命预测方法研究进展 [J]. 中国安全科学学报, 2008, 18 (5): 49-54.

[7] 王旭亮. 不确定性疲劳寿命预测方法研究 [D]. 南京: 南京航空航天大学, 2009.

[8] ANDREIKIV O E, LESIV R M, LEVYTS' KA N M. Crack growth in structural materials under the combined action of fatigue and creep [J]. Materials Science, 2009, 45 (1): 1-17.

[9] 王征兵, 刘忠明. 滚动轴承扩展寿命计算方法及影响因素研究 [J]. 机械传动, 2011, 35 (12): 19-22.

[10] HENG A, ZHANG S, TAN A C C et al. Rotating machinery prognostics: State of the art, challenges and opportunities [J]. Mechanical Systems and Signal Processing, 2009, 23 (3): 724-739.

[11] YAN X A, JIA M P. A novel optimized SVM classification algorithm with multi-domain feature and its application to fault diagnosis of rolling bearing [J]. Neurocomputing, 2018, 313: 47-64.

[12] 范庚, 马登武. 基于组合优化相关向量机的航空发动机性能参数概率预测方法 [J]. 航空学报, 2013, 34 (9): 2110-2121.

[13] SAIDI L, BEN ALI J, BECHHOEFER E, et al. Wind turbine high-speed shaft bearings health prognosis through a spectral Kurtosis-derived indices and SVR [J]. Applied Acoustics, 2017, 120: 1-8.

[14] 胡姚刚, 李辉, 廖兴林, 等. 风电轴承性能退化建模及其实时剩余寿命预测 [J]. 中国电机工程学报, 2016, 36 (6): 1643-1649.

[15] 王刚, 陈捷, 洪荣晶, 等. 基于 HMM 和优化的 PF 的数控转台精度衰退模型 [J]. 振动与冲击, 2018, 37 (6): 7-13.

[16] LIAO L, KöTTIG F. Review of hybrid prognostics approaches for remaining useful life prediction of engineered systems, and an application to battery life prediction [J]. IEEE Transactions on Reliability, 2014, 63 (1): 191-207.

[17] XU J, WANG Y, XU L. PHM-Oriented integrated fusion prognostics for aircraft engines based on sensor data [J]. IEEE Sensors Journal, 2014, 14 (4): 1124-1132.

[18] HU C, YOUN B D, WANG P, et al. Ensemble of data-driven prognostic algorithms for robust prediction of

remaining useful life [J]. Reliability Engineering and System Safety, 2012, 103: 120-135.

[19] CHEN C C, ZHANG B, VACHTSEVANOS G, et al. Machine condition prediction based on adaptive neuro-fuzzy and high-order particle filtering [J]. IEEE Transactions on Industrial Electronics, 2011, 58 (9): 4353-4364.

[20] CHEN C, VACHTSEVANOS G, ORCHARD M E. Machine remaining useful life prediction: An integrated adaptive neuro-fuzzy and high-order particle filtering approach [J]. Mechanical Systems and Signal Processing, 2012, 28: 597-607.

[21] ZUPAN S, KUNC R, PREBIL I. Experimental determination of damage to bearing raceways in rolling rotational connections [J]. Experimental Techniques, 2006, 30 (2): 31-36.

[22] KUNC R, ŽEROVNIK A, PREBIL I. Verification of numerical determination of carrying capacity of large rolling bearings with hardened raceway [J]. International Journal of Fatigue, 2007, 29 (9): 1913-1919.

[23] GLODEŽ S, POTOČNIK R, FLAŠKER J. Computational model for calculation of static capacity and lifetime of large slewing bearing's raceway [J]. Mechanism and Machine Theory, 2012, 47: 16-30.

[24] 陆超. 基于可靠性和数据驱动的回转支承剩余寿命预测技术研究 [D]. 南京: 南京工业大学, 2016.

[25] HE P, HONG R, WANG H, et al. Fatigue life analysis of slewing bearings in wind turbines [J]. International Journal of Fatigue, 2018, 111: 233-242.

[26] 封杨. 大型回转支承在线健康监测方法及应用研究 [D]. 南京: 南京工业大学, 2016.

[27] 高学海. 风电回转支承滚道承载能力研究 [D]. 南京: 南京工业大学, 2012.

[28] WANG F, LIU C. A review of current condition monitoring and fault diagnosis methods for slewing bearings [C]. Berlin: Springer Verlag, 2018.

[29] FENG Y, HUANG X, CHEN J, et al. Reliability-based residual life prediction of large-size low-speed slewing bearings [J]. Mechanism and Machine Theory, 2014, 81: 94-106.

[30] CAESARENDRA W, KOSASIH B, TIEU A K, et al. Circular domain features based condition monitoring for low speed slewing bearing [J]. Mechanical Systems and Signal Processing, 2014, 45 (1): 114-138.

[31] CAESARENDRA W, KOSASIH P B, TIEU A K, et al. Condition monitoring of naturally damaged slow speed slewing bearing based on ensemble empirical mode decomposition [J]. Journal of Mechanical Science and Technology, 2013, 27 (8): 2253-2262.

[32] ŽVOKELJ M, ZUPAN S, PREBIL I. Multivariate and multiscale monitoring of large-size low-speed bearings using ensemble empirical mode decomposition method combined with principal component analysis [J]. Mechanical Systems and Signal Processing, 2010, 24 (4): 1049-1067.

[33] ŽVOKELJ M, ZUPAN S, PREBIL I. EEMD-based multiscale ICA method for slewing bearing fault detection and diagnosis [J]. Journal of Sound and Vibration, 2016, 370: 394-423.

[34] WANG H, TANG M, HUANG X. Smart health evaluation of slewing bearing based on multiple-characteristic parameters [J]. Journal Mechanical Science and Technology, 2014, 28 (6): 2089-97.

[35] 田淑华, 王华, 洪荣晶. 基于多特征集融合与多变量支持向量回归的回转支承剩余寿命评估 [J]. 南京工业大学学报 (自然科学版), 2016, 38 (3): 50-57.

[36] 汤燕, 王华, 庞碧涛, 等. 转盘轴承的相似性寿命预测方法研究 [J]. 轴承, 2017 (2): 7-11.

[37] 汤明敏. 基于多特征信号的回转支承智能健康状态评估模型研究 [D]. 南京: 南京工业大学, 2014.

[38] LU C, CHEN J, HONG R, et al. Degradation trend estimation of slewing bearing based on LSSVM model [J]. Mechanica Systems and Signal Processing, 2016, 76-77: 353-366.

[39] ZHANG B, WANG H, TANG Y, et al. Residual useful life prediction for slewing bearing based on similarity under different working conditions [J]. Experimental Techniques, 2018, 42 (3): 279-289.

［40］凌丹.威布尔分布模型及其在机械可靠性中的应用研究［D］.成都：电子科技大学，2010.

［41］NELSON E W. Applied life data analysis［M］. New York：Wiley，1982.

［42］茆诗松，王玲玲.可靠性统计［M］.上海：华东师范大学出版社，1984.

［43］黄筱调，封杨，陈捷，等.基于小样本的大型回转支承剩余使用寿命预测方法：201310651774.6［P］. 2016-04-20.

［44］HALLING J. Principles of tribology［M］. New York：MacMillan，1975.

［45］茆诗松，王玲玲.加速寿命试验［M］.北京：科学出版社，1997.

［46］高学海.风电回转支承承载能力研究［D］.南京：南京工业大学，2012.

［47］AMASORRAIN J I，SAGARTZAZU X，DAMIAN J. Load distribution in a four contact-point slewing bearing［J］. Mechanism and Machine Theory，2003，38（6）：479-496.

［48］洪昌银.滚动轴承式回转支承计算公式的理论推导［J］.重庆建筑大学学报，1980，2（1）：82-108.

［49］PARIS P C，ERDOGAN F. A critical analysis of crack propagation laws［J］. Journal of Basic Engineering，1963，85（4）：528-533.

［50］LI Y，BILLINGTON S，ZHANG C，et al. Adaptive prognostics for rolling element bearing condition［J］. Mechanical Systems and Signal Processing，1999，13（1）：103-113.

［51］XU D，ZHU Q，CHEN X，et al. Residual fatigue life prediction of ball bearings based on Paris law and RMS［J］. Chinese Journal of Mechanical Engineering，2012，25（2）：320-327.

［52］KACPRZYNSKI G J，SARLASHKAR A，ROEMER M J，et al. Predicting remaining life by fusing the physics of failure modeling with diagnostics［J］. Journal of the Minerals，Metals and Material，2004，56（3）：29-35.

［53］GAO X H，HUANG X D，HONG R J，et al. A rolling contact fatigue reliability evaluation method and its application to a slewing bearing［J］. Journal of Tribology，2012，134（1）：011101.

［54］POTOČNIK R，FLAŠKER J，GLODEŽ S. Fatigue analysis of large slewing bearing using strain-life approach［C］.［S. l.：s. n.］，2009.

［55］GÖNCZ P，FLAŠKER J，GLODEŽ S. Fatigue life of double row slewing ball bearing with irregular geometry［J］. Procedia Engineering，2010，2（1）：1877-1886.

［56］GÖNCZ P，POTOČNIK R，GLODEŽ S. Lifetime determination of the raceway of a large three-row roller slewing bearing［C］. Switzerland：Transactions Techniques Publications，2012.

［57］GLODEŽ S，POTOČNIK R，FLAŠKER J. Computational model for calculation of static capacity and lifetime of large slewing bearing's raceway［J］. Mechanism and Machine Theory，2012，47（1）：16-30.

［58］周玉辉，康锐，苏荔，等.基于加速磨损试验的止推轴承磨损寿命预测［J］.北京航空航天大学学报，2011，37（8）：1016-1020.

［59］HARRIS T A，BARNSBY R M. Life ratings for ball and roller bearings［J］. Proceedings of the Institution of Mechanical Engineers，Part J：Journal of Engineering Tribology，2001，215（6）：577-595.

［60］ZARETSKY E V. A. palmgren revisited：a basis for bearing life prediction［J］. Lubrication Engineering，1998，54（2）：23-24.

［61］刘韬.基于隐马尔可夫模型与信息融合的设备故障诊断与性能退化评估研究［D］.上海：上海交通大学，2014.

［62］肖文斌.基于耦合隐马尔可夫模型的滚动轴承故障诊断与性能退化评估研究［D］.上海：上海交通大学，2011.

［63］HUANG R Q，XI L F，LI X L，et al. Residual life predictions for ball bearings based on self-organizing map and back propagation neural network methods［J］. Mechanical Systems and Signal Processing，2007，21

（1）：193-207.

[64] WANG H, TANG M M, HUANG X D. Smart health evaluation of slewing bearing based on multiple-charac-teristic parameters [J]. Journal of Mechanical Science and Technology, 2014, 28 (6)：2089-2097.

[65] WANG H, HONG R J, CHEN J, et al. Intelligent health evaluation method of slewing bearing adopting mul-tiple types of signals from monitoring system [J]. International Journal of Engineering Transactions A：Basics, 2015, 28 (4)：573.

[66] TIAN Z G, WONG L, SAFAEI N. A neural network approach for remaining useful life prediction utilizing both failure and suspension histories [J]. Mechanical Systems and Signal Processing, 2010, 24 (5)：1542-1555.

[67] 陆超, 陈捷, 洪荣晶. 采用概率主成分分析的回转支承寿命状态识别 [J]. 西安交通大学学报, 2015, 49 (10)：90-96.

[68] ŽVOKELJ M, ZUPAN S, PREBIL I. Multivariate and multiscale monitoring of large-size low-speed bearings using ensemble empirical mode decomposition method combined with principal component analysis [J]. Mechanical Systems and Signal Processing, 2010, 24 (4)：1049-1067.

[69] ŽVOKELJ M, ZUPAN S, PREBIL I. Non-linear multivariate and multiscale monitoring and signal denoising strategy using kernel principal component analysis combined with ensemble empirical mode decomposition method [J]. Mechanical Systems and Signal Processing, 2011, 25 (7)：2631-2653.

[70] DONG S J, LUO T. Bearing degradation process prediction based on the PCA and optimized LS-SVM model [J]. Measurement, 2013, 46 (9)：3143-3152.

[71] 黄筱调, 封杨, 陈捷, 等. 基于多维数据驱动的大型回转支承剩余寿命在线预测方法：201410775715.4 [P]. 2017-05-10.

[72] VAPNIK V N, CHERVOKNENKIS A. On the uniform convergence of relative frequencies of events to their probabilities [J]. Theory of Probability and Its Application, 1971, 17 (2)：264-280.

[73] BLUMER A, EHRENFEUCHT A, HAUSSLER D, et al. Learnability and the Vapnik-Chervonenkis dimension [J]. Journal of the ACM, 1989, 36 (4)：929-965.

[74] VAPNIK V N. The nature of statistical learning theory [M]. New York：Springer, 1995.

[75] SUYKENS J A K, VAN GESTEL T, DE MOOR B, et al. Basic methods of least squares support vector machines [M]. Singapore：World Scientific Publishing Co. Pte. Ltd, 2002.

[76] 董绍江. 基于优化支持向量机的空间滚动轴承寿命预测方法研究 [D]. 重庆：重庆大学, 2012.

[77] RASHEDI E, NEZAMABADI-POUR H, SARYAZDI S. GSA：a gravitational search algorithm [J]. Infor-mation Sciences, 2009, 179 (13)：2232-2248.

[78] SALAJEGHEH J, KHOSRAVI S. Optimal shape design of gravity dams based on a hybrid meta-heruristic method and weighted least squares support vector machine [J]. International Journal of Optimization in Civil Engineering, 2011, (4)：609-632.

[79] ALI J B, CHEBEL-MORELLO B, SAIDI L, et al. Accurate bearing remaining useful life prediction based on Weibull distribution and artificial neural network [J]. Mechanical Systems and Signal Processing, 2015, 56：150-172.

[80] 凌丹. 威布尔分布模型及其在机械可靠性中的应用研究 [D]. 成都：电子科技大学, 2010.

[81] CARPENTER G A, GROSSBERG S. Pattern recognition by self-organizing neural networks [M]. Cambridge：MIT Press, 1991.

[82] VENKATESAN P, SURESH M. Classification of renal failure using simplified fuzzy adaptive resonance theory map [J]. International Journal of Computer Science and Network Security, 2009, 9 (11)：129-134.

[83] 封杨. 基于数据驱动的大型回转支承健康监测方法研究 [D]. 南京：南京工业大学, 2016.

第七章

回转支承发展趋势展望

随着越来越多的智能化设备的投入，智能回转支承、网络化监测回转支承，与其他设备形成健康监测、智能运维系统是大势所趋。本章将从智能回转支承、健康监测系统和风机PHM智能运维的角度来分析未来回转支承监测的发展趋势。

第一节　智能回转支承研究现状

一、智能轴承及研究现状

智能回转支承的概念是从智能轴承延伸而来的。随着传感器技术、通信、电子、材料等领域技术的快速发展，给"智能轴承"的发展提供了良好的基础。"智能轴承"在传统轴承的基础上，植入各种功能的微型传感器，使其成为一个一体化的集成单元，通过数据采集、数据处理，达到对轴承运行状态实时监测的目的。智能轴承的系统组成如图7-1所示，主要由三大部分组成：智能轴承机构及传感器、数据采集及信号处理。传感器测量轴承的特性参数信号，信号经过信号调理，然后通过 A/D 转换成数字量被计算机接收。数据处理的目的是对应传感器信号特征采取相应控制策略，有效延长智能轴承的寿命，减少故障的产生。

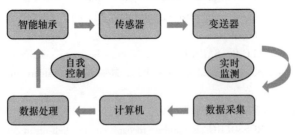

图 7-1　智能轴承的系统组成

（一）Timken 公司智能轴承的起步

在 20 世纪 80 年代，传感器第一次被使用在了汽车防抱死制动系统（ABS）中，传感器安装在轴承的外部用来检测车轮轴承的脉冲信号、车轮的转速以及根据路况表面的类型，对制动液压力进行控制。这种结构的缺点是，传感器会暴露在很多水、碰撞、化学品腐蚀等危险条件下，严重影响传感器的精度和使用寿命。到了 20 世纪 90 年代，Timken 公司设计了轴承与传感器的集成单元，防止水和泥土侵入，以及热冲击和电磁干扰，从而保护传感器不受外部侵害。

在 20 世纪 90 年代中后期，智能轴承逐步进入工业领域，一开始智能轴承的首要功能就是检测运动过程中设备的速度；后期的智能轴承对运行过程中设备的振动、温度、加速度、应力应变等参数也进行检测。例如，Timken 公司智能轴承如图 7-2 所示。

图 7-2　Timken 公司智能轴承

（二）SKF 公司智能轴承

SKF 公司在 Timken 公司防抱死制动系统的基础上，继续将智能轴承应用于汽车其他的系统中，如汽车燃料泵、主动悬架系统、牵引力控制系统等，在线监测汽车运行过程中的参数，如燃料的温度、发动机转速、车速、转向、加速度等。SKF 公司智能轴承如图 7-3 所示。

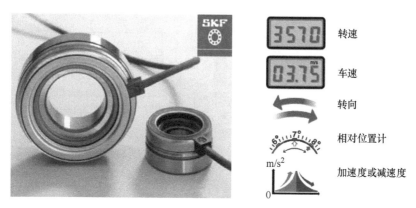

图 7-3　SKF 公司智能轴承

（三）德国罗特艾德公司轴承监测系统

罗特艾德公司作为全球最大的回转支承制造商，其产品在工程机械、风力发电、港口设备、海洋平台以及军工等领域有着广泛的应用，同时其智能轴承的研发也走在世界前列，公司的轴承监测系统如图 7-4 所示。该监测系统主要检测内容包括：润滑脂温度、齿根应力、滚道磨损监测等，工作原理是通过传感器检测轴承运行过程中的各项数据，通过轴承上的信号发射端将数据输出，在外部的监测端通过信号接收端将数据接收到工控机中，通过数据处理在线分析、数据存储，得出轴承的各项运行指标，与数据库中轴承以往的运行数据进行对比，得出轴承此时的运行状态。

（四）其他智能轴承的研究

重庆大学机械传动国家重点实验室对于嵌入式多参量传感器的智能轴承（见图 7-5）进

行了一定的研究，通过轴承外圈上的槽式结构，将各种功能的传感器嵌入轴承中，实现对轴承运转过程中振动信号、轴承转速信号、内圈（轴）和外圈温度信号的采集，比较出智能轴承的优越性。

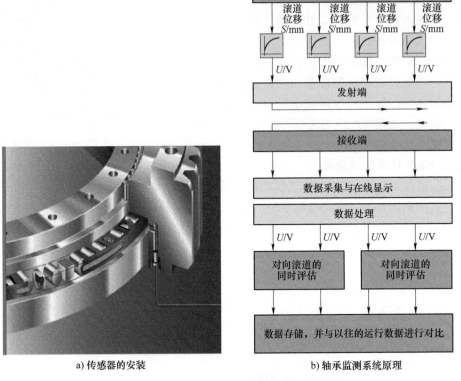

a) 传感器的安装　　　　　　　　　　b) 轴承监测系统原理

图 7-4　罗特艾德公司的轴承监测系统

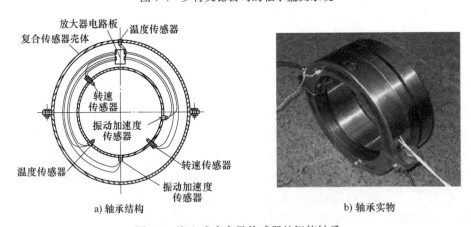

a) 轴承结构　　　　　　　　　　b) 轴承实物

图 7-5　嵌入式多参量传感器的智能轴承

浙江省滑动轴承工程技术研究中心针对目前的滑动轴承状态监测系统传感器在现场安装位置受限、离信号源头较远、不容易获得可靠的状态信息，提出了一种新型的智能轴承结构，即在滑动轴承上嵌入温度、转速、振动等传感器，并在数字信号处理部件上实时处理轴承的工作状态信息。嵌入式的智能传感器安装在轴承外圈，更接近于信号的源头，因此智能轴承的传感器能获得比滑动轴承更准确的状态信息，因数字信号处理部件与传感器紧密配合，在实时处理信号方面更有优势。

清华大学机械工程系摩擦学国家重点实验室提出了一种具有自供电、自感知能力的新型智能滚动轴承——摩擦电滚动球轴承（TRBB）。该轴承直接采用了机械滚动轴承的结构，通过将柔性数字间电极粘贴在摩擦纳米发电机的外圈上，设计了一种滚动自由站立的摩擦纳米发电机。在保持滚动轴承结构完整性的前提下，避免电极与滚动球的直接接触，从而保证TRBB 的使用寿命，其结构如图 7-6 所示。

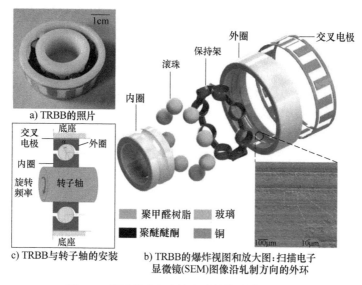

图 7-6　基于滚动自由站立式结构设计的 TRBB

美国麻省州立大学的 Robert X. Gao 教授在美国国家自然科学基金的支持下，已经对智能轴承进行了一定的研究，提出将微型化的传感器和信号放大电路直接植入轴承的外圈中，通过分析轴承结构改变对轴承承载能力的影响，提出了自己的评价方法，与 SKF 公司合作成功研制出了第一代智能轴承，通过一系列的研究，显著提高了信号的传输质量。这种微型传感器系统的智能轴承代表了目前国际上同类技术的最高水平。

东北大学的高航教授等正在对智能轴承进行跟踪研究，该技术主要涉及四个方面的问题，即智能轴承机械结构的设计与分析、微传感器的设计与开发、信号采集与传输技术、故障信号的处理与分析技术，将智能轴承技术与微电子薄膜传感器技术相结合，重点探讨了应用于智能轴承的薄膜传感器的特点、种类、安装形式，并指出智能轴承用薄膜传感器制备的关键技术问题。

国内的洛阳轴承研究所有限公司也与瑞典的 SKF 公司进行合作，对外挂式智能轴承进行了一定的研究。

二、智能回转支承及其研究现状

回转支承自从 20 世纪 70 年代在我国诞生后，主要为工程机械配套，伴随着我国工程机械行业的壮大，回转支承的产品及技术得到了较大的发展。同时，随着人们对回转支承认知水平的提高，其应用领域和发展空间越来越广阔，已被广泛应用在医疗设备、海洋装备、轻工机械、新能源装备和军事装备等行业，市场规模持续扩大。特别是近年来，一方面，随着我国基础设施、固定资产投资加快，大型起重机、盾构机等工程机械行业迅猛发展，使得回转支承行业随之快速增长；另一方面，以风能和太阳能为代表的新能源装备制造业的快速发展，同样带来回转支承庞大的需求量；再者，军事装备中，诸如雷达、舰炮、坦克炮塔等均有回转支承在发挥不可替代的作用。回转支承作为一种大型低速重载轴承，为环状结构，前期研究成果表明，损伤机理、传感元件布局数量和方式、状态评估方法均与常规小轴承存在较大差异。国内外十多家机构开展了回转支承智能化关键技术的研究，但大部分仍处于理论性基础研究阶段。国外部分大型回转支承企业近期已经形成知识产权，2017 年 GE 公司针对其风力发电机回转支承，发明了"风力发电机轴承传感器安装及其相关系统与方法"，安装有力传感器，可检测风机变桨回转支承滚球承载力，预报桨叶承受载荷大小；2017 年 SKF 公司发明了"具有监测探头的回转支承"，安装有位移传感器，可检测内外圈相对位移，预报承受载荷的大小。这些表明具有状态监测和评估功能的回转支承已经是世界上主要企业的关注点，是未来回转支承技术发展的必然趋势。

回转支承的智能化可提升使用可靠性。智能回转支承通过状态监控指导维护保养，可有效改善回转支承的运行状态，提高使用可靠性，延长使用寿命，为主机整体可靠性的提升和延长使用寿命奠定基础，也是主机实现智能化的基础。整体性能得到提升，是回转支承制造企业市场竞争的重要筹码，使回转支承的制造水平实现巨大的推进。

综上所述，回转支承市场规模巨大，回转支承制造企业及主机企业对智能回转支承的需求迫切，高可靠性智能回转支承具有广阔市场前景。

自 2011 年以来，南京工业大学机电一体化研究所针对高可靠性回转支承制造中需要解决的关键共性技术和前瞻性技术开展基础研究工作，特别是针对回转支承可靠性提高和延长使用寿命问题，陆续承担了三项国家自然科学基金、一项江苏省自然科学基金等基础研究课题，对回转支承损伤机理进行探索，探讨建立在线状态监控的可行方法，在回转支承技术创新方面积累了丰富的经验。南京工业大学对智能回转支承传感器安装进行了优化设计，分别利用解析法和数值法进行结构建模和分析，将滚球假设为非线性弹簧，进行滚球与滚道接触建模，剖析结构参数、安装条件等因素对回转支承承载能力和使用寿命的影响，为回转支承结构优化提供依据，同时也为本项目中传感元件优化布局和嵌入式结构优化的研究奠定了基础。如王伟讨论了智能偏航回转支承各种传感器的安装位置，分析了局部结构改变对回转支承结构强度的影响，并使用疲劳寿命软件 MCS. Fatige 对结构改变后回转支承进行疲劳寿命预测，为智能回转支承的设计提供参考数据。后期还开展了基于人工智能的回转支承故障诊断与健康度评估方法的原理性研究，采用神经网络、自适应神经元模糊推理、SVR 等多种智能算法，尝试了基于温度、转矩、振动信号的健康监测方法基础研究，做了大量的基于多特征信号进行健康监测方法的研究与实施方法的筛选工作。在智能回转支承样机的研发中，佟路等设计了基于嵌入式系统的回转支承测试系统，在回转支承上设计安装了四个带温度输出的加速度传感器与数据采集做成嵌入式模块，安装在回转支承的四周。该模块采用 CAN 总线可以将采集信号送入上位机进行后处理，其工作原理如图 7-7 所示。

王华与三一集团索特传动设备有限公司探讨了安装有温度、加速度、应变等检测元件，具有检测载荷大小、运行温度变化、振动状态等功能，以及实现超载报警等三类以上常见故障报警和寿命预测功能，其研究内容如图 7-8 所示。

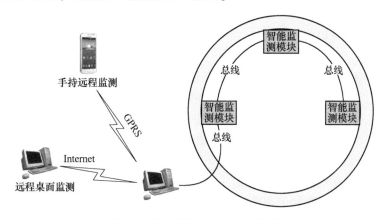

图 7-7　智能回转支承的工作原理

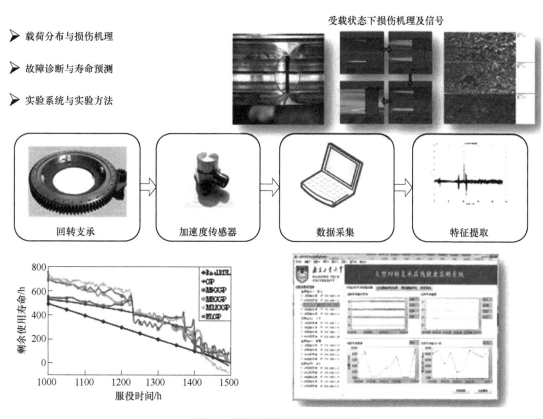

图 7-8　智能回转支承的研究内容

三、未来智能轴承的发展方向

机械装置的正常工作和轴承的运行状态息息相关，现代工业对高端轴承的需求使得智能轴承成为必然发展方向。智能轴承具备自感知、自决策、自调控功能，是国外轴承企业高端轴承发展的主要方向之一。

对于智能轴承的发展，主要在以下几个方面需要进行研究。

1. 传感器技术

为了实现传感器与轴承的集成使传感器能获取更接近故障源振动信号，传感器的选型必须满足以下要求。

1）传感器必须微型化。传感器尺寸趋于微小型化，可以嵌入轴承内部而不对轴承的工作性能产生影响，这样既有利于集成化传感装置与轴承，又有利于保持轴承性能。

2）传感器必须集成化。智能轴承要求同时监测轴承多种运行状态指标，将所需传感元件以及数据处理、存储、通信的相应电路集成在同一芯片上，制成集成化传感器。

2. 自供电和无线供电技术

智能轴承技术需要对轴承进行长期的在线监测，供电问题是必须解决的一个难点。由于传统的有线供电技术大大限制了智能轴承在设备内部、无外接电源等条件下的使用，因此自供电技术和无线供电技术在智能轴承中具有广阔的应用前景。

1）自供电技术之一是自发电，另外一种是通过捕获周围环境中的各种能量，如热能、机械能、辐射能及化学能等形式，利用振动模块通过敲击、振动、按压和平推等动作将这些能量收集起来，进而转化成电能。

2）无线供电技术是使用非辐射性的无线能量传输方式来驱动电器，可以采用电磁耦合、光电耦合及电磁共振等方式。

3. 信号无线传输技术

传感器采集的信息需要通过信号传输技术稳定可靠地传输到服务器、用户端或云端，信号传输技术可分为有线通信和无线通信两类。无线通信由于不受地域和空间限制，对分布式应用的智能轴承非常适用。目前常用的无线通信技术主要有蓝牙无线通信技术、ZigBee 技术及 WiFi 技术等，但是要将其应用于智能轴承工程实际，其信号传输的安全性、可靠性以及数据传输速率等则有待进一步提高。

4. 轴承状态智能评估及智能诊断技术

自感知是智能轴承的核心技术之一，轴承状态智能评估及智能诊断技术是实现自感知的前提。传统的状态评估及诊断方法如专家系统、人工神经网络等过分依赖诊断专家和专业技术人员的经验知识，稀缺的诊断专家已经不能满足海量数据的处理和故障诊断。而智能轴承可以提供大量的多状态数据，因此如何利用大数据、深度学习等技术构建智能轴承在线健康状态评估模型，实时精确自动地识别轴承故障类型、严重程度以及变化趋势，从而及时采取有效措施，是未来的一个发展方向。

第二节　大型回转支承在线健康监测系统（HMS）

一、状态监测系统的意义及现状

状态监测系统自 20 世纪 60 年代首次被提出以来已经广泛应用于各行各业，为设备的可靠运行提供了有效保障。近年来，随着测试与传感技术、计算机与网络技术的飞速发展，状态监测系统中逐步集成了如故障诊断系统、寿命预测系统甚至维护建议系统等智能型专家库。本质上讲，这些专家库已经将状态监测系统从设备状态量的在线获取提升到了设备健康度的在线监测与评估。简单起见，本文将此类集成多种复杂功能的系统统称为在线健康监测系统（Health Monitoring System，HMS）。

风力发电机造价高昂，且多运行在人烟稀少、环境恶劣的地区，需要专门的运维团队进行维护和管理。即便如此，由于检修过程复杂、效率低下，风机事故仍时有发生。因此，风机偏航和变桨系统中的回转支承，以及主轴轴承、齿轮箱等重要部件的状态监测及健康评估技术引起了国内外众多机构的重视，部分 HMS 产品已推向市场。

现有的 HMS 产品更多还是以振动信号监测与分析为主，辅以温度、油液、力矩等其他参数。韩国釜庆大学的 Tran 等总结了 HMS 现有研究中的主要方法，并开发了一套旋转机械通用的基于智能算法的 HMS，包括了振动信号采集、信号预处理、特征求解、特征提取、故障诊断、健康评估和预测等功能，但是其 HMS 并不是在线的，也不包含网络通信系统。相比之下，B&K 公司的 Vibro 系统、Bently Nevada 公司的 System 1 系统、Vestas 公司的 VestasOnline 系统、FAG 公司的 X1 系统和 SKF 公司的 WindCon 系统等均是可以多机实时网络通信、数据传输和在线健康评估的成熟 HMS 产品。在此基础上，由美国 40 多家高校和企业联合成立的智能维护系统中心提出了"永不故障的风机"这一概念，深刻总结了复杂工况下风机轴承和齿轮箱等部件不同的故障和失效机理，并建立了对应的智能诊断和预测模型用于风机实时健康监测。

国内研究方面，考虑到风机故障后引发的一系列发电、输电、用电安全，国家能源局在 2011 年颁布了《风力发电机组振动状态监测导则》，明确规定 1.5MW 以上的风机必须加装振动状态监测系统，由此也引起了国内相关企业和学者的关注。西安建筑科技大学的贾庆功等结合 Matlab 和 Delphi 开发了风机状态监测和故障诊断系统，但是其产品中信号处理方法较为简单，且故障诊断仅限于神经网络的故障分类。马庆涛等分别使用了 LabVIEW、WinCC 等技术开发了风机的在线状态监测系统，能够获取实时的风机运行数据，并用服务器进行故障诊断，但是这些系统几乎都是单机或者离线的，且故障诊断方法一般局限在信号多域特征提取和故障的分类上。马婧华等在此基础上开发出了基于 B/S、C/S 的通信架构，实现了状态监测系统的网络化。然而，深入调研后发现，国内风机现有的状态监测系统（CMS）大多仅能满足风机状态数据的采集、传输和存储，只有少量主机制造商的运维工程师会对数据做进一步分析，这造成了资源的大量浪费，也使得风机的运行可靠性并未因加装了 CMS 而提升。

综上所述，风机回转支承等重要部件的 HMS 在国外已经取得了丰富的研究成果，但是价格昂贵且技术保密；而国内风机的 CMS 由于目前还处在数据收集和简单故障诊断的初步阶段，与国外相比有一定差距，所以进一步研究集故障诊断、性能退化趋势评估、寿命预测乃至维护建议于一体、分布式、网络化的 HMS 很有必要。

二、在线健康监测系统总体设计

振动信号的采集、降噪、故障诊断、特征提取、失效率评估和 RUL 预测是大型回转支承 HMS 的核心功能，但是完整的 HMS 需要将这些功能进行有机的结合，同时增加一些重要的辅助功能，最终将用户关心的结果有效地呈现在数据中心的服务器上。南京工业大学基于 NI 公司的软硬件平台设计的 HMS 总体架构如图 7-9 所示，该架构可分为五层：数据采集层、健康评估层、数据传输层、人机交互层和数据管理层。

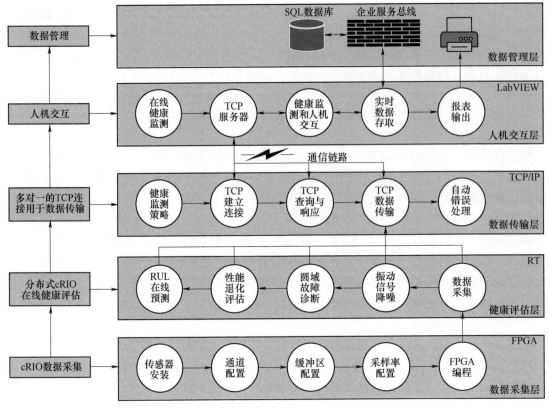

图 7-9　大型回转支承的 HMS 总体架构

1）数据采集层。数据采集层为 HMS 其他所有功能提供了数据基础，首先确定了振动加速度传感器和温度传感器的型号、安装位置和安装方式，然后在 cRIO 的现场可编程门阵列（FPGA）模块中配置了传感器通道、采样率和数据缓冲区（FIFO），最后编译出 FPGA 的二进制文件供实时（RT）系统调用实现数据采集。

2）健康评估层。健康评估层首先通过 RT 系统调用第 1）步中编译好的 FPGA 文件，然后将 FPGA 程序启动，最后再响应 FPGA 的中断实现同步采集。健康在线评估则是本层的核心工作，在第五、六章的理论基础上，此处最为关键的工作是利用 Math Script RT 套件将个人计算机平台上的 Matlab 复杂算法、模型等移植到 cRIO 平台，从而实现云端的在线健康评估。该平台充分利用 cRIO 的实时处理能力，满足了分布式计算的要求。

3）数据传输层。前两步完成了 HMS 的核心工作，但是如何把实际监测平台中的多个 cRIO 的多种数据进行有序传输则需要靠本层来实现。数据传输层首先基于传输控制协议（TCP）定义了上位机服务器与下位机 cRIO 的沟通机制，即两者之间通过一定的编码定义了多个事件相互的请求、查询与响应的流程，然后设计了振动数据、事件数据、分析结果数据，以及各类文件的 TCP 传输协议。在此基础上，定义了 cRIO 系统的健康监测策略，如图 7-10 所示。

cRIO 平台开始运行后，首先采集相关数据并进行健康评估，若评估结果认为回转支承出现故障或失效率超出阈值，则向服务器请求报警中断，当服务器正确响应后，cRIO 将关键的原始数据和评估结果发回给服务器，同时将这些关键数据存储在云端的报警专用文件中，确保故障发生的时间和根源可以追溯；若回转支承并没有出现异常，则将所有数据以循环覆盖的方式记录在云端存储器中；之后，cRIO 侦听并响应服务器的 TCP 请求，在需要时将相关数据或文件发送给服务器；最后，cRIO 周而复始地在此策略框架下运行。

4）人机交互层。人机交互层通过用户与软件界面的交互操作实现回转支承状态数据、健康评估结果等资源的获取、显示、存取和报表输出，其本质是利用 TCP 服务器与远程的多个 cRIO 监测平台进行通信。设计出的 TCP 服务器不仅能够实现多对一的 TCP 连接，并准确对各个 cRIO 客户端寻址以进行通信，还具有自动错误处理的功能。此外，软件界面在美观的基础上还需满足逻辑结构清楚、操作简单、易于推广等要求。

5）数据管理层。人机交互过程中所有类型的数据都以合适的结构通过企业服务总线接入 SQL 数据库中，企业防火墙保证了数据的安全，同时 SQL 数据库接口也确保了数据的通用性。

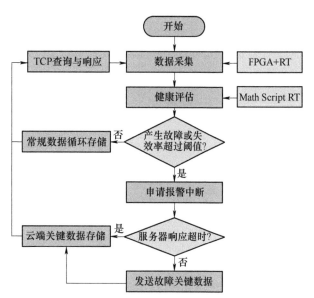

图 7-10　cRIO 平台的健康监测策略

图 7-11 展示了多个风场中的大型回转支承在线数据采集和健康状态评估，将第五、六章中的降噪、圆域故障诊断、退化特征提取、异常监测、失效率评估和 RUL 预测等功能全部进行了集成。此外，为了对已存储数据进行进一步地深入挖掘，本系统同时开发了离线的大型回转支承健康评估功能，从算法本身提供了丰富的算法接口，可以自定义地对离线数据进行复杂分析，进而优化现有各类模型，其评估系统如图 7-12 所示。

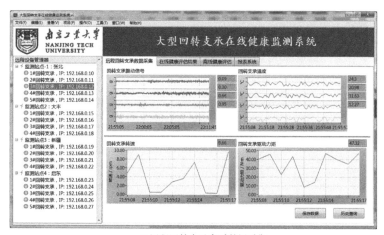

a) 远程回转支承实时数据采集

图 7-11　回转支承在线健康监测系统

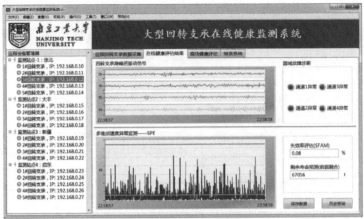

b) 回转支承在线健康状态评估

图 7-11　回转支承在线健康监测系统（续）

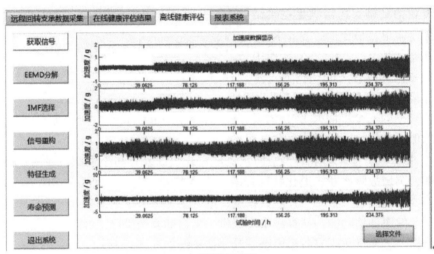

a) 离线数据获取

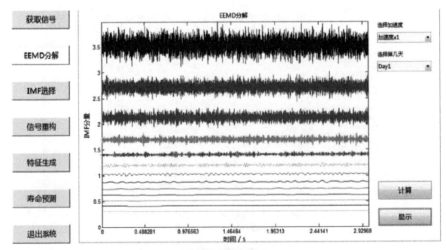

b) EEMD信号分解

图 7-12　离线回转支承健康状态评估系统

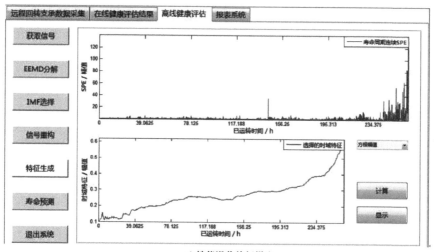

c) 性能退化特征提取

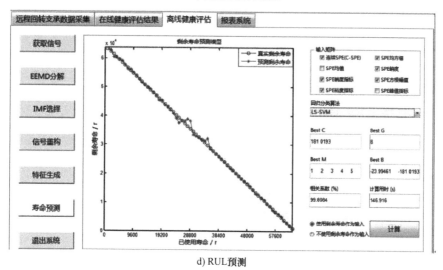

d) RUL预测

图7-12　离线回转支承健康状态评估系统（续）

第三节　风机 PHM 及远程智能运维

目前基于大数据的智能运维与健康管理技术已在航空航天、大型汽轮机组、重型挖掘机设备、风力发电机等系统有相关研究和应用，例如 GE 推出的 Predix 平台、西安陕鼓通风设备有限公司的远程监测平台、三一集团的挖机监测平台。国内基于大数据的风电系统的健康管理技术典型案例如图 7-13 所示。

目前风力发电机上普遍安装有数据采集与监视控制系统（SCADA）和状态监测系统（CMS），分别采集风机运行过程中的低频与高频信号，由于数据量极其庞大，大部分风场仅仅只能对这些信号进行状态监测以及传统的手段分析，所以缺乏基于大数据的后期数据处理与分析等能力。与此同时，风机关键设备例如齿轮箱、轴承的全寿命周期数据主要来源于试验或者建模仿真，这些数据与实际运行数据之间存在较大差异，以试验数据建立的各种预测与诊断方法应用到实际工况中存在一定的困难。因此，需要建立基于大数据分析的风机关键部件故障预测与健康管理系统，分析处理海量的风机运行信息，通过机器学习、深度学习等人工智能手段建立故障预测与健康管理模型，实现对风机的健康状态监测、故障预测与运维管理。

图 7-13　风电健康管理技术典型案例

国内相关企业自 2006 年后开始陆续研发 CMS 产品，也相继涌现出一些适合风力发电机组故障振动监测的采集和分析系统的厂家，如主机厂商：金风科技、远景能源、联合动力和上海电气等公司；第三方运维公司：安徽容知、唐智科技、威锐达和讯易达等公司。国内大多数 CMS 能及时发现传动链运行过程中产生的故障，从而能使风机运营商及早采取措施，最终最大限度地降低维护费用，减少停机时间。但是，其各方面性能存在诸多问题：例如大多数 CMS 产品只停留在基于状态的维护上，在维修决策时缺少 RUL 引入，无法制订全局最优的维护方案；大量无关数据的存储，如风机平稳状态下的数据存储大大增加了服务器数据存储负担；高配置的终端处理性能，大量的监测数据往往都需要传输到终端监测中心实现在线处理，这对终端处理性能提出了很高的要求；无法适应智能化、网络化分布式的监测趋势。另外由于国内风场分布较为分散，且后期的风电机组传动链故障产生较为频繁，一旦发生故障，维修十分困难且维修费用极高，会给企业带来巨大的停机损失。因此，风电机组传动链齿轮箱、风电回转支承以及主轴轴承等重要传动部件的在线故障预测与健康管理（PHM）系统，得到了国内外广泛研究。

一、风电机组传动链 PHM 系统硬件组成

南京工业大学技术团队在 HMS 的基础上提出了风电机组传动链（回转支承、齿轮箱）

PHM 系统，其硬件主要由传动链关键部件、云端 CompactRIO 装置和传感器组成，在每个风电机组传动链 CompactRIO 装置中，FPGA 程序将 CompactRIO 中的数据采集卡和传感器通道进行配置；RT 程序通过调用 FPGA 实现高速同步数据采集，执行在线评估算法，实时监测风电机组传动链健康状态；服务器中的个人计算机（PC）通过网络与 CompactRIO 进行通信，将传动链健康信息显示在人机界面（HMI）上。单机风电传动链 PHM 系统的硬件结构如图 7-14 所示。

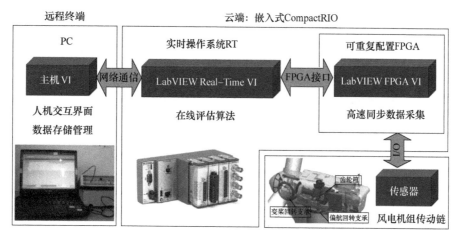

图 7-14　单机风电传动链 PHM 系统的硬件结构

通过光纤通信网络将各个风电机组传动链 CompactRIO 装置进行连接，接入远程终端服务器，并从分布式嵌入装置中获取风电机组传动链健康评估、故障预测和剩余寿命追踪等状态信息，从而实现对多个风场风电传动链的实时健康状态监测。基于风场的分布式网络化的风电机组传动链 PHM 系统结构如图 7-15 所示。

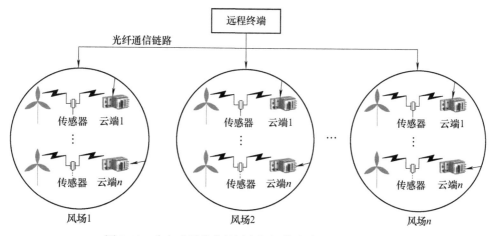

图 7-15　分布式网络化的风电机组传动链 PHM 系统结构

二、风电机组传动链 PHM 系统软件组成

在线 PHM 系统作为风电机组传动链预测性维护技术的载体，其核心功能是数据采集、

信号降噪、特征提取、状态监测、故障预测和剩余寿命追踪等复杂算法和智能模型。一套功能完整且性能高效的 PHM 系统必须将功能模型进行有效融合，一般由以下六部分组成：数据采集、信号预处理、状态监测、健康评估、剩余寿命预测以及保障决策等，PHM 系统见表 7-1。

表 7-1　PHM 系统的组成

功　　能	优　　势
数据采集	利用多类传感器采集风电机组传动链的相关数据信息，将采集的数据传输至后续模型中，为整个 PHM 系统提供了数据基础
信号预处理	接收数据采集与传输模块的风电机组传动链的监测数据，并且对监测数据进行预处理，主要包括：数据清理、信号降噪、数据滤波、特征提取等
状态监测	将预处理数据同预定的失效判据等进行比较来监测系统当前的状态，并且可根据预定的各种参数指标极限值/阈值来提供故障报警能力
健康评估	评估被监测系统的健康状态（如是否有参数退化现象等）
剩余寿命预测	综合利用前述各部分的数据信息，评估和预测被监测系统未来的健康状态，并做出判断、建议、决策，采取相应的措施
保障决策	主要包括人-机接口和机-机接口。人-机接口包括状态监测模块的警告信息显示以及健康评估、预测和决策支持模块的数据信息的表示等；机-机接口使得上述各模块之间以及 PHM 系统同其他系统之间的数据信息可以进行传递交换

三、大数据远程监测与智能运维系统组成

随着各主机厂业务的完善，未来基于大数据远程监测与智能运维系统的业务框架如图 7-16 所示。

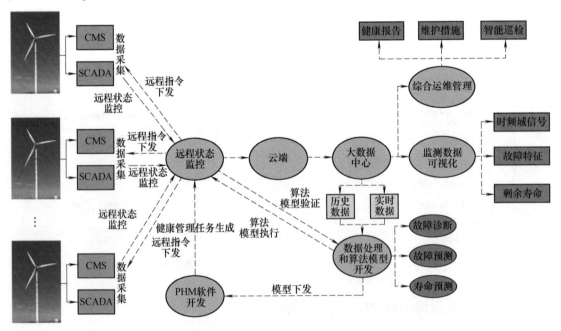

图 7-16　大数据远程监测与智能运维系统的业务框架

其中典型的业务模块如下：

1. 远程状态监控业务模块

利用 SCADA 系统和 CMS，建立远程状态监控中心，帮助管理者实现监测对象的远程状态监控，经过故障诊断和预测模型的运算快速获取监测对象的健康状态、故障预警、健康评估等信息。

鉴于传统的实时监控系统监控的数据类型和数据频率不能满足故障检测和运维的要求，考虑在传统的实时监控系统基础上，增加多类型的现场传感器设备，提升灵敏监测的动态数据采集及预处理能力，为后续应用创造基础。

2. 监测数据处理与算法模型开发

以远程状态监控系统的业务数据，获取噪声、振动、转速、压力、温度等数据，作为输入对象，根据不同的设备对象，选取科学和可量化的算法模型进行数据分析和处理，对设备健康度、可能的故障情况和关键部件的寿命进行分析，并将结果反馈给远程状态监控业务模块和大数据中心模块。

3. 监测大数据中心

通过对多源异构的监测数据进行汇聚，并且通过数据清洗、转换、挖掘等手段，对源数据进行标准化处理，建立标准数据仓库，为算法训练场景提供海量的基础数据。通过不同算法模型的开发，为可视化大数据中心提供数据支撑。

4. 监测数据可视化

通过可视化大数据技术，实现监测对象的虚拟化、模型化和数字化展示，还原实物状态。利用大屏等技术，实现多维度、多场景、多形态的数据可视化，为管理层提供直观可视的决策指挥中心，包括资产可视化、故障预警诊断、故障预测评估等功能。

5. 综合运维管理

主机厂或大型部件厂的数据监测中心和运维平台，根据风场传回的数据生成健康及故障报告，售后服务中心根据结果反馈联系用户及维修服务团队，从而实现：基于多维度数据对齿轮箱进行精准的故障诊断和健康状态评估，及早做好备品备件；基于数据服务流的高效运维服务响应和服务质量跟踪，以及专业的、完整的体系化服务，为用户减少停机损失和减少维修费用。

四、大数据远程监测与智能运维系统软件架构

本课题组致力于从现实的应用场景出发，研发一套基于大数据的风电齿轮箱故障诊断、诊断预测与健康管理系统，软件架构如图 7-17 所示。

该系统涉及数据采集、数据分析、算法训练、模型应用以及应用可视化全流程，整个系统自底向上主要分为以下六层：硬件监测层、数据采集层、数据管理层、算法模型管理层、应用管理层以及展示管理层。各层的具体功能如下。

1. 硬件监测层

硬件监测层的主要目的是利用一系列工业传感器（包括振动、压力、温度传感器等）采集本项目所需的基础设备运行数据。

2. 数据采集层

数据采集层的主要目的是对众多的功能各异、连接方式多样、通信协议繁多的传感器设

备，针对其数据接口以及通信协议上的要求，将其封装为一系列的数据采集层接口，并对上层提供上述接口，以供数据管理层接入传感器数据之用。

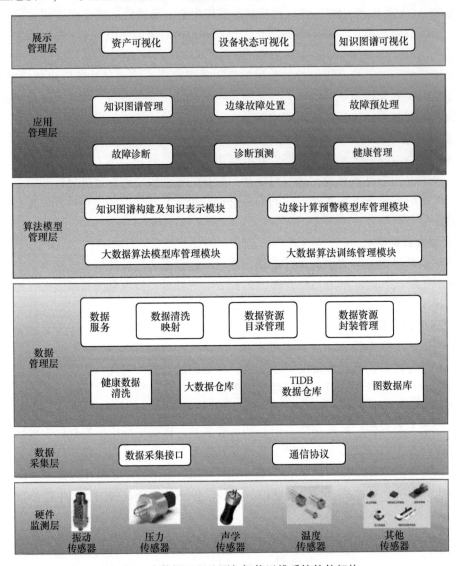

图 7-17　大数据远程监测与智能运维系统软件架构

3. 数据管理层

数据管理层的主要目的是针对数据采集层传输的数据，实现数据清洗与数据存储，其中数据清洗的主要功能在于提炼原始数据。原始数据以及清洗后的数据可存储于大数据仓库、TIDB 数据仓库之中，为有效地支持后续的知识图谱构建任务，数据管理层还提供了图数据库的功能。上述数据库基础将为一系列数据服务提供支撑，如数据清洗映射、数据资源目录管理和数据资源封装管理等。本层将对上层提供一系列数据服务支持。

4. 算法模型管理层

算法模型管理层主要是调用数据管理层中存储的数据，实现故障诊断、诊断预测与健康管理任务，这些任务主要划分为以下四大模块。

（1）知识图谱构建与知识表示模块　该模块主要实现知识图谱的构建与存储任务，并构建一系列知识表示学习模型，将知识进行数学表示，以便将先验知识用于一系类算法开发中。

（2）大数据算法模型库管理模块　该模块主要实现模型的管理工作，针对不同故障预警和故障诊断需求，调用相应的模型以满足任务的需求。

（3）边缘计算预警模型库管理模块　该模块主要涉及边缘设备的训练，模型轻量化以及向边缘设备推送一系列轻量化模型的功能。

（4）大数据算法训练与管理模块　该模块主要通过调用数据管理层中的一系列数据，结合本模块中部署的一系列算法，进行数据的学习与模型的训练，并向大数据算法模型库管理模块、边缘计算预警模型库管理模块提供一系列训练模型。

基于上述四大模块，算法模型管理层向应用管理层提供服务。

5. 应用管理层

应用管理层的主要任务是调用算法模型管理层中的一系列模块实现在具体应用上的任务处理，包括知识图谱管理、故障诊断、故障预测、健康管理、边缘故障处置以及故障预处理等。

6. 展示管理层

展示管理层的主要实现形式为应用门户网站和应用客户端。资产可视化主要是实现一系列的资产设备的可视化展示。设备状态可视化主要对设备进行状态监视、特征值趋势查询、波形查询。知识图谱可视化，主要展示一系列知识的逻辑拓扑结构。

综合目前国内外对风机状态监测系统的研究来看，状态监测系统通常依据不同的整机设备进行分类，如针对风电机组、汽轮机、压缩机等，主要实现对不同设备内部关键部件的状态监测，因此诸如回转支承等风机关键部件的状态监测包含在风电机组的状态监测系统中。在产品方面，由于国内外状态监测与诊断系统的功能实现主要依赖于内部嵌入的信号处理与故障诊断、预测算法，因此国内外产品差别不大。但在系统的可靠性、实用性方面，国内产品的实际应用经验相对较少，因此存在进步空间。风电行业的市场容量有限，能够及早研制出性能稳定可靠的风电机组状态监测系统，解决实际中的风电机组常见的故障识别、预警问题，能够为风电行业与系统供货商创造更多双赢的局面。

随着状态监测与故障诊断方法的发展日新月异，未来在风机的状态监测系统中引入更多的机器学习、人工智能算法，进一步丰富系统功能，在状态监测的基础上更高精度地实现故障预警、分类；在监测系统中引入更多的监测参量，包括：CMS、SCADA 信号等，使得对风机运行状态的监测更加全面；对风机运行状态的历史监测数据进行一定的预处理工作，保证数据的质量与可用性。本技术可以从风机回转支承的健康监测推广到风机齿轮箱再到传动链，可以从风电行业推广到盾构机、汽轮机再到其他行业之中，未来随着计算机技术、信息技术、微电子技术、人工智能方法的深入研究，智能故障诊断、预测和健康管理系统必将是未来的发展方向。

参 考 文 献

[1] 刘浩. 基于嵌入式传感器的智能轴承关键技术研究 [D]. 长沙：国防科技大学，2006.

［2］邵毅敏，涂文兵，周晓君，等．基于嵌入式多参量传感器的智能轴承［J］．中国机械工程，2010，21（21）：2527-2531.

［3］HAN Q K, DING Z, QIN Z Y, et al. A triboelectric rolling ball bearing with self-powering and self-sensing capabilities［J］. Nano Energy, 2020, 67：104277.

［4］任达千，张耀，张伟中，等．嵌入式智能滑动轴承研究［J］．轻工机械，2015，33（6）：88-91.

［5］邵毅敏，涂文兵，叶军．新型智能轴承的结构与监测能力分析［J］．轴承，2012（5）：27-31.

［6］朱永生，张盼，袁倩倩，等．智能轴承关键技术及发展趋势［J］．振动、测试与诊断，2019，39（3）：455-462；665.

［7］KACMARCIK M J, INMAN J R. Sensor assembly for a wind turbine bearing and related system and method：U S 10012212［P］. 2018-07-03.

［8］CAPOLDI B. Slewing roller bearing with sensing probe：U S 9951819［P］. 2018-04-24.

［9］王伟．风电智能回转支承结构设计及疲劳寿命分析［D］．南京工业大学，2013.

［10］田淑华，王华，洪荣晶．基于多特征集融合与多变量支持向量回归的回转支承剩余寿命评估［J］．南京工业大学学报（自然科学版），2016，38（3）：50-57.

［11］汤明敏，王华，黄筱调．基于多特征参量的回转支承智能健康状态评估［J］．南京工业大学学报（自然科学版），2014，36（2）：101-106.

［12］佟路，王华，洪荣晶．基于压缩感知的回转支承振动监测信号采集方法［J］．南京工业大学学报（自然科学版），2015，37（5）：48-52；60.

［13］CALDWELL N H M, BRETON B C, HOLBURN D M. Remote instrument diagnosis on the Internet［J］. IEEE Intelligent Systems, 1998（3）：70-76.

［14］KIM Y H, TAN A C C, KOSSE V. Condition monitoring of low-speed bearings-a review［J］. Australian Journal of Mechanical Engineering, 2008, 6（1）：61-68.

［15］YANG B S. An intelligent condition-based maintenance platform for rotating machinery［J］. Expert Systems with Applications, 2012, 39（3）：2977-2988.

［16］苏连成，李兴林，李小俚，等．风电机组轴承的状态监测和故障诊断与运行维护［J］．轴承，2012（1）：47-53.

［17］贾庆功，张小龙．风机状态监测与故障诊断系统［J］．风机技术，2007（2）：45-48.

［18］马庆涛．大型风机运行状态在线监测与诊断［J］．通用机械，2014（1）：56-58.

［19］曹斌．风电机组振动监测与故障诊断系统研究［D］．广州：广东工业大学，2014.

［20］叶明星．风力发电机组状态监测与轴承故障诊断系统设计和实现［D］．上海：上海电机学院，2015.

［21］姜心蕊，吕一鸣，孟国营，等．基于 LabVIEW 的风机振动信号的分析软件设计［J］．科技信息，2014（5）：80-81.

［22］白文若，汪宁渤，朱均超，等．基于 Web 的超大规模风电基地监测系统设计［J］．计算机工程与设计，2014，35（12）：4365-4369.

［23］马婧华，汤宝平，韩延．风电机组传动系统网络化状态监测与故障诊断系统设计［J］．重庆大学学报，2015，38（1）：37-44.

［24］封杨．基于数据驱动的大型回转支承健康监测方法研究［D］．南京：南京工业大学，2016.

［25］潘裕斌．风电机组传动链关键部件在线预测与健康管理方法及应用研究［D］．南京：南京工业大学，2020.

［26］宋鹏，邓春，洪荣晶，等．一种风电机组传动链健康状态评价系统及方法：201610940811.9［P］. 2017-03-22.